Paul de Man

Aesthetic Ideology

美学意识形态

［比］保罗·德曼 著

张澍伟 译

上海人民出版社

本书的翻译得到国家留学基金（留金选［2022］87号）、浙江大学博士研究生学术新星小额科研基金资助

目录

指称的讽寓

安杰伊·沃明斯基（Andrzej Warminski）

la fonction référentielle est un piège, mais inévitable[1]

美学意识形态

　　本书收录的文章，是德曼在其生命的最后几年，即 1977 年到 1983 年期间所写成的，以及基于笔记而发表的演讲。可能除了最早的一篇文章[2]——《论反讽概念》（1977）——之外，所有其他的文章和演讲，都是在这样一个计划的语境中产生的：我们可以简明扼要地将这个计划称作"美学意识形态"（aesthetic ideology）批判，或者更好的叫法是"美学意识形态"的"批判—语言分析"[3]。该计划显然是德曼在 20 世纪 80 年代初期的**所有著述**

---

[1]　1983 年秋，德曼开设了关于"18 世纪和 20 世纪的修辞理论"（Théorie rhétorique au 18ᵉᵐᵉ et 20ᵉᵐᵉ siècle）的研讨课，这是其最后一次课程留下的最后一则笔记。（大意是"指称功能是个陷阱，但不可避免"。——译者注）

[2]　我之所以说"可能"，是因为《论反讽概念》（"The Concept of Irony"）虽然是关于费希特和施勒格尔的，但却涵盖了德曼酝酿中的《美学，修辞，意识形态》一书第 7 章的主题："审美主义：席勒和弗里德里希·施勒格尔对康德和费希特的误读"。参见注释 4。

[3]　"批判—语言分析"（critical-linguistic analysis）这个短语出自德曼在 1983 年接受的斯特凡诺·罗索（Stefano Rosso）的访谈，后来收录于德曼的《抵抗理论》（*The Resistance to Theory* [Minneapolis: University of Minnesota Press, 1986]）一书中。

2 的原动力，这其中不仅包括那些明显聚焦于哲学美学的文章（它们被收录于德曼计划中的《美学，修辞，意识形态》[4]一书中），还包括那些关于里法泰尔（Riffaterre）、姚斯、本雅明等文学批评家和理论家的文章（这些文章属于德曼的第二个著书计划，其中部分内容收录于德曼去世以后出版的《抵抗理论》[1986]一书），此外还有为文集《浪漫主义的修辞》(*The Rhetoric of Romanticism*, 1984) 所专门撰写的两篇晚期文章（关于波德莱尔和克莱斯特）。尽管有一个总体计划贯穿于所有这些文本中，但在这三个特定的著书计划中，总体计划以不同的形式呈现出来。

譬如，关于里法泰尔和姚斯的文章证明了，无论是以"形式主义"前提为出发点的批评家，还是以"解释学"前提为出发点的批评家，都依赖于"美学"范畴，确切地说是依赖于某种"美学化"(aesthetization)，来在他们所阐释的文学文本的形式语言结构和意义之间进行居中协调。这种"美学化"将里法泰尔变成了某种"古典形而上学家，伪装成教书匠的柏拉图式天鹅"(《抵

---

[4]　尽管德曼有时很明确地使用"美学意识形态"这一表述，但在一份打印出来的目录（附于德曼 1983 年 8 月 11 日寄给明尼苏达大学出版社时任编辑林赛·沃特斯［Lindsay Waters］的信中），德曼为这本计划中的著作拟定的标题是《美学，修辞，意识形态》(*Aesthetics, Rhetoric, Ideology*)。详目如下：1. 隐喻认识论 *；2. 帕斯卡的说服讽寓 *；3. 狄德罗的院系之争 º；4. 康德的现象性与物质性 *；5. 黑格尔《美学》中的符号与象征 *；6. 黑格尔论崇高 *；7. 审美主义：席勒和弗里德里希·施勒格尔对康德和费希特的误读 º；8. 克尔凯郭尔和马克思的宗教批判和政治意识形态 º；9. 修辞／意识形态（理论结论）。(预订于 1985 年夏完成，* 表示已完成，o 表示正在进行。) 值得注意的是，除了第 3 章（关于狄德罗）、第 8 章（关于克尔凯郭尔和马克思）、第 9 章（关于修辞／意识形态的理论结论）之外，这本书几乎已经完成——因为我们可以从关于《康德与席勒》("Kant and Schiller") 和《论反讽概念》的讲稿中大致推测出缺失的第 7 章的内容。德曼这本书的"理论结论"聚焦于修辞／意识形态问题，这一点意义重大，也为我们坚持书名中"修辞"一词的重要性提供了佐证。在为《抵抗理论》所作的前言《纸垫上的老虎》("The Tiger on the Paper Mat") 中，弗拉德·戈兹奇（Wlad Godzich）对德曼这本计划中的书"被命名为《美学意识形态》"的原因含糊其辞（第 xi 页）。下文引用《抵抗理论》一书，均简称作《抵抗》，并随正文标注页码。

抗》，第 40 页），让姚斯实现了对"文学史和结构分析的浓缩"
（《抵抗》，第 64 页）——似乎对他们而言，"阅读的解释学"的
确可以与"文学形式的诗学"相兼容了（《抵抗》，第 31 页）。但
是这种兼容性有赖于美学范畴的稳定性，一旦这个范畴被证明是
成问题的，那么这种兼容性就会受到质疑。实际上，对于波德莱
尔这样的文学文本，本雅明这样的文学和讽寓（allegory）"理论
家"，以及康德和黑格尔这样真正的批判哲学家而言，美学范畴
一直都是成问题的。在里法泰尔那里，对美学范畴的稳定性的
未经批判的信心是以某种"逃避"为代价的——"一种比喻的逃
避，这种逃避在这种情况下采取的是逃避比喻的微妙而有效的形
式"（《抵抗》，第 51 页）；而在姚斯那里，这种信心得归功于某
种"疏漏"——其特点在于，"姚斯对任何从能指'游戏'（这个
名称多少具有误导性）中衍生出来的思考都没有兴趣、近乎不屑
一顾，它的语义效果产生于字母而非单词或句子层面，因此摆脱
了解释学的问答网络"（《抵抗》，第 65 页）。无论是通过"逃避"
还是"疏漏"，他们对美学范畴的稳定性的依赖最终都偏离了德
曼所说的文本的"物质性"（materiality），在关于里法泰尔和姚斯
的文章中，这种"物质性"都被称作"铭写"（inscription）。正是
铭写，即"字母的字面主义"，使波德莱尔（和本雅明）的讽寓
变成了"物质性的或者唯物论的"，并"将其与象征和审美的综
合截然割裂开来"（《抵抗》，第 68 页），使得波德莱尔的《忧郁其
二》中的斯芬克斯之歌"不是升华，而是通过铭写遗忘了恐惧，
将审美整体肢解为难以预料的文字游戏"（《抵抗》，第 70 页）。

　　因此，我们可以说，德曼关于里法泰尔和姚斯的文章，展示
了他们的方案是如何建立在对美学范畴的稳定性毫无根据的信心

之上的，以及这种未经批判的信心本身是如何依赖于对语言的要素和功能的逃避或疏漏的，这些要素和功能拒绝被现象化，因此无法使文本通过扬弃或升华而获得能为文本提供适当认知的"美学对象"的地位。但是，如果这些文章——在本雅明和尼采的帮助下，以及《浪漫主义的修辞》中像克莱斯特的《论木偶戏》、波德莱尔的《感应》这样的"文学"文本的帮助下——在展示美学范畴的**不稳定性**方面取得了长足的进步的话，那么本书中收录的论文和讲稿（尤其是关于康德的《判断力批判》和黑格尔的《美学》的文章）所要考察的是文本中这种不稳定性的本质，这些文本的计划不是出于教学法或意识形态的目的对美学未经批判的接受或运用，而是对作为一种哲学范畴的美学的批判。对于康德和黑格尔而言，为了让美学成为能够经受住（完全康德意义上的）"批判"的范畴，投入是相当惊人的，因为他们各自体系能够成为一种闭合系统（亦即**作为体系**）的可能性取决于美学：在康德那里，审美是理论理性和实践理性之间的衔接原则；在黑格尔那里，审美是客观精神和绝对精神之间的过渡环节。我们不需要对康德和黑格尔的体系划分或他们的术语有多熟悉，就能认识到这种衔接和过渡兹事体大。在康德的第三《批判》中，如果没有对反思性的审美判断力——它作为先验原则的基础——作出界说，那么不仅批判哲学本身的可能性会受到质疑，而且在自由概念与自然和必然概念之间架起桥梁的可能性，或者如康德所说的，"从按照自然原则的思维方式向按照自由原则的思维方式的过渡"[5]的可能性，都会受到质疑。简单粗暴地来说，这意味着康

---

[5]　Immanuel Kant, *Critique of Judgment*, trans. Werner S. Pluhar (Indianapolis/Cambridge: Hackett Publishing Company, 1987), p. 15.

德第三《批判》的计划及其审美判断力的先验基础必须成功，如果存在着——康德说，"**必须存在**"、"**必须**是可能的"（强调处是我加的）——"作为自然之基础的超感性之物与自由概念在实践上所包含的东西的**统一性**基础（Grund der *Einheit*）"的话；[6] 换句话说，如果道德不会变成幽灵的话。[7] 黑格尔的绝对精神（Geist）及其超越表象（Vorstellung）的内驱力，在从"客观精神"的环节——即政治和法律的领域——回到哲学思想的思维本身的散文居所的漫长旅程中，如果没有**经历过**审美的环节，也就是在艺术中的现象性显现、"理念的感性显现"，就会不可避免地变成一种纯粹的幽灵。易言之，促使康德和黑格尔将审美纳入其体系的原因，并非对艺术和美的热爱，而是哲学上的自利（self-interested）。德曼在其最后一次研讨课上直截了当又不失幽默地说道："因此在美学上的投入是相当惊人的——哲学话语发展自身的整体能力完全取决于其发展适当的美学的能力。这就是为什么对艺术兴趣不大的康德和黑格尔，为了让真实的事件和哲学话语之间的联系成为可能，都不得不把艺术纳入考量。"[8]

　　然而，德曼对康德和黑格尔的研究表明，康德的第三《批判》和黑格尔的《美学》非但没能发展出"适当的美学"——也就是说，足以胜任他们各自的体系安排给美学的角色——反而最

---

[6]　Ibid.

[7]　不过，我们还应该补充说，有幽灵，有幽灵。我们所说的"物质性幽灵"必须与我们在这里所谈论的"观念论幽灵"区分开来。关于"物质性幽灵"，参见我的 "Facing Language: Wordsworth's First Poetic Spirits", *Diacritics* 17:4 (winter 1987): 18—31; 以及 "Spectre Shapes: The Body of Descartes?", *Qui parle* 6:1 (fall-winter 1992): 93—112。

[8]　"从康德到黑格尔的美学理论"（Aesthetic Theory from Kant to Hegel）是保罗·德曼于 1982 年秋开设的一门研讨课，根据罗杰·布拉德（Roger Blood）、凯茜·卡鲁斯（Cathy Caruth）、苏珊娜·鲁斯（Suzanne Roos）的笔记汇编而成。

终带来了"作为有效范畴的美学的消解"(《康德的现象性与物质性》[下文简称作《现象性与物质性》]，参见本书第 146 页）。这究竟是如何发生的、为何会发生、为何必须发生（因此对德曼来说，这实际上是一个真实的事件、真正的历史事件）？我们暂且对此存而不论。我们只需要指出，康德和黑格尔都无法完成和闭合他们各自的体系，因为他们无法把自己的哲学话语建基于其体系的内在原则之上。在试图为审美奠基或为审美赋予有效性的过程中，他们都必须诉诸语言的要素和功能，这些要素和功能让审美与其连接或中介作用相脱节（*dis*articulate）。康德的崇高就是一个例子。与其说数学的崇高是一种"先验原则"，不如说它是一种"语言原则"——实际上它就是我们熟悉的隐喻—转喻的转义系统，这个系统无法闭合自身，反过来又引发了康德的力学的崇高，力学的崇高的语言"模式"是述行性的。因此，在第三《批判》的中心存在着"一种深层的、或许是致命的断裂或者说不连贯性"，因为"它依赖于一种先验哲学的力量触不可及的语言结构（语言既是一种述行系统，又是一种认知系统）"(《现象性与物质性》，参见本书第 129 页）。但是《阅读的讽寓》(*Allegories of Reading*) 的读者所熟悉的认知与述行之间的困境（aporia）或不连贯性及其致命的断裂，在德曼对康德的崇高的解读中，得到了新的发展（实际上这一发展构成了本书中所收录的文章和德曼 20 世纪 80 年代的其他作品的典型特征）。因为在第三《批判》的文本中，具体说来是在崇高的分析论最后的总附释（第 29 节）中，这种"断裂"或"脱节"是显而易见的，或者至少是清晰可辨的。在这一部分内容中，这种"断裂"或"脱节"作为一种纯粹的"物质性视野"——这种视野在语言秩序中的等价物同样是"字母散文性的物质性"（《现象性与物质性》，参见本书第 147 页）——而出现，"没有任何反思的抑或智性上的复杂性……没有任何语义上的深度，并且能够还原为纯光学的形式上的数学化或几何化"（《现象性与物质性》，参见本书第 135 页）。

　　黑格尔的《美学》包含着类似的断裂或脱节，或者更确切地说，《美学》就是**作为**这样一种断裂或脱节而**出现**的。《美学》正式地"致力于保存古典艺术并将其纪念碑化，同时又蕴含着一切使得这样的保存从一开始就不可能的因素"（《黑格尔〈美学〉中的符号与象征》[下文简称作《符号与象征》]，参见本书第 170 页）。这些"因素"包括：《美学》中的艺术范式——经解读——"是思维而非直观、是符号而非象征、是书写而非绘画或音乐"（《符号与象征》，参见本书第 170 页），因此也是死记硬背的机械记忆、记忆化（Gedächtnis），而非回忆（Erinnerung），回忆的机制体现为对意象的内在化（internalization）和追忆（recollection）。因此，《美学》"被证明是一篇双重的甚至可能是具有两面性的文本"。因为作为"理念的感性显现"（黑格尔对美的"定义"）而出现的唯一心灵活动，是一种相当**非**审美的（*un*aesthetic），甚至可以说是丑陋的死记硬背的机械记忆（总是需要**某种**记号或铭写），这样的记忆是一种真理，"审美则是对这种真理防御性的、意识形态的、审查性的翻译"（《符号与象征》，参见本书第 169 页）。对黑格尔《美学》的这种"两面性"（duplicity）的解读，让德曼能够去调和该书中的两个主要陈述："美是理念的感性显现"／"艺术对我们而言是过去的事物"，因为它们实际上是同一个陈述："在根本的意义上，艺术'是过去的'，因为它就像记忆化一样，把经验的内在化永远地抛到了脑后。就艺术物质性地铭写并因此永远地忘记了其理念内容而言，艺术属于过去。对《美学》的这两个主要命题的调和是以牺牲美学作为稳固的哲学范畴为代价的。"(《符号与象征》，参见本书第170页）易言之，就像里法泰尔的"逃避"和姚斯的"疏漏"一样，能让审美在康德和黑格尔那里都脱节的语言的要素和功能的"底线"，实际上是物质性的铭写，"字母散文性的物质性"，"任何程度的淆乱或意识形态都无法将这种物质性转换为审美判断力的现象性认知"（《现象性与物质性》，参见本书第147页）。

　　正是因为德曼对康德和黑格尔的美学范畴的"批判—语言"分析，听起来很像通常所谓的"解构"（deconstruction）或"解构性阅读"（deconstructive reading）——此言非虚，而且相较于那些仍在使用"D-词汇"[9]的人，在德曼这里，要在更彻底和更严格的意义上来理解这些词——所以要提前打预防针，以免我们认为这一切都很熟悉，熟悉得不能再熟悉，我们以前都已经读过、消化过、领会过这些东西，因此可以将它们扫入故纸堆了（它们属于即使并非完全不值一提，也是相当不光彩的过去）。[10] 首先，如果认为美学作为一种哲学范畴，在康德和黑格尔的文本中所发生的事情（简而言之，就是审美的脱节），是因为某种弱点、疏漏或缺乏严格性所导致的，并且就好像批判—语言的读者或"解构性"读者人手拥有一件俯拾即是的工具，能让他们看得更清楚、知道得更多一样，那就大错特错了。恰恰相反，在德曼的每一篇文章中都能清楚地看到，康德和黑格尔的文本中所发生的事情，

---

[9]　指 deconstruction 等首字母为 d 的词汇。——译者注

[10]　On de Man's "abjection", see Tom Cohen, "Diary of a Deconstructor Manqué: Reflections on post 'Post-Mortem de Man'", *Minnesota Review* 41/42 (March 1995): 157—174.

以及**作为**康德和黑格尔的文本而发生的事情，是由于其思想的批判性力量所导致的，确切地说，诚如德曼在关于帕斯卡的文章中所言，是由于他们的"过于严格"所导致的。这意味着，对初学者而言，无论这些文本多么具有双重性或两面性，实际上都**不能**与"美学意识形态"的文献相混淆，我们可以从某个外部的有利位置出发，向后者施加我们去神秘化的"批判"力量。这些真正的批判性文本非但没有以"美学意识形态"告终，反而给我们留下了一种"唯物论"，这种"唯物论"的激进性是后来大多数批判性思想（无论是左的还是右的）都望尘莫及的。确实如此，因为发生的事情就是审美的这种**断裂或脱节**[11]，这是"真实的事件"，它让这些文本具有真正的历史性，并确保它们有历史，或者更准确地说，确保它们**是**历史并且有未来。**没有**发生的、**不是**历史性的、也**没有**未来的东西，就是这些（历史性的、物质性的）文本—事件的意识形态化，在 19 世纪和 20 世纪的接受过程中，它们被恢复了其非历史的状态（nonhistory）。席勒对康德的（误）用（［mis］appropriation）就是这种意识形态化的范式，它也与"我们"仍然用来思考和教授文学的方式不谋而合，也就是将文学视为一种审美功能。"我们都是席勒主义者"，德曼在一次讲座中打趣地说道，"再也没有康德主义者了"。（在《康德与席勒》的讲座中，德曼给出了这种范式——思想真正的批判锋芒在其接受中变得迟钝——及其反面的其他实例：后继者将意识形态化了的前辈"去席勒化"或"再康德化"。"尼采 / 海德格尔"可能是前者的一个例子，"叔本华 / 尼采"或"海德格尔 / 德里达"是后

---

[11]　此处原文为 disruption 和 disarticulation，强调了这两个词共同的前缀 dis。汉语中很难找到一对类似关系的词汇来对译它们，姑且译为"**断裂**"和"**脱节**"。——译者注

者的例子。）席勒对康德的意识形态化，相当于把哲学化的美学范畴——作为一种范畴，美学是一种可以经受"批判"的东西，但却不是人们能够支持或反对的东西——转换成了一种价值，基于这种价值，席勒不仅可以建立一种审美人类学，而且还可以建立一个"审美国家"。对康德的这种（误）用及名副其实的意识形态时刻的反讽之处在于某种（可预见的）反转：即席勒对康德的批判工程完全缺乏哲学兴趣，他对康德的崇高的经验化、人类学化、心理学化，实际上是人性化，最终导致了纯粹的观念论、身心分离，以及对于后来的某些审美—政治家（aesthetico-politicians）——譬如约瑟夫·戈培尔（Joseph Goebbels）——来说简直是如获至宝的"审美国家"概念。反讽的是，非人道的"形式主义"哲人康德最终走向了唯物论，而人道主义的、心理学化的人类学者席勒则生发出了一种彻底的、可怕的观念论。这种反转及其反讽，以及康德和黑格尔的批判工程的"底线"——即物质性的铭写，激进的唯物论——与席勒意识形态化的审美化（ideologizing aesthetization）之间的差异，是值得强调的，因为它们触及了德曼计划中的《美学，修辞，意识形态》的核心，并将它与单纯的"意识形态—批判"或"意识形态的批判"区分了开来。

如果德曼所谓的"意识形态"，仅仅是对语言对象和约定对象的某种神秘化的"自然化"，那么对其"批判"实际上就只不过是站在一个更可靠的——因为是"批判的"——有利位置上的去神秘化而已。在这样的情况下，我们可以将"意识形态—批判"活动限定在对席勒的反复去神秘化上：一次又一次地演证席勒是如何通过将康德经验化进而意识形态化来误解批判哲学的工程及其先验原则的。尽管这种做法在教学法上不失为一种有益的（有时也很有趣）练习——显然这就是德曼在《康德与席勒》中所要表达的——但是这种行为充其量不过是固守相对传统的"哲学"严格性的陈规而已，它甚至无法（以讽寓的方式或其他方式）解释康德（或黑格尔）的"唯物论"的激进性。事实上，这就是德曼在《抵抗理论》[12] 中对意识形态的"定义"——"我们所谓的意识形态，恰恰是对语言现实与自然现实、指称与现象论（phenomenalism）的混淆"（《抵抗》，第 11 页）——是如何同时被左派和右派的批评家（误）读（［mis］reading）和否定的。例如，在其《意识形态》（以及《美学意识形态》[*The Ideology of the Aesthetic*]）中，特里·伊格尔顿将德曼的思想描绘为一种"本质上的悲剧哲学"，对这种哲学而言

> 心灵与世界、语言与存在，永远是错位的；而意识形态则呈现为这样一种姿态：它试图将这些完全分离的秩序合而为一，怀旧地追寻词语中的物的纯粹在场，从而让意义充满物质性存在的所有感性积极性。意识形态力图在语言概念和感性直观之间架起一座桥；但真正具有批判性（或"解构性"）的思想力量在于，证明话语居心叵测的比喻性和修辞性如何总是会介入、破坏这段美满婚姻。"我们所谓的意识形态，"德曼在《抵抗理论》一书中指出，"恰恰是对语言现实与自然现实、指称与现象论的混淆。"[13]

---

[12] 指《抵抗理论》一书中的《抵抗理论》一文。——译者注
[13] Terry Eagleton, *Ideology* (London: Verso, 1991), p. 200.

同样，如果这就是德曼所谓的——或者毋宁说是"我们所谓的"——意识形态的全部内容，那么伊格尔顿的如下做法就无可指摘：他斥责这种意识形态公然试图让"意识形态意识的一种特殊范式……来为所有意识形态的形式和手段服务"；以及将德曼的思想与这样一种思想画上等号："除了'有机论者'（organicist）之外，还有其他的意识形态话语风格——比如，德曼的思想（他悲观地坚持心灵和世界永远无法和谐相会）就是对解放政治学的'乌托邦主义'隐晦的拒绝。"[14] 但是，迫不及待地将"我们所谓的意识形态"以及"对语言现实与自然现实、指称与现象论的混淆"等同于"有机论"（organicism）或"虚假的语言自然化"（伊格尔顿语），实际上是过于草率的，并且会被误认作对德曼的批判。之所以说过于草率，是因为当我们在这里谈论"语言"、"语言的"以及"指称"（有别于"自然"和"现象论"，但容易与之相混淆）时，就已经假定我们能够提前知道自己意谓的是什么、指的是什么，而恰恰是这些词语的指称地位，更不用说修辞地位，让德曼关于意识形态的论述变得与众不同，并使其远远超越了伊格尔顿（非常典型的）对德曼和"真正具有批判性（或'解构性'）的思想"的错误描绘。伊格尔顿不得不歪曲"话语居心叵测的比喻性和修辞性"及其在批判性思维和意识形态思维中的功能，这为我们寻找其（误）读的"反常"（aberrancy）之处——正如他（同样典型地）将德曼的腔调字面化为"悲剧的"和"悲观的"一样——指明了方向。对德曼而言，这始终与修辞、语言的修辞维度、语言与指称的关系、语言的指称功能有

9

---

[14] Ibid., pp. 200—201.

关。[15] 易言之，如果我们想要了解德曼在他最后的几篇文章中酝酿的计划，那么我们就要着手解读《美学，修辞，意识形态》这个书名中的"修辞"一词，正是这个词将德曼的计划与一种单纯的"美学意识形态批判"区别开来，让一切变得与众不同。

德曼对康德和黑格尔的美学文本的"双重性"或"两面性"及其（自我—）脱节的批判力量的论述——我们将这种脱节归因于抵抗现象化的"语言的要素和功能"——已经为我们给出了如何解读介于美学和意识形态"之间"的修辞的暗示。因为，即使从我们勾勒的草图中也应该清楚地看到，无论德曼对康德和黑格尔的解读是什么，无论在他们的文本中（以及**作为**他们的文本）（历史性地、物质性地）**发生**了什么，这都不是一个从优越的知识和见解的有利位置出发去对神秘化的观点从外部进行去神秘化的（"解构性的"或其他）批判的问题。正如德曼的文本所充分表明的那样，在解读了审美在康德或黑格尔那里的脱节"之后"，留给我们的，肯定既不是一种完整的批判体系或哲学体系（或"科学"）——因为这种体系闭合自身并建立自己的批判性话语的能力依赖于美学的稳定性——也不是纯粹的意识形态。在德曼对康德的崇高论的总结中，有一段话切中肯綮：

---

[15]　在 "Ending Up/Taking Back (with Two Postscripts on Paul de Man's Historical Materialism)" in Cathy Caruth and Deborah Esch eds., *Critical Encounters: Reference and Responsibility* (New Brunswick, N.J.: Rutgers University Press, 1995), pp. 11—41 一文中，我已经初步厘清了指称、修辞和意识形态的关系。还可参见我在 "Ideology, Rhetoric, Aesthetics"（收录于我即将出版的专著 *Material Inscriptions*［即 *Material Inscriptions: Rhetorical Reading in Practice and Theory*, Edinburgh: Edinburgh University Press, 2013。但这篇文章实际上并未出现在这本书中，而是被扩展成了一本单独的专著：*Ideology, Rhetoric, Aesthetics: For de Man*, Edinburgh: Edinburgh University Press, 2013。——译者注］）中的详细讨论。

　　　　先验哲学的批判力量破坏了这项哲学工程，留给我们
的，当然不是意识形态——因为先验原则和意识形态（形而
上学）原则是同一个系统的不同部分——而是一种唯物论，
康德的哲嗣们还未能开始勇敢地直面它。出现这样的局面，
不是因为哲学能量或者理性力量的匮乏，反倒是因为这种
力量的强度和连贯性。（《现象性与物质性》，参见本书第
146 页）

正是因为先验的（或"批判的"）思想和原则与意识形态的思想和
原则是相互依存的，是同一体系的不同部分，所以任何试图对后
者进行去神秘化的尝试，都有"使意识形态沦为纯然的谬误，使
批判性思维沦为观念论"（《现象性与物质性》，参见本书第 116
页）的危险。易言之，这种去神秘化及其失败无法解释意识形态
的**生产**及其必然性（用阿尔都塞的话来说就是"上层建筑的形
成"的必然性），确切地说，是无法解释其生产的历史性、**物质
性**条件。在这里对晚期阿尔都塞的征引——即《自我批判文集》
中的那个（自我讽寓化的）阿尔都塞，他"承认"自己将《德
意志意识形态》中的"意识形态"**当作**"错误"是犯了"理论
主义的错误"——颇合时宜。[16] 对德曼而言，正如对阿尔都塞而
言，当我们认为自己在意识形态"之外"时，我们实际上不能更
在意识形态"之中"了：[17] 例如，当我们像特里·伊格尔顿一样认
为，对心灵和世界**能够**和谐相会的可能性或愿景（promesse）想

10

---

[16] Louis Althusser, *Essays in Self-Criticism*, trans. Grahame Lock (London: New Left Books, 1976), p. 119.

[17] 当然，这里指的是 Louis Althusser, "Ideology and Ideological State Apparatuses", in *Lenin and Philosophy* (London: New Left Books, 1971), pp. 127—186。

必是愉快的坚持（相较于德曼对其反面"悲观的"坚持），必然等同于对"解放政治学的'乌托邦主义'"——而不是那种极权主义"审美国家"的政治学，这种风靡于20世纪的"审美国家"会让席勒感到不寒而栗——的接受（相较于德曼隐晦的"拒绝"）时。但是，如果纵使"批判的"（"先验的"或其他）思维，也无法在不丧失其批判锋芒，或不让自己已经买断的东西被重新赎回的情况下，走到意识形态"之外"或"规避或抑制意识形态"（《现象性与物质性》，参见本书第116页）——因为它与它所"批判"的意识形态属于"同一体系的不同部分"——那么德曼的解读最终留给我们的东西与这种"仅仅是"批判性的活动有何**不同**呢？很显然，如果德曼的解读旨在"留给我们"一种激进的"物质性"或"唯物论"，那么这种解读就**必须是**"不同"的，必须以某种方式来解释"同一体系"，批判的和意识形态的思维和话语都是该体系的一部分。这种"说明"确实必须是对该体系的**生产**、该体系在历史性和物质性生产条件的基础上的落实的说明。这就是修辞问题——以及修辞在"指称与现象论"的混淆中扮演的角色——出现的地方，也是理解德曼关于意识形态的言说和教导的特殊性所不可或缺的。

　　因为，当德曼在此谈及批判性思维和意识形态思维是"同一体系的不同部分"时，毫无疑问，对他来说，这个"体系"始终是一种转义体系，一种转义的转化和替代的体系。比如，在批判的和意识形态的原则和话语中，这种转义体系想要将批判话语据称自我定义、自我证成的符号过程（semiosis）和意识形态话语象征性的、现象性的比喻化都纳入到自身之中，也就是还原为自己的转换原则和替代原则。康德对其所谓"先验的"原则和"形而上学的"原则——德曼毫不犹豫地分别将其与"批判的"和"意识形态的"等同起来——之间的差异和关系的描绘就是这样一种"体系"（也是德曼所指的那个"体系"）的一个整体的（global）例子。而康德在试图将数学的崇高奠定为先验原则的基础时所需要的——并且只能作为一种"语言原则"（即"纯形式的"、**无法**为自己奠定基础、无法闭合自身的转义体系）才能"发生"的——数和空间或广延的衔接则是另外一个更加"局部的"（local）例子。抛开整体和局部的例子不谈，问题依然应该很清楚：对于这样一种"转义系统"，掀开它的面纱或将它去神秘化是远远不够的，因为所有这些"批判"所能设法去做的，就是用一个转义来替代另一个——即使是用"字面的转义"（即"实在的"［real］、"真实的"［true］、"去神秘化的"、"批判的"等等）来替代"比喻的转义"，或者如果愿意的话，用《德意志意识形态》中更加传统、但理解不够充分的话来说，就是用"真实的"或"批判的"意识来取代"虚假意识"——从而在很大程度上停留在它要批判的转义体系**之内**，并由此**确认**这个转义体系。因此，我们需要采取不同的行动，一种能着手解释转义体系本身的落实，解释转义体系最初将自身奠基或创建于原则——无论这些原则来自何处，都不可能来自这个转义体系自身之内，也不能还原为**这个转义体系的**转换、替代或交流的原则——的基础之上的行动。这就是我们的"语言的要素和功能"的最终归宿，这种"语言的要素和功能"抵制转义及其体系使之得以可能（和必然）的现象化，但作为其可能性的物质性条件，它们仍处在所有转义体系的底部。但是，这些要素和功能（它们在德曼那里有很多名字，比如语言的"设定性力量"、"物质性铭写"、"字母的游戏"）

既是转义体系的可能性的**物质性**、**非现象性**、**非现象化**条件，又
必然是其**不**可能性的条件；它们在这些转义体系"之内"（或"之
外"？）留下了痕迹或踪迹，这些痕迹或踪迹可能是"批判性批评
家"的知识、意识或科学所无法触及的，但在这些体系的文本中
依然清晰可见：例如，在它们无法闭合自身时，总是会产生转义
论（tropology）的过度（或缺乏），亦即对它们而言不可还原的转
义和比喻的残余或剩余。就像真理一样，这种过度或缺乏会显露
出来并且必须显露出来；就像荷尔德林的"真"（das Wahre）一
样，它就是发生的事情，是一种事件——例如，就像康德关于崇
高的**文本**一样，或者我们还可以补充说，就像德曼解读康德和黑
格尔的**文本**一样。

指称和修辞

"实际历史的物质性"[18] 作为转义论的残余或过度而产生、**发
生**，这只是德曼对自己明显的新"兴趣"——"转向"意识形态、
历史和政治问题——的另一种表述。在 1983 年，当被问及"意
识形态"和"政治"这两个词在其最近的作品中频繁出现的原因
时，德曼的回答是：（1）他从未远离过这些问题（"它们在我心
中一直是最重要的问题"）；（2）他始终坚持"我们只有在自行其
是的批判—语言分析的基础上，才能抵近意识形态问题，进而延
伸到政治问题"（《对保罗·德曼的访谈》，载于《抵抗》，第 121
页）。他将"批判—语言分析"——本书中收录的作品的准备性

[18]　这个表述出自 de Man，"Anthropomorphism and Trope in the Lyric"，in *The Rhetoric of Romanticism*
(New York: Columbia University Press, 1984), p. 262。

工作——描述为一种尝试，旨在对"语言的技术性问题，尤其是修辞问题、转义和述行之间的关系问题、转义论的饱和问题（即转义论在某种语言形式中超越了自身的领域）"（同上）实现一定程度的控制。现在，他已经实现了对这些问题某种程度的控制，他发现自己可以"更加公开地来做这件事［即处理意识形态和政治问题］，尽管是以一种与一般所谓的'意识形态批判'全然不同的方式"。德曼显然指的是《阅读的讽寓》及其关于卢梭的作品（在很大程度上仍然**未被阅读**或被严重**误读**），在其中他"能够从纯粹的语言分析推进到实际上已经具有政治和意识形态性质的问题"。易言之，德曼从表面上纯粹的语言问题向更加公开地谈论意识形态和政治问题的"推进"或"进步"，本身是以对修辞的批判—语言分析——转义体系，及其无法闭合自身，及其生产"超越"自身领域的"语言形式"——为基础的，因此就是作为转义论的残余或过度而实现的。简而言之，这种进步不仅仅是一种"逻辑的"（和可历史化的）发展，实际上它本身就是一个物质性事件，是对修辞进行批判—语言分析和**解读**的产物，而不是对先前的"意识形态"自我或"理论主义"（"认识论断裂"之前的）自我的批判或自我批判。[19] 实际上，将文本还原为修辞、转义、转义的语言模式是**不可能的**，因此单纯的"修辞性阅读"实际上**永远**是不充分的，对此，德曼的（非）读者难免会感到惊讶，因为他们认为德曼所做的，就是将一切都还原为修辞和转义，以及德曼的修辞性阅读不过是反复证明了"话语居心

---

[19]　这么说绝无批评阿尔都塞之意，而是要批评那些从字面上来理解阿尔都塞的"认识论断裂"以及意识形态与科学的对立的人，这都是阿尔都塞本人从未做过的事情，即使是在《保卫马克思》这样的"早期"作品中。为了证明这一点，有必要再写一篇文章，进行批判—语言分析。

叵测的比喻性和修辞性如何总是会介入、破坏"心灵和世界、语言和存在等等的"美满婚姻"。[20] 譬如，在当前的语境中，我们很容易会说，实际上正是**修辞**才让心灵和世界、语言和存在的"婚姻"成为可能，因为心灵和世界的这样一种相会**只有**通过现象化的（因此也是美学—意识形态化的）转义才得以可能！转义完成了"我们所谓的"意识形态的指称的现象化，但是，当然，由于确实是**转义**做到了这一点，所以这种现象化了的指称不可避免地是——用德曼最钟爱的一个表述来说——"反常的"，并且导致了"意识形态反常"。无论如何，如果想要理解修辞和转义在德曼的"批判—语言分析"中的作用，我们就需要厘清它与语言的一种"要素和功能"——即指称、指称功能，在德曼那里，我们可以将其称作指称的**不可还原性**——之间的关系。因为，泛泛而论，指称不仅深入地牵涉德曼对意识形态的"定义"——"指称与现象论的"混淆——还牵涉一种双重的不可能性，它像主旋律一样贯穿于德曼所有作品之中：不可能建构一种在认识论上可靠的语言和文本的转义模式，而硬币的另一面则是，不可能建构一种在认识论上可靠的语言和文本的纯符号学（或语法）模式。尽管《阅读的讽寓》中多篇关于卢梭的文章都对指称和指称功能的问题提供了很多帮助，但是最能说明问题和富有启发性的可能要属《抵抗理论》一文中的讨论了，即它对意识形态臭名昭著的"定义"，以及相关段落的直接语境。这篇文章之所以最具启发性，部分原因在于其概括性的、纲领性的论述能够最简明扼要地解释德曼已经成型的计划（《阅读的讽寓》）和正在酝酿的计划

13

---

[20]　Eagleton, *Ideology*, p. 200.

（《美学，修辞，意识形态》中的文章）。

为了领会将意识形态"定义"（或者更确切地说，**命名**——"我们所谓的"）为"指称与现象论的混淆"对德曼的重要意义，以及语言的修辞维度在这一定义中的作用，我们有必要读一下这个定义的"由此可见"："我们所谓的意识形态，恰恰是对语言现实与自然现实、指称与现象论的混淆。由此可见，与包括经济学在内的任何其他研究模式相比，文学性的语言学（linguistics of literariness）是揭示意识形态反常的强有力的和不可或缺的工具，也是解释（accounting for）[21] 其发生的规定性因素。"（《抵抗》，第 11 页）鉴于德曼对符号学和文学研究中所谓的"结构主义"的尖锐批评，他在这里提出的"文学性的语言学"的主张在某些人看来就会显得过于离谱，或者至少也是令人吃惊的。然而，正是文学性的语言学被认为是一种"强有力的和不可或缺的工具"，它不仅能揭开意识形态反常的面纱或将之去神秘化，**还能**"解释其发生"——也就是说，正是这种双重运作赋予这种活动以"批判—语言分析"的属性，它不仅能将意识形态去神秘化，还能说明其必然性，即意识形态的**生产**及其（历史性的、物质性的）生产条件。德曼将这种力量归于文学性的语言学，这当然显得有些突兀。然而，一旦我们尝试在语境中去理解指称和文学性的语言学的关系时，这样的主张就完全说得通了，一旦我们

---

[21] 这个词在本节中以 accounting for、account、accounting 等不同形式频繁出现，其内涵十分丰富，作者在下文甚至区分出了四种意义上的"accounting for"。我们在本节中姑且根据该词表示"解释、说明原因"的"字典意义"，将其译作"解释"。但有时候作者还会利用这个词的一词多义以及与 count 的词源关系进行语言游戏，因此在更侧重其他含义的语境中，权且以比如"解释 / 叙述"、"解释 / 清算"的形式来表示，在强调与 count 的词源关系的地方，会标注出相应的英文原文。——译者注

读懂了其"指称性"地位（更不用说修辞性地位）时，它们就不再显得那么离谱了。"文学性的语言学"、指称以及"指称与现象论"相混淆的可能性之间的相互关系，在《抵抗理论》一文中被非常清晰而谨慎地确定下来。德曼所说的"文学性的语言学"主要是指索绪尔语言学在文学文本中的应用。事实上，《抵抗理论》认为，文学理论本身的出现是"伴随着语言学术语被引入有关文学的元语言而发生的"，"当代文学理论正是在诸如将索绪尔的语言学应用于文学文本这样的事件中才得以成形的"（《抵抗》，第 8 页）。严格意义上的"文学理论"的出现、发生或事件所造成的差异，与"文学理论"对"作为一种语言功能而未必是作为一种直观的指称"的不同构想有着非常具体的关系。德曼这里的"直观"应该被理解为德语中的 Anschauung，下面的话证实了这一点："直观意味着知觉、意识、经验，它旋即与其所有关联物一道进入了逻辑的世界、知性的世界，在这些世界中，美学占据着显著的地位。如果假设存在着一门未必是逻辑学的语言科学的话，就会导致发展出一种未必属于美学的术语。"（《抵抗》，第 8 页）易言之，索绪尔的"非现象性语言学"（nonphenomenal linguistics）及其在文学研究中的应用（"文学性的语言学"），所悬搁的不是语言的指称功能——只要我们谈论任何被称作"语言"的东西，这种指称功能就**始终**在那里，不可还原——而是语言赋予我们的能力，或者更确切地说，是语言可靠地、可预见地、在认识论上融贯地指称**所指对象**（*referent*）的能力，这种能力甚至会让我们误把语言功能的产物当作意识的对象、"机能"（直观、知觉），以及随之而来的逻辑、现象—逻辑（phenomeno-logic）。如果意识形态，或者毋宁说我们所谓的意识形态，恰恰是

14

对"指称与现象论"的混淆——也就是说，将指称视作**一种直观**而非语言功能——那么，这样一种非现象性的"文学性的语言学"变成"揭示意识形态反常的强有力的和不可或缺的工具"，就不足为奇了。正如德曼在《罗兰·巴特与结构主义的局限》（1972）一文中所指出的，符号学的去神秘化力量是名副其实的、不可否认的：

> 我们可以看到，之所以一切意识形态都会在倡导符号和意义之间的对应关系（correspondence）的语言理论中主张其既得利益，是因为它们的有效性依赖于这种对应关系的幻象。另一方面，对符号和意义之间的从属性、相似性或潜在的同一性提出质疑的语言理论总是具有颠覆性，即使它们仍然严格局限于语言现象。（《浪漫主义》，第170页）[22]

德曼在这篇文章中所谓的"符号和意义之间的对应关系"，显然就是十年后所说的对指称与现象论的混淆，或者更准确地说，就是《黑格尔论崇高》中所说的"符号的现象化"（the phenomenalization of the sign）[23]。

　　然而，无论文学符号学（文学性的语言学）多么具有正当性

---

[22]　Paul de Man，"Roland Barthes and the Limits of Structuralism"，in *Romanticism and Contemporary Criticism*, ed. E. S. Burt, Kevin Newmark and Andrzej Warminski(Baltimore: Johns Hopkins University Press, 1993)，下文引用该书，均简称作《浪漫主义》，并随文标注页码。

[23]　参见《黑格尔论崇高》："语言符号的现象性，可以通过无限多的手段或转变，与其所指的现象性——作为知识（意义）或感性经验——保持一致。正是符号的现象化构成了意指过程，无论意指过程是通过约定的还是自然的方式发生的。现象性这个词在这里不多不少地意味着，就其本身而言，意指过程是可知的，就像自然法和约定法能够通过某种形式的知识而得到理解一样。"（参见本书第183页）

和说服力地宣称自己是揭露意识形态反常的有力工具，它同时也会宣称自己是"解释其发生的规定性因素"。后一个"宣称"更加错综复杂。如果我们试图弄清楚这个规定性因素的"解释"意味着什么，问题就开始变得复杂起来。第一层的意义相对直白：文学性的语言学能"解释"指称反常的发生，在能够对这些反常"进行清算"（render a reckoning）的意义上，去解释它们和它们的机制。由于文学性的语言学建立在一种非现象性的语言模式的基础上，那么它当然有望揭示语言的指称功能的任何不当的现象化，并展示意识形态运作的机制。然而，如果文学性的语言学是解释意识形态反常的发生的"规定**性**因素"（determi*ning* factor），那么它就是在另外一种意义上"解释"意识形态反常。易言之，只需稍微转换一下重点，文学性的语言学也"解释"意识形态反常——在"说明原因"的字典意义上，在本身就是意识形态反常的"原因"或者说产生了意识形态反常的意义上。在对"文学性的语言学"毫无保留的"赞美"语境中，这层意义似乎有一点奇怪，但它实际上是一种必然的意义，就像意识形态本身一样，是可预见的和不可避免的。如果回顾一下《抵抗理论》一文中的意识形态段落的直接语境，这一点就会很明显。因为德曼在先前的段落中已经指出并证明，非现象性的文学性的语言学**本身**屈从于现象论的诱惑或诱导，因为它把"文学性"混淆为"审美反应的另一种说法或另一种模式"（《抵抗》，第9页），以至于出现了符号的"克拉底鲁主义"[24]，即"假定语言的现象层面（声音）和语言的意指功能（所指对象）的趋同"（《抵抗》，第9页）。符号的

---

[24]　可参考本书第57页注释7。——译者注

这种自我意识形态化的再现象化是不可避免的，即使是非现象性的"文学性的语言学"也受制于它："在美学价值化而非语义价值化的意义上，符号学或类似导向的方法不可避免地被视为形式主义，但是这样一种阐释的必然性并没有使其变得不那么反常。文学涉及对美学范畴的消解，而非确认。"（《抵抗》，第 10 页）德曼用"反常"一词来描述这种（错误）阐释，把我们带回到了，或者说向我们"指出"（refers）了，那个意识形态段落以及我们的"意识形态反常"。很明显，正如德曼刚才所指出的，文学性的语言学本身经历了一种指称的再现象化：简而言之，即使是文学符号学的话语（具有去神秘化的力量），也有意识形态（以及美学意识形态）内置于其中、内在于其中，俨然一个必然的和不可避免的环节。德曼援引巴特——巴特的《普鲁斯特和名字》（"Proust et les noms"）——作为这种自我意识形态化的例子，这让人想起十年前他在《罗兰·巴特与结构主义的局限》中的类似举动。在那篇文章中，德曼证明了（早期的）巴特自身的去神秘化话语经受了方法层面的自我神秘化，当这种话语被通过悬置文学的指称功能而获得的令人上头的力量冲昏头脑，渴望获得"科学"地位时——就好像所有"意指的杂乱无章"、其"指称效力、表征效力"、"指称的启发性"不需要得到"解释"一样，因为它会"被视为偶然性或意识形态而被摒弃，而不会被视为符号学结构中的语义干扰而被严肃对待……反常反复出现的原因不是语言学的而是意识形态的"（《浪漫主义》，第 171—173 页）。但是，指称和指称功能的不可还原性既然"内在于"**任何**话语，那么无论其力量多么去神秘化、其渴望多么"科学"，这种不可还原性的回归都是不可避免的：

文学会在意识形态上被操纵，这是显而易见的，但这并不足以证明，这种歪曲不是更大的错误模式的一个特定方面。任何文学研究迟早都必须面对其阐释本身的真理价值问题，这不再是内容优先于形式的天真信念，而是一种更加令人不安的经验的结果，这种不安源于无法清除自身话语中指称的反常作用。巴特所运用的传统阅读概念，基于编码/解码过程这一模式，但如果操作者接触不到主代码，那么他就无法理解自己的话语，在这样的情况下，这种阅读概念不具有可操作性。一门读不懂自己的科学，不再能被称作科学。科学符号学的可能性受到了一个问题的挑战，这个问题无法再用纯粹的符号学术语来解释。(《浪漫主义》，第 174 页)

我不惜笔墨地引述德曼对巴特困境的总结（1972）有如下几个原因。首先，它证实了我们的怀疑，即文学性的语言学是"解释"意识形态反常的发生的规定**性**因素。文学性的语言学也许能将意识形态反常去神秘化，也许还能对这些反常做出说明，但是因为它在这么做时，其自身的话语不得不受制于决定意识形态反常的必然性的那些因素，那么它也不得不在自身的话语中**再**-生产（*re*-produce）出这些反常。巴特无法清除[25]自己的"科学"话语中"指称的反常作用"，这意味着"意识形态反常"并非"外在于"语言，而是在很大程度上"内在于"语言，"内在于"语

---

[25]　参见德曼关于"预防性的符号学卫生"的论述："Semiology and Rhetoric", in *Allegories of Reading* (New Haven: Yale University Press, 1979), p. 6. 下文引用该书，均简称作《讽寓》，并随文标注页码。

言不可还原的指称功能和不可避免的反常。如果我们追问，到底是"关于"指称的什么、"关于"指称功能的什么，才使得指称、指称功能不可避免，但又不可避免地反常，是什么使得指称乃至意识形态的再现象化即使对于语言学最"非现象性"的一面来说也是不可避免的，那德曼通过勾勒出巴特的如下困境就已经给了我们答案：巴特无法读懂他自己的话语（因为他无法"解释"自己的指称反常）。"一门读不懂自己的科学"确实不能再被称作科学了，反而应该被称作科学的**讽寓**。在这里，文学性的语言学显然是一种关于其无法读懂故事的讽寓和"解释"，是对其（非常正当的）去神秘化的"科学"的"解释"。既然文学性的语言学去神秘化和揭示性操作的目标，就是通过转义，通过语言的修辞维度，对指称进行毫无根据的现象化，那么文学性的语言学当然就是修辞、转义，以及一切去神秘化话语的修辞维度。这种去神秘化话语将文学性的语言学转化为阅读的不可能性的讽寓。正如《阅读的讽寓》第 205 页所说的那样，这种讽寓正是"先行叙事"（the prior narration）——即"转义及其解构"的叙事——的不可读性的讽寓。尽管迂回，我们还是抵达了**第三层**意义上的"解释"，即文学性的语言学是如何能够成为解释意识形态反常的规定性因素的：也就是说，它只有作为阅读的（不可能性的）"解释 / 叙述"（account）、故事、叙事、讽寓才能如此，而绝不是作为"科学"或批判性话语，后者对自身是透明的，能通过借贷的"账目平衡"而无剩余地"解释 / 清算"（account for）意识形态。

对意识形态反常的解释应该转变为阅读的（不可能性的）讽寓，《阅读的讽寓》的读者当然不会对此感到惊讶。但在这里需要强调的是，指称功能不可避免的反常，指称功能——在转义中以及通过转义——不可避免的现象化和意识形态化，以及语言的修辞维度，在很大程度上都是指称的一"部分"、指称功能的一个"环节"。这一点在德曼关于《社会契约论》的文章（《允诺：〈社会契约论〉》）中最为清楚。根据这篇文章所述，指称"就是将未被规定的、一般的潜在意义运用于具体的单元"（《讽寓》，第268页）。这种未被规定的、一般的潜在意义就是语法，即"生成文本但又独立于文本的指称意义而发挥作用的关系系统"（《讽寓》，第268页），"正如没有语法就无法设想文本一样，没有对指称意义的悬搁就无法构想语法"（《讽寓》，第268—269页）。但是，即使"语法的逻辑只有在指称意义不在场的情况下才生成文本"（《讽寓》，第269页），语法的未被规定的、一般的、非指称的潜在意义在"具体的单元"——也就是指称、文本的"生成"所必需的指称功能——上的"运用"或**规定**，意味着"每个文本都会生成颠覆它赖以构成的语法原则的所指对象"（《讽寓》，第269页）。易言之，"语法和意义之间存在着根本的不相容"（《讽寓》，第269页），这种"语法和指称意义之间的背离就是我们所谓的语言的比喻之维"（《讽寓》，第270页）。德曼在这里解释得再清楚不过了：文本是由指称的**规定**所生成的，然后，这种规定性必然背离并且"颠覆"文本的**未规定**的、一般的、非指称的潜在意义，也就是文本的语法，而没有语法，文本首先就无法"形成"。这种背离或颠覆的必然性就是"我们所谓的"语言的比喻之维，亦即修辞。一言以蔽之，修辞、语言的修辞之维，是指称、文本生产的指称功能"本身"（itself）的必然环节。作为必然地、不可避免地产生反常指称的"环节"，语言的修辞之维也使

18

"文本"变成了我们无法"定义"而只能"所谓"的"某物":

> 我们所谓的**文本**就是任何可以从这样一种双重视角来
> 考量的实体:作为一种生成性的、开放式的、非指称的语法
> 系统,和作为一种被先验意指所闭合的比喻系统,这种先验
> 意指颠覆了文本赖以存在的语法规则。文本的"定义"还说
> 明了文本存在的不可能性,并预示了这种不可能性的讽寓叙
> 事。(《讽寓》,第 270 页)

这段话中的"文本"同样适用于《抵抗理论》一文中"我们所谓
的意识形态",正因为如此,作为解释意识形态反常的"规定性
因素"的文学性的语言学,也只能是一种定义或规定意识形态
的不可能性的讽寓性"解释"——除非是反过来在文本中和作
为文本被阅读,也就是在另一个讽寓中,在……的另一个……的
讽寓中。这里潜在的口吃不仅是在玩弄讽寓(allegory)的"意
义"——allos + agorein,即另一种言说,言说另一种事物——更
是从我们说过的一切事物中得出的必然"结论"。也就是说,就
我们所谓的意识形态、**我们所谓**的语言的比喻之维、**我们所谓**
的文本,乃至**我们所谓**的语言而言,如果我们问这些讽寓是关
于什么的(*of*)讽寓,那么最"直接"的答案应该是,它们是指
称的讽寓,这等同于说它们都是"的的讽寓"(allegories of *of*),
因为"的"正是指称功能、"带回"(carrying-back)功能、"本
身"(itself)的承载者。于是,我们对"**的**的讽寓"口吃般的重
复便暗示出——文学性的语言学作为一种规定性因素据称可以
践行的——"解释"(accounting)的第四层(也是"最后"一

层）意义：对意识形态反常进行机械的计数（counting）、重数（recounting）、编码（numbering）、列举（enumeration），一个接一个，依次进行。事实上，这种纯粹"语法上的"（就像在**语法**中一样）并列或记号最终是对意识形态反常唯一可能的**物质性**（而且**因为**是物质性的，所以是历史性的）"解释"。（这也是为什么它要比经济学话语更善于解释意识形态反常的原因，简单来说，经济学话语必须将"经济基础"字面化和具体化，而对"经济基础"的"去神秘化"也只能是用一种转义代替另一种转义，用《德意志意识形态》中的话来说，就是用一种"意识"代替另一种"意识"——简而言之，在处理我们所谓的意识形态的现象论和指称的经济时，即使是**经济学**也永远不够经济！）[26] 如果是这样的话，就难怪德曼在关于巴特的文章中会说"心灵不能在对反复出现的反常的重演中止步不前；它注定要将自身否定性的自知之明系统化为至少具有激情和差异表象的那些范畴"（《浪漫主义》，第 175 页）。从这句话中可以读出很多东西，但我们只想强调这样一个事实：心灵**注定**这么做——心灵别无选择，这种情况是必然的和不可避免的，因为这就是不可还原的指称功能、转义中不可避免的现象化、指称反常的产生，也就是意识形态。一旦我们去命名任何事物——将其称作"意识形态"、"语言的比喻之维"、"文本"乃至"讽寓"（"我们可以把这些叙事称作⋯⋯**讽寓**"[《讽寓》，第 205 页]）——并试图在叙事中对加其以解释："叙事无休止地讲述它自己在命名上的反常的故事，并且它只能在修辞的复杂性的各种层面重复这种反常"（《自我：〈皮格马利翁〉》，《讽

---

[26] 在写给《美学意识形态》的前导论《意识形态，修辞，美学》（即出）中，我用令人难以忍受的细节和冗长的篇幅对此作出了解释。

寓》，第 162 页）——这种情况就会发生，并且必然发生。

过于严格

如果它确实走进了死胡同或者到达了临界点，那也只是因为它过于严格而非缺乏严格。

——《帕斯卡的说服讽寓》[27]

将德曼的"解释"（accounting）描绘为对指称反常（即意识形态反常）结结巴巴的重演、重复、列举或**编号**，将我们带回到了《美学，修辞，意识形态》的计划，及其在与德曼之前作品的关系中呈现出来的特殊性。我们试图去说明（explain），或者至少去解释，在德曼对意识形态的定义（对指称与现象论的混淆）中，指称和修辞的"关系"以及这种关系在"指称的讽寓"中的终结，肯定会将这一计划与《阅读的讽寓》联系起来。然而，构成《美学意识形态》的"指称的讽寓"有其清晰而明确的特殊性，这使其有别于《阅读的讽寓》中的批判—语言分析。呈现这一区别性特征的一种方式，是再次回到《抵抗理论》一文及其对"所有语言模式中最熟悉、最普遍的古典三艺（trivium）"的描绘。三艺的观念"认为语言科学由语法、修辞、逻辑（或辩证法）组成"，与之相关的是"四艺（quadrivium），涵盖了非语言的科学：数（算数）、空间（几何）、运动（天文）、时间（音乐）"（《抵抗》，第 13 页）。不妨直截了当地提前给出结论：《阅

---

[27]　参见本书第 88 页。——译者注

读的讽寓》的计划来自前三艺（语言科学），而《美学，修辞，
意识形态》的计划则来自后四艺（非语言的、数学的科学）。这
需要进一步的解释。《阅读的讽寓》中的分析关注的主要是，修
辞、语言的修辞之维如何总是"介于"语法和逻辑之间，从而使
得文本的形式结构与意义（的普遍性）之间不可能有任何容易
的、连贯的过渡，就此而言，这些分析将证明三艺（**作为**一种语
言模式）的语言模式的不稳定性。无论是为了表明修辞之维如何
总是会介入建立语言的语法模式的尝试，还是为了表明（各种形
式的）语法如何介入建立闭合的语言转义**论**（tropo-*logical*）模式
的尝试（这在《符号学和修辞学》中是最程式化的[28]），抑或是为
了表明述行功能（德曼有时将其称作"述行修辞"）如何很难与
对真理的可靠的认识论主张共存，《阅读的讽寓》中的文章在很
大程度上都可以说是以三艺为其领域的。实际上，这些文章在大
多数时候都集中于"文学"文本，即使涉及"理论"文本，也在
很大程度上都是"混合的"或"半文学的"文本（而非像关于逻
辑学或认识论的论著一样成体系的哲学文本），这与我们上述的
观察是吻合的。另一方面，我们可以说，《美学，修辞，意识形
态》一书中所收录文章很明显是来自自由艺术（artes liberates）的
另一部分，这不仅仅是出于主题上的原因，也就是说，不仅仅是
因为所有这些文章都是"关于"在哲学体系中占据了决定地位的
文本的。此书中的文章来自四艺的部分，是在更特殊的意义上来
说的，即它们对美学范畴的讨论全都涉及美学和认识论的关系。[29]

21

---

[28]　参见我的 "Ending Up/Taking Back (with Two Postscripts on Paul de Man's Historical Materialism)"。

[29]　可参校德曼在 "从康德到黑格尔的美学理论"研讨班（1982）上的开场白：
　　　"这门课是关于黑格尔美学理论的系列课程的一部分。前置课程包括'黑格尔的美学'和
'黑格尔与英国浪漫派'。（转下页）

事实上，正如前文所言，美学、美学范畴，是一种严格的哲学话语，它试图将自己的话语建基于其体系的内在原则之上，从而将之**作为**一个系统，也就是作为逻辑学而闭合起来。哲学美学实际上是这样一种尝试：证明语言科学确实必须是一种逻辑学（"文学理论"及其"非现象性的语言学"必然会对此提出质疑）。正如德曼在《抵抗理论》一文中所总结的那样，逻辑学将会成为三艺和四艺之间的"纽带"：

> 在哲学史上，这个纽带在传统上和实质上都是由逻辑学提供的，逻辑学是语言学话语关于自身的严格性与数学话语关于世界的严格性相匹配的领域。例如，17 世纪——此时哲学和数学之间的关系还特别密切——的认识论坚持将所谓几何学（mos geometricus［几何学方法］）——实际上包括空间、时间和数之间的同质连结——的语言当作连贯性和经济性的唯一模式。**更具有几何性**（*more geometrico*）的推理被认为"几乎是唯一永远不会出错的推理模式，因为它是唯一坚

（接上页）"我们关注的是作为一种哲学范畴（亚里士多德意义上的范畴）的美学。作为一种范畴，我们无法赞成或反对它；它无法被价值化（valorization）。

"还有，美学范畴与现有的一般哲学传统中的认识论问题的关系。

"还有，美学范畴与批判哲学的要素的关系，批判哲学涉及对各种范畴在认识论上的真理和谬误的检验。

"因此，批判哲学在这里就是在认识论层面对各种范畴的检验……

"我们在这里得到了一个显白的哲学主题：美学范畴与认识论的关系。隐含的问题则是美学范畴与语言理论的关系。

"'语言'在这里意味着对符号、象征、转义、修辞、语法等等的思考。

"因此，美学范畴与语言理论的关系是隐含的，但也是未经思考的（ungedacht——似为 unbedacht 之误。——译者注）：语言理论的位置有待明确——它仍被铭写在其他问题中。

"那么，我们的目标就是从语言范畴的角度对《批判》（*Kritik*）进行批判。我们感兴趣的是康德如何运用语法和转义，以及去看（因为我在讲这门课）显白的表述和转义的运用之间，或显白的论题和关于语言的隐含假设之间，是否存在着张力。"

持真方法的推理模式，而其他所有的推理模式都因自然的必然性而处于某种程度的混乱之中，只有几何学思维才能意识到这种混乱"。这是关于现象世界的科学和语言科学之间的相互关联的一个明显的例子。语言科学被构想为一种定义性逻辑，即正确的公理演绎的综合推理的先决条件。这种在逻辑学与数学之间自由流通的可能性，有其盘根错节、问题丛生的历史，也有其伴随着不同的逻辑学和不同的数学的当代等价物。对我们当前的讨论而言，重要的是语言科学和数学科学的这种衔接，代表了"作为逻辑学的语言理论"和"数学使之得以可能的关于现象世界的知识"二者之间的连续性的一个格外引人注目的版本。在这样一种体系中，美学的位置是预先决定好了的，因而绝不是外来的——前提是在三艺的模式中逻辑学的优先性没有受到质疑。(《抵抗》，第 13 页)

德曼以 17 世纪的认识论为例，说明了逻辑学是如何成为三艺和四艺之间的"纽带"的，他援引帕斯卡的《论几何学精神》("De l'esprit géométrique")来解释认识论—逻辑学中的肯綮之处。因为认识论话语要想的，是能够建构起一种逻辑模式，像数学科学定义性的自我证明逻辑那样，严格地为**自身**奠定基础并证明**自身**。语言学话语关于自身的严格性就是这样与数学话语关于世界的严格性相"匹配"的。如果说在 17 世纪，"几何学方法"被奉为认识论话语的典范，那是因为这种方法自身的话语作为一种定义性逻辑恰恰是非指称性的，或者更准确地说，是**自我**指称性的，足以**不**留下指称的剩余或我们一直担心的"指称反常"。(如果"文学"话语被认为是自我指称或自动指称的，那么数学话语就会是最"文学"的语言了，这一点即使对于谵妄臆语的形式主义者来说也不足为奇！）易言之，认识论话语声称能够通过将自己建基于数学科学的"语言"模式（即逻辑模式）之上来清除自身的反常指称——归根结底，就是语言的修辞之维。那么，在这样一种体系中，说"美学的位置"——或者我们应该补充说，"美学环节"或美学化的环节——是预先决定好了的，也就不足为奇了，因为正如我们所知，美学是这样一个地方，在那里严格的逻辑将绕过或压制或取代或转化语言不可还原的指称功能，及其在转义中不可避免的现象化，以及指称反常、意识形态反常的生产。然而，正如我们已经说过的，这些哲学话语要做到这一点，实际上就必须将美学范畴**去**稳定化（*destabilizing*）——因为它们只有通过诉诸语言中抵抗现象化的要素和功能才能为其转义论体系"奠定基础"——并最终变成一种不可还原为审美判断的现象性认知的激进唯物论。需要补充的是，实际上德曼在很大程度上是从 17 世纪认识论问题的角度（这当然不足为奇，因为康德和黑格尔［尤其是前者］都以解决他们从 17 世纪的思想中继承下来的问题为己任）来理解和表述美学和认识论备受青睐的衔接（articulation）计划及其"失败"或**脱**节（*dis*articulation）的。德曼将康德的数学的崇高解释为衔接数和广延的尝试——结果证明，数学的崇高只能作为一种转义论体系"起作用"，该体系无法闭合自身，并且必然产生语言的述行"模式"的"力学的崇高"——就是一个绝佳的例子；但即使他对黑格尔的崇高的解读，也是在四艺的原则和问题的背景下进行的。本书开篇的《隐喻认识论》一文中的情况即是如此。该文论述了洛克、孔狄亚克和康德那里的"修辞和认识论"这一"主题"。而第二篇文章《帕斯卡的说服讽寓》的前半部分则最显著地涉及了认识论话语能够以数学话语为模式的问题。这篇文章可以充当解开该计划和本书中的其他文章的"钥匙"。它不仅充当了"修辞和认识论"以及"修辞和美学"[30]等"主题"之间的桥梁,还提供了一个"早期的"(1979)例子,说明文本产生了德曼后来称之为"物质性"的东西。职是之故,这篇文章可能也是我们所谓的"指称的讽寓"的最佳范例——从四艺一面来看。

《帕斯卡的说服讽寓》在其开篇语("在尝试对讽寓进行定义时,总会反复重逢一系列意料之中的问题……")和结尾句("……就是我们**所谓**的讽寓"[强调处是我加的])之间的空间完成自己表演。事实证明,在试图给讽寓下定义时会遇到一些意料之中的问题,这些问题让"定义"变得不可能,从而让讽寓成了只能是我们"所谓"的东西。这些意料之中的问题是:其一,讽寓的"指称地位";其二,"讽寓的美学价值化中挥之不去的矛盾心理"(《帕斯卡的说服讽寓》[下文简称作《说服讽寓》],参见本书第84—85页)——这恰恰把这篇文章的问题放在了我们关注的空间中:"修辞和认识论"**与**"修辞和美学"之间。让我们先来讨论第一个"主题"。因为,正如我们已经知道的那样,它又会把我们带回到第二个"主题",这完全是意料之中的——按照数字顺序,一个接一个。德曼问:"在严格的认识论中,是什么使得我们无法确定其阐述是证明还是讽寓?"(《说服讽寓》,参

24

---

[30] "修辞和美学"是德曼于1983年2月和3月在康奈尔大学开设的梅辛杰系列讲座的总标题,公布的各场讲座的题目是:1.波德莱尔的拟人论和转义;2.克莱斯特的《论木偶戏》;3.黑格尔论崇高;4.康德论崇高;5.康德与席勒;6.结论。"康德论崇高"在形诸文本时被德曼命名为《康德的现象性与物质性》。"结论"是关于本雅明的《译者的任务》的讲座,现被收录于《抵抗理论》一书中。

见本书第 90 页）严格的认识论的**阐述**（*exposition*）应该是使得我们无法确定它是证明还是讽寓的东西，这已经为我们指明了问题之所在：它当然与认识论自身的话语"有关"——事实上，是与定义和证明自身的语言的指称地位（因而也是修辞地位）有关。这里所谈论的"严格的认识论"出自帕斯卡的 *Réflexions sur la géométric en général*，*De l'esprit géométrique et de l'Art de persuader*（《对一般几何学的反思，论几何学精神与说服的艺术》）——德曼使用的英译本译作 *The Mind of the Geometrician*（《几何学家的心灵》）——的第一部分。《论几何学精神》以清晰而经典的概念开始其阐述：对 définitions de nom 和 définitions de chose，**即名义定义**和**实在定义**的区分。帕斯卡认为，几何学方法的优势在于，它只承认名义定义，"只把名称赋予那些人们已经用完全已知的词语所明确指称的事物"。名义定义是一种简单的命名过程，如德曼所说，它就像"一种速记法"一样，"出于经济原因，为了避免繁琐的重复而使用一种自由灵活的代码，这丝毫不会影响事物本身的实体或属性"（《说服讽寓》，参见本书第 91 页）。帕斯卡说，如果"我们把一切能被 2 整除而没有余数的数都称为偶数"，那么这就是一个几何学的名义定义，"因为，在明确地命名一个事物之后——比如，一切能被 2 整除而没有余数的数——我们就给了这个事物一个名称，并且把这个名称可能具有的其他意义都排除在外，以便只把它所指明的那个事物的意义应用于它"[31]。易言之，有了名义定义，我们在任何时候都能知道自己在谈论什么，因为它相当于一个简单的命名过程，其名称清晰而明确。如

---

[31] Blaise Pascal, "The Mind of the Geometrician", in *Great Shorter Works of Pascal*, trans. Emilie Caillet (Philadelphia: Westminster Press, 1948), p. 190.

果对"偶数"指称的是什么有任何怀疑的话，我们可以重申它的定义。简而言之，名义定义的系统是一个闭合的符号学系统，它是**非**指称的，因为它的符号不会把我们带回到它的 chose 和 nom 之间任意的、约定的联系的系统之外的任何东西那里去，或者更确切地说，它是自我指称或自动指称的，因为它的词语或单位、名称总是会回溯到其他的单位或名称，而后者不是由某种本质或实体构成的，而只是由它们与系统内部的其他词语之间明确的、确定的、可确定的（命名的）关系构成的。还有什么比这更清楚的吗？另一方面，实在定义实际上根本不是定义，而是公理、有待证明的命题，因为它们对定义本身的符号系统之外的**事物**的存在（existence）和性质（nature）提出了主张。与其说实在定义是非指称的或自动指称的，不如说它们显然是指称性的，它们把我们带"出"或带回到符号关系之外，因为它们试图去言说符号所指的 chose 的性质。（因此实在定义可以是矛盾的，它们并不"自由"，它们可能会引起混淆，等等。）那么，几何学家为了知道自己在说什么，就必须能够把名义定义和实在定义区分开来。他真的能做到吗？

　　正如我们所预料的那样，答案是："不会太久。"一旦名义定义和实在定义之间的区别被建构起来，或者如德曼所说的，被"阐明"（enunciated），问题就随之而来，因为帕斯卡不得不在其认识论话语中引入他所谓的原初词（primitive terms）。原初词是如此根本和基础乃至于无法被定义，实际上，它们也不需要被定义、不应该被定义，因为它们像白昼一样清晰可见，自然光让它们明白易懂；但它们"包括几何学话语的基本论题，比如运动、数、广延等"（《说服讽寓》，参见本书第 91 页）。在几何学话语中，原初词与名义定义"有共同的外延"（coextensive），因为，根据帕斯卡的说法，它们的指称与名义定义的指称一样清晰、一样无可争辩。然而，帕斯卡真正的复杂性也体现在原初词的"定义"中，因为帕斯卡没有走独断论的路线。他坚持认为，就原初词而言，并不是所有人都对所指称的事物的性质或本质有着相同的观念，而只是对名称与事物之间的**关系**有着相同的观念：比如说，当我们听到**时间**这个词时，"所有人都会将思想转向（或对准）同一个对象（tous portent la pensée vers le même objet）"（《说服讽寓》，参见本书第 92 页）。他们可能对时间是什么或时间的"性质"有不同的看法，但每次听到或说出"时间"这个词时，他们的思想、心灵都会被带向同一个对象。帕斯卡不得不去使用比喻（所有人的心灵都被**带**向同一个地方），这为德曼的解读提供了第一个转折点，因为很明显，原初词**不**是一种由与其他符号的关系所构成的符号——不像名义定义那样——而是一种转义：

> 在这里，这个词并不像在名义定义中那样充当一种符号或者名称，而是一种矢量，一种只显现为转向的定向运动，因为它所转向的目标始终是未定的。易言之，符号已经变成了一种转义，一种替代关系，这种替代关系必须设定一种其存在无法证实的意义，但却又赋予符号一种不可避免的意指功能。这种功能的不确定性体现在"porter la pensée"（携带思想）这个无法用现象性的词语解释的比喻中。（《说服讽寓》，参见本书第 92 页）

这里的符号是一种"矢量"或"定向运动"，只能显现为转向或转义，这意味着其指称功能、带回（carrying-back）功能的规定性，必然且不可避免地以转义的形式发生，而且是一种完全现象化的转义。易言之，它获得了或"被赋予"了一种"意指功能"，如德曼所言，必须要从索绪尔对给定话语的"意指"（signification）和"价值"（value）的区分的角度出发，才能准确地理解这种功能。（意指总是回溯到语境，即话语的指称语境，就像用1美元换取一定量的面包一样，而价值则纯粹是内在于符号学的［intrasemiotic］，就像用1美元换取4个25美分或4.9法郎一样。就像在索绪尔那里一样，这种区分又回到了语言［langue］/言语［parole］这一根本性的区分。）德曼不可避免地得出了如下结论："在几何语言中，名义定义和原初词有共同的外延，但是原初词的语义功能具有转义一样的结构。因此，原初词获得了一种自己既不能控制其存在也不能控制其方向的意指功能。"（《说服讽寓》，参见本书第93页）如果几何话语无法控制原初词所引进的意指功能，那么它就会变成一种指称反常的话语。其后果相当严重。既然原初词本应与名义定义系统有着共同的外延，那么该系统从一开始就被**实在**定义及其现象化转义的潜在反常指称所寄生和污染了。并且对名义定义系统、名义定义的初始定义本身来说，进一步的后果在于，它只能通过和作为**实在定义**才能发生。这不足为奇，因为毕竟名义定义和实在定义之间的区分的建构，必然是通过对如下二者之间的**关系**的定义来实现的：名义定义据称封闭的符号学系统，以及这个系统"外部"的性质和本质的未规定的世界，它将会是实在定义的对象。正如对原初词的解读所表明的那样，这种关系是无法控制的，名义定义与实在定义之间的边界线本身就是断裂的，因为我们划定边界的手段本身就是实在定义（或"原初词"），实在定义将反常指称（在反常转义的背后）引入到了名义定义的系统之中。结果是，名义定义系统——作为一种符号系统——无法将自己解释**为**一种系统，也就是无法闭合自身，因为它无法将自己呈现为同质的符号系统。从一开始，从名义定义的第一个定义开始，名义定义系统就受到了转义、意指功能和实在定义的污染。[32]

　　当然，这并不意味着帕斯卡的认识论话语的"系统"及其"几何学方法"会在"自我解构"的压力下分崩离析。恰恰相反，我们甚至可以说，正是其批判性话语的严格性（以及德曼的解释的严格性）——拒绝像阿尔诺（Arnauld）与尼古拉（Nicole）在《波尔-罗亚尔逻辑》（*Logique de Port-Royal*）中那样的独断论方案[33]——才是帕斯卡的文本作为一种历史性、物质性事件而**发生**（*occurring*）的原因。它的"过于严格"意味着帕斯卡的认识论话语的指称/修辞地位有别于字面主义者所谓的哲学或哲学话语——更像是讽寓而非证明。就《几何学家的心灵》而言，定义性逻辑最初的复杂性不可避免地在帕斯卡的认识论话语"之中"留下了踪迹和残余——我们可以将其称作（反常）指称的（物质性）残余，它使得该文本变成了讽寓。在帕斯卡对德·梅尔骑士（Chevalier de Méré）的反驳中，这种残余清晰可辨。德·梅尔骑士对双重无限性（无限大和无限小）原则提出了质疑，该原则承载着帕斯卡的宇宙，并且为运动、数、空间、时间这些内在世界维度之间的"必然的相互联系"奠定基础。简单说来，德·梅尔

───────────

[32] 同样，中止指称功能这一**行为**本身也是指称性的，并会在如此构成的系统中留下踪迹。

[33] 参见 Louis Marin, *La Critique du discours* (Paris: Éditions de Minuit, 1975) 中关于帕斯卡的认识论和《波尔-罗亚尔逻辑》的认识论之间的关系的论述。德曼在阅读了此书的第 8 章之后受益匪浅，并且有了更进一步的发展。

所做的就是"利用空间与数之间的同质性原则——这是帕斯卡的宇宙论的基础——对无穷小原则提出了质疑"(《说服讽寓》，参见本书第 94 页）。如果数可以由本身不是数的单位（即"一"）来构成，那么就有可能在空间的秩序中构想出由本身没有广延的部分构成的广延，"这就意味着，空间是由有限数量的不可分部分构成的，而不是由无限数量的无限可分部分构成的"。帕斯卡的工作简直是为德曼量身打造的：一方面，他必须通过"表明适用于数的不可分单位'一'的东西并不适用于空间的不可分单位"(《说服讽寓》，参见本书第 94 页）将数的法则与几何的法则分离开来；但是，另一方面，出于神学原因，他必须在维持数和空间的分离的同时又悬搁这种分离，"因为空间和数潜在的同质性，即体系之基础，永远不应该从根本上受到质疑"。帕斯卡轻而易举地完成了前者，他证明了"一"——尽管（名义上）是非数（nonnumber），是"是非数的名义定义"——与数的系统也是同质的，因为"一"与数属于同一"类"（genre）。在这种情况下，"一"与数的系统之间的关系就**不像**广延的"不可分"与空间之间的关系，因为"不可分"与作为广延的空间是**异质的**。广延不可分的"单位"必须与广延的秩序是异质的，而"一"既是数又是非数，与数的秩序（辩证地）是同质的。帕斯卡的论证是行之有效的，但这是因为它重新引入了"定义语言的含混性"，在其中名义上不可分的数（"一"）有别于**真正**不可分的空间，"帕斯卡很容易就能完成这样的论证，但这仅仅是因为论证的关键词——不可分的、空间的广延（étendue）、类（genre）、定义——以实在定义而非名义定义，即 définition de chose 而非 définition de nom 的方式发挥作用"(《说服讽寓》，参见本书第

95—96 页）。在帕斯卡的第二个论证中，这种含混性又回来了，而且产生了难以估量的影响。在这个论证中，帕斯卡必须通过在数的秩序**之中**提出一个"元素"来反过来**弥合**他在数和空间之间引入的断裂，而这个"元素"是与数的秩序**异质的**，正如不可分与作为广延的空间是异质的一样。这个元素就是"零"，与"一"不同，它"根本不是数，与数的秩序是绝对异质的"（《说服讽寓》，参见本书第 96 页）。凭借其在时间与运动秩序中的等价物——瞬时和静止，"零"将重新建立起四种内在世界维度之间必然的相互联系："在文章的最后，宇宙的同质性得以恢复，无穷小的对称性原则得以很好地建立起来。"（《说服讽寓》，参见本书第 96 页）但是这种调和的代价是沉重的："现在看来，体系的一致性完全依赖于一个元素——'零'及其在时间和运动上的等价物——的引入，这个元素本身对于体系而言完全是异质的，绝不是体系的一部分。"事实证明，"零"是意指的另一个环节，是意指功能或实在定义的另一个环节，没有它，"将语言视为符号或名称的理论（名义定义）"就不可能存在。德曼关于"零"的艰难结论，值得完整引述：

　　作为符号的语言概念依赖于并源于另一种不同的概念，在这种概念中，语言作为漫无目的的意指过程发挥作用，并将自己所命名的东西转化为算术上的"零"在语言上的等价物。语言正是作为符号才能产生无限性、属、种和同质性这些原则，它们让提喻的总体化得以可能，但是如果没有"零"的系统性消除及其重新转换为名称，这些转义就都不会出现。没有"零"就没有"一"，但是"零"总是以"一"、以（某）物的形式出现。名称就是"零"的转义。"零"总是**被叫作**"一"，而"零"实际上是无名的、"不可名状的"。（《说服讽寓》，参见本书第 97 页）

这段话中德曼对于"零"的影响的总结之所以难解，部分原因在于，他自己"过于严格"的解读将"意指功能"引入到了他自己的话语之中，这可能将他带离，或者更确切地说，带回到最机械的、重复的、口吃般的、实际上是物质性的数字化和空间化那里去。因为，尽管德曼自己明确建议——至少在这段话的开头——我们应该将"零"所带来的中断理解为与原初词对名义定义系统的中断一样或至少相似的东西，但这里发生的事情远不止于此——对此，这段话在转义论上的煽动性已经有所提示。如果"在……最系统地阐述两种无限性的理论的结尾，我们**再一次**发现了在开头时遇到的那种定义语言理论的含混性"（强调处是我加的）（《说服讽寓》，参见本书第 97—98 页），那么我们在结尾处"再一次"发现了我们在开头遇到的东西，这种重复必须被理解为一种有差异的重复，实际上，必须被理解为一种讽寓式的叙述（recounting）（以及重逢［reencountering］，对比这篇文章开头在尝试对讽寓进行定义时"总会反复重逢"的意料之中的问题！），应该将其中的"再一次"（once again）的"一次"（once）读成"曾几何时……"（Once upon a time...）中的"曾几"（once），就好像我们"再一次"发现并**反复重逢**的是"曾几何时"一次又一次的（time and time again）讽寓式开头。那么，在解读"零"及其对基础知识之可能性的中断时，我们再一次遇到的是什么呢？无论它是什么，它都**不是**"一"也**不像**"一"，解释"零"与"一"的差别，或者更确切地说，"零"与"一"的**异质性**，可能有助于我们解释德曼的"结束"（又**一次**"在开头"结束）的真正困难之处。我们应该记住，"一"实际上**既是**符号（或名称）**又是**转义，也就是说，"它仅仅是给不具备数的属性的实体起的名字，是非数的名义定义"（《说服讽寓》，参见本书第 95 页），"一"显然是一种符号；但是，作为一种"具有数的属性"并且与数的系统同质的实体，"一"是一种提喻式的转义，它允许"无限性的提喻式总体化"。易言之，帕斯卡通过证明"一"**不像**广延的不可分者，来将数与空间分离开来，并将它们置于一种互相异质的关系中；这样的做法建立在将"一"与数的系统同质化的基础上。我们要强调的是，这种同质性是一种封闭的符号学—转义论系统的同质性，在这个系统中，符号与转义之间的"界限"是可以跨越的，这要归功于确定的否定的辩证资源，即非数的"非"，它实则是与数同类的（这个"非"无疑**已经**是"'零'的系统性消除"的结果，它**不是**无［nothing］，**不是**否定……）。

　　然而，"零"首先既不是符号，也不是转义。尽管德曼说"零"在数的秩序中引进了一种"意指功能"，并提到"意指之零"，听起来似乎我们应该按照原初词及其矢量式的"定向运动"的模式来理解它；但是我们应该注意到，"零"的意指功能实际上就是德曼所谓的"漫无目的的意指过程"。易言之，这可能确实是一种意指功能，但是一种恰恰被剥夺了方向性的意指功能：既然是"漫无目的的"，那么它的定向运动就不仅是未规定的，而且是不存在的。简而言之，如果"零"是一种转义，那么它就会是一种比"原初词"更加"原初"的转义：它充其量是转义"本身"的转义，或者毋宁说是转义所产生的潜在的反常指称。

"零"也**不**是一种符号，这一点甚至更加明显，因为"根据定义"（名义定义还是实在定义？还是兼而有之？），它是与数的系统异质的，就像不可分者是与空间异质的一样。我们可以说，"零"是被引入到作为符号系统的数的系统的一点空间或广延；但在另一方面，"零"也是被引入到作为提喻式转义的数的系统的"纯符号"，因为"零"并不表征或"代表"某些或任何可以计数或计算的东西（就像在帕斯卡的论证中，"一幢"房子本身并**不**是一座城市，"但一座城市是由与城市同类的房子构成的，因为无论人们怎么在城市里增加房子，城市依然是城市"[《说服讽寓》，参见本书第 95 页]）。如果说"零"中断了帕斯卡的几何学认识论话语和关于自然"奇迹"的知识（双重无限性的原则和宇宙的同质性为人们提供了获得这种知识的途径），那么它也中断了帕斯卡对总体化的符号学—转义论体系的主张。"零"**意指**（*signify*）得太多（也太少）而无法成为符号，"零"**指称**（*designate*）得太多（也太少）而无法成为转义。

　　这至少是德曼模棱两可的短语"意指之零"所包含的**某些**意义；也就是说，"零"**的**"意指功能"的问题并不在于它意指某物或无（因此是某物或无的转义）——因为如果是这样的话，"零"就始终是它所意指的某个名称、某**人**（*one*）、**某物**——而在于它"真的"是一种"意指的零"。它只意指意指"本身"；在这种情况下，只有一种不可能的尝试，那就是让数的系统作为一种封闭的、同质的、符号学—转义论的系统，可靠地"意指"这个系统之外的东西，即空间、广延、可知觉的现象世界。简而言之，"不可分者"可以意指空间中的某种神秘的、无法把握的东西，但"零"却只能意指数之中在名义上和实际上都无法定义的东西。因此，在作为名义上的非数的"一"和作为与数提喻式地同质的"一"之间的这个"一"这里，"零"分裂、中断、破坏了作为符号（名义定义）的数和作为转义（实在定义）的数之间的同质性。德曼后来说"零"（就像反讽一样）"是个无法进行名义定义或实在定义的术语"（《说服讽寓》，参见本书第99页），这句话在这里或许能给我们提供些许帮助。"零"无法进行名义定义——这一点已经足够清楚了，因为它叫什么、它是什么的符号？"零"是数之外的"符号"，数的系统之外的"某物"，无法**用数**来解释。但"零"也无法进行实在定义，原因在于，为了对"零"进行实在定义，就必须让它主张数的系统之外的某物的性质和属性；它就必须是某物的**转义**，而它更是无的转义——但不是空间**的**无，而是数**的**"无"——对于将无限总体化的封闭符号系统/提喻式转义系统来说非总体化的无限性。我们可以给无限一个名称，但这个名称无法**用其他名称**来定义；我们可以用一个转义来意指无限，但这个转义不得不拉回到、重新铭写进符号系统/转义系统，如德曼所说，这个符号系统/转义系统只能意指"作为无限小的**极限**的'一'，近乎'零'的'一'"（《说服讽寓》，参见本书第97页）。如果"零"既不是符号也不是转义——或者两者兼而有之（作为提喻式转义的数的系统中的符号；作为名义定义的数的系统中的转义）——而是密码、计数器、标记，它使得跨越符号和转义（指称和意指）之间的"界限"得以可能（以及**不**可能——**除非诉诸**"零"），那么它是什么呢？很明显，它正是：密码、计数器、标记、占位符，单纯的书写、记号、铭写的手段或技术，"语言"的前符号学或前比喻的"要素"，它让作为符号的语言和作为转义的语言得以（不）可能——诚如德里达所写的那样，une cheville syntaxique，"一种句法栓"，或者更确切地说，"一种句法榫销"。[34] 如果"零"将一点"空间"引入了数，就像我们通俗地说的那样，那么它就是一种相当独特的空间性——不是作为广延的空间，而是书写、铭写的空间性、空间化，是铭写字母的指称和意指完全的外在性和他者性。因此，基于无穷小原则和同质性原则的知识的物质性（因而也是历史性）条件，是作为物质性铭写的"零"，作为**物**的"零"，而不是作为符号或转义的"零"。

在"零"的情况中，我们看到的不仅是介入符号系统中的意指功能（转义），而且还有既不是符号也不是转义的"某物"，它（异质地）同时扰乱了符号学—转义论的系统。这个"某物"最好的名称（或转义？）又一次是物质性铭写，帕斯卡文本中的一点物质性不得不在德曼对它的解释中（又一次）被再生产出来。事实上，我们甚至可以说，德曼对"零"的解读是其文本中的这样一种地方或时刻，在那里，他的分析超越了自身的预设和预期，产生了某件发生的事情，产生了一个事件。事实证明，这就是《美学意识形态》中的文本的"起源"处发生的历史性、物质性事件——它本身就是一种物质性铭写，其完全机械式的列举的口吃，在"我们实际上在说的"这句话中依稀可见："那么，正如我们实际上在说的那样，说讽寓（作为顺叙）是反讽的转义（就像"一"是"零"的转义），就是在说某种足够真实但却无法

---

[34] 该表述出现在德里达对不可规定者的"定义"的语境中，参见 Jacques Derrida, "La double séance", in *La Dissémination* (Paris: Éditions du Seuil, 1972)，p.250。在英译本中，它被译作 syntactical plug（句法拴），参见 *Dissemination*, trans. Barbara Johnson (Chicago: University of Chicago Press, 1981), p. 221。

理解的东西，这也意味着讽寓不能用作文本分析的手段。"[35]（《说服讽寓》，参见本书第 99 页）

德曼在这里对他想说的东西的言说，应该用能让人们注意到——在"正如我们实际上在说的那样"这个表述中的——言说**行为**的 parabasis[36] 来打断自己，这在其"顺叙"的语境中再合适不过。德曼花了大片篇幅讨论"接近于指称"像"零"这样的中断的修辞学术语，即 anacoluthon[37] 和 parabasis，我们只需记住，"零"的中断不是论题性的（topical），也就是说，它不能局限在一个单一的点上，因此"anacoluthon 是无所不在的，用时间术语或弗里德里希·施勒格尔故作高深的表述来说，parabasis 是永恒的"（《说服讽寓》，参见本书第 99 页）。如果德曼"as we are actually saying"这句话中所说的东西是"无法理解的"——就像施勒格尔的这个反讽"定义"（就像"零"一样，反讽既不可能有名义定义，也不可能有实在定义）一样不可理解：反讽是"永恒的parabasis"，也就是说，在叙事线的每一个"点"上，叙事的可理解性都有可能被打乱——那么这尤其是因为这里的指称的某种不确定性、某种反常。因为"as we are actually saying"的 parabasis 指的不仅是后来无法理解的"某物"（"讽寓……是反讽的转义［就像"一"是"零"的转义］"），还不可避免地涉及纯粹的言说行为"本身"——"To say ... , as we are actually saying..."这种回到言

---

[35]　"那么，正如我们实际上在说的那样，说……"的原文是"To say then, as we are actually saying, that ..."，在下面一段，作者对这句话进行了字斟句酌的文本分析，包括句法、语义等多个层面，甚至具体到了标点符号，其中涉及中英文文法上的差异、英文中的惯用表达、then 等词汇的丰富含义（既能表示时间关系又能表示因果关系）等问题，让这句话几不可译。因此在下一段中提及这句话的地方，径直使用英文原文。——译者注

[36]　参见本书第 296 页注释 28。——译者注

[37]　参见本书第 297 页注释 31。——译者注

说行为的指称，最终会比诸如"To say, then, that ..."这样无伤大雅的习语说得更多（或更少？），而且还带来了某种无法解释的反常，因为唤起人们对言说行为的注意的标记或占位符已经写在了这句话的"then"中："To say *then*, as we are actually saying ..."如果我们暂时忽略明显的标点错误——这位可怜的比利时人毕竟应该写作："To say, then, ..."——这就等于在说一件已经非常奇怪的事情：像"To say, then, then ..."一样的口吃，它只有当我们注意到"actually"也可能拥有这种标记或占位功能时才能（永久地？）得到扩展。无论我们想说什么，无论我们何时说了什么，无论我们何时说了任何东西，这种仅仅言说言说（saying mere saying）的自我复制的力量似乎是永无止境的。"To say"后面少了一个逗号，这只会使这种机械重复更加疯狂，因为它在语法上非常明确地坚持，当我们说"To say then, as we are actually saying..."时，我们实际上在说的仅仅是"then"——在这种情况下，我们**现在**、当下（就像在 actuellement[38] 中）"实际上"（actually）在说的其实仅仅是言说"本身"的某种不同寻常的过去性（"To say then, then, then ..."），就好像我们所能说的一切都是言说和本身之间、言说（then）和言说 that ... we are saying（then）之间的某种脱节。事实上，每当我们说出我们所能说的一切（"then"）时，我们都**无法**分辨我们所说的"then"到底是时间（因果）指示符，还是只是唤起人们对言说行为的注意的占位符，这样的情况只能加剧我们在困境中恼人的迷乱。然而，无论我们实际上在说的东西的口吃可能多么的错综复杂和令人迷乱，它的底线是什么都是足够

---

[38] actuellement 是法语，表示"现在"、"当前"等。这个词跟英文中的 actually 在词形和发音上都有一定的相似性，但在词义上全然不同。——译者注

清楚的：口吃的叙事化、指称的讽寓，必然也总是"反讽的讽寓"以及"易言之，对理解的系统性消解"（《讽寓》，第 301 页）。然而，最恼人的或许是，我们所能言说的一切言说（当我们言说言说时）**不仅**是不可理解的（有意或无意），还是"足够真实的"——不是"真实的"或"真理"，而只是"足够真实的"，就好像在说"在某种意义上是真实的"、"似乎是真实的"或"比喻地来说，是真实的"。去问"'足够真实'有多真实?"这当然是个错误的问题，但这又是个我们注定要反复地去问的问题。无论如何，这是一种反讽的、讽寓的"真理"，它"绝不会闭合转义论系统……反而强化了其反常的重复"（《讽寓》，第 301 页）。因此，这样一种"真理"，或者更确切地说，"（足够）真实的东西"，实际上以物质性、历史性的方式发生，也就是一个事件。难怪对它的解读在现在和将来（then）都会受到抵制和推延。[39]

33　　　　关于本书中所收录文章的详细出处，参见每篇文章第一页未编码的脚注。有三篇文章是德曼生前未发表的，即《康德的唯物论》（现代语言协会年会上的演讲）、《康德与席勒》以及《论反讽概念》（从讲座录音转录而来），这几篇文章的地位当然不同于其他的文章，因此它们（连同之前发表的《对雷蒙德·戈伊斯的回应》）被编排在后边，次于德曼计划收录在著作中的文章。（德曼关于此书最初的计划、目录、［临时的?］书名，参见本书第 2 页注释 4。）对于两篇从讲座录音转录而来的文章，我有意保留了它们相对粗糙的"口语"形式，部分原因在于，我认为没有必要假

---

[39]　关于反讽是"永恒的 parabasis"，以及弗里德里希·施勒格尔的"实在语言"之为"错误、疯狂和头脑简单的愚蠢"的语言，参见本书中《论反讽概念》一文。

装它们是德曼"写"的；无论如何，它们都相当清晰可读，它们在"书面语"（writerliness）上失去的东西，在德曼口语表达的流畅性和节奏感（更不用说幽默感）中都得到了绰绰有余的弥补。

这本书的成书得益于许多人的帮助。感谢帕特丽夏·德曼（Patricia de Man）慷慨授予德曼的论文并提供耐心的帮助；汤姆·基南（Tom Keenan）抄录和编辑了《论反讽概念》；威廉·朱伊特（William Jewett）和托马斯·佩珀（Thomas Pepper）抄录了《康德与席勒》；狄波拉·怀特（Deborah White）、大卫·麦克莱门特（David McClemont）、乔治亚·阿尔伯特（Georgia Albert）、克里斯多夫·迪费（Christopher Diffee）和玛德琳·雅罗赫（Madeline Jaroch）协助编辑和校对；克里斯多夫·芬斯克（Christopher Fynsk）、里克·莱特博蒂（Rick Lightbody）和玛丽莲·米格尔（Marilyn Migiel）提供了录音带；芭芭拉·斯帕克曼（Barbara Spackman）在计算机问题上提供了帮助；汤姆·科恩（Tom Cohen）和 J. 希利斯·米勒（J. Hillis Miller）提供了及时的鼓励；感谢弗拉德·戈兹奇（Wlad Godzich）、林赛·沃特斯（Lindsay Waters）、伊丽莎白·斯通贝格（Elizabeth Stomberg），尤其是拜尔顿·伊金拉（Biodun Iginla）——他是懂得如何设置最后期限的，感谢他们非凡的耐心。感谢埃伦·伯特（Ellen Burt）和凯文·纽马克（Kevin Newmark）的友谊和思想上的支持；感谢芭芭拉和奇科（Chico）不曾对我失去信心。我还要感谢大卫·索斯塔德（David Thorstad），感谢他细心而富有智识的文字编辑工作。

隐喻认识论[*]

　　隐喻（metaphor）、转义(tropes) 和比喻语言（figural language）的问题，可谓钻之弥坚、历久弥新，长久以来让人们备受困扰，有时甚至被认为是导致了哲学话语，以及广而言之，包括历史编纂学和文学分析在内的一切语言的推论性运用中的尴尬局面的罪魁祸首。如此看来，哲学要么必须放弃自己对严格性的基本主张，从而与其语言的比喻性（figurality）握手言和，要么就必须完全摆脱语言的比喻化（figuration）。如果后者被认为是不可能的，那么哲学至少还可以学着控制比喻化，也就是说，使其安分守己，勘定其影响的边界，从而限制其可能造成的认识论上的危害。这一尝试的背后，是人们为了图绘哲学、科学、神学和诗学话语之间的分野所付出的不懈努力，它还为学院、大学的院系结构等制度性问题提供了理据。这样的尝试还涉及人们习焉不察的这些观念：各种哲学思想流派之间的差异，哲学分期和哲学传统，以及哲学史或文学史写作的可能性等。因此，人们习惯性地认为，英国经验论哲学的常识之所以优于某些欧陆形而上学的凌空蹈虚，很大程度上要归功于它有能力限制修辞潜在的破坏性力量，正如其妥帖得体的风格所呈现出来的那样。某位当代的文学

---

[*]《隐喻认识论》发表于《批判性研究》（*Critical Inquiry*）1978 年秋的《隐喻特刊》（第 5 卷第 1 期，第 13—30 页）。所有的注释均是德曼本人所加，略有修改。

评论家在最近的一篇论战文章中（以戏谑的口吻）说道："那些在空中打广告的人（skywriters）[1]打着黑格尔和欧陆哲学的旗号向前进，而［文学批评］的常识派则满足于无哲学的状态，除非是洛克哲学和朴素的有机论。"[2]

在这一语境中提到洛克，自然并非意料之外，因为洛克对语言的态度，尤其是对语言修辞维度的态度，可谓是开明的修辞自律的典范，或者至少可以说是典型。有时，完全忘掉语言，似乎成了洛克梦寐以求的事情，尽管这在一部关于理解力（understanding）的著述中是很难做到的。既然相较于语言，经验的优先性是如此之明显，那么我们为什么还要关注语言呢？洛克在《人类理解论》中写道："我可以自白说，在我开始写这部理解论的时候，而且在以后很长的时候，我并未曾丝毫想到，在这部书中，我应该考察各种语词。"[3]但是，洛克毕竟是一位严格而卓越的著述家，当他的大作写到第 3 卷时，便再也无法忽视这个问题了：

> 不过在后来讨论完**观念**（*ideas*）的起源和组织以后，在

---

[1] 这句话的上一句为："取而代之的是一种新孤立主义，它打着'常识'的幌子，把自己反对的东西描绘成空中广告（skywriting）。"这里的 skywriting 指一种广告形式，即利用小型飞机，以天空为背景，通过在空中喷出的烟雾来书写文字或构成图案，或直接在空中拖曳做好的横幅飞行，除了被用来打广告外，还被用于祝福、抗议、求婚等。因此权且将这里的 skywriters 译作"在空中打广告的人"。——译者注

[2] Geoffrey Hartman, "The Recognition Scene of Criticism", *Critical Inquiry* 4 (winter 1977):409; 现收入 Hartman, *Criticism in the Wilderness* (New Haven: Yale University Press, 1980)。

[3] John Locke, *An Essay Concerning Human Understanding*, ed. Roger Woolhouse (Penguin Books, 1997), bk. 3, chap.9, p. 435. （原书引文信息似有误，译者调整了征引版本。中译转引自洛克：《人类理解论》[全二册]，关文运译，商务印书馆 2017 年版，第 513 页。下文出自此书的引文，如未作特殊说明，均采用该译本的译文，部分地方有所修改。后文只在正文中随文标注页码，英文本页码在前，中译本页码在后。——译者注）

我开始考察知识的范围和确定性的时候，我就看到，知识
和语词（words）[4] 有很密切的关系，而且我们如果不先考察
好它们的力量和意义，则我们在知识方面所说的，万不能
明白，不能切当。因为知识所关涉的既只有真理，因此，
它会不断地同各种命题发生关系。知识虽然以事物为归依，
可是它又必得以语词为媒，因此，各种语词就似乎与我们的
普遍知识是不可分的。至少我们亦可以说，语词是永远介
在理解和理解所要思维的真理之间的，因此，词语就如可
见物所经过的**媒介体**似的，它们的纷乱总要在我们的眼前
遮一层迷雾，总要欺骗了我们的理解。（第 3 卷，第 9 章，
第 435 页；第 513 页）

让语言变得如坠云雾、漫漶难辨的东西到底是什么，是明白无疑
的：从非常普遍的意义上来说，它就是语言的比喻力量。这种力
量蕴含了这样一种可能性：在说服的话语以及诸如典故之类的互
文性转义中，以诱导和误导的方式使用语言，在文本之间进行替
代和重复的复杂游戏。下面这段话非常有名，始终值得不惜笔墨
地去引用它：

在世界上，巧智（wit）和想象，要比干燥的真理和实
在的知识，易于动人听闻，因此，人们很不容易承认**比喻性
语言**（*figurative language*）和典故是语言中的一种缺点或**误
用**。我亦承认，在各种话语中，我们如果只想追求快乐和高

4　关文运先生原译作"文字"。——译者注

兴，而不追求知识和进步，则由这些比喻性语言所形成的装饰品，就算不上什么错误。但是我们如果就事论事，则我们必须承认，修辞学的一切技术（秩序和明晰除外），和演说术中所发明的一切技巧的迂回的语词用法，都只能暗示错误的**观念**，都只能够动人的感情，都只能够迷惑人的判断，因此，它们完全是一套欺骗。因此，在雄辩中，和演说中，这些把戏虽是可奖赞的，可是我们的议论如果在指导人，教益人，则我们应完全免除了这些。因为在真理和知识方面，这些把戏委实可以说是语言本身的缺点，或应用这些语言的人的过错。在这里，我们并不必多事说明这些把戏之重花叠样，人们如果想得详细知道这一层，则世界上层出不穷的修辞学者很可以来指导他们。不过我不得不说，人类对于真理的保存和知识的促进，实在太不关心，太不注意了，因为他们生就了撒谎的本领，而且还钟爱这种撒谎的本领。我们分明看到，人们是既爱骗人而又爱被骗的，因为所谓修辞学，虽是错误和欺骗的一种最大的工具，可是它竟然有专研究它的教授们，并且公然被人传授，而且常能得到很大的名誉。因此，我这样反对它，人们纵然不以为我是野蛮的，亦一定会以为我是太大胆的。**雄辩**就如美女似的，它的势力太惑人了，你是很不容易攻击它的。人们如果真觉得被骗是一种快乐，则那种骗人的艺术是不易受人责难的。（第 3 卷，第 10 章，第 452 页；第 536—537 页）

没有什么比此处对雄辩的谴责更为雄辩的了。很明显，修辞是这样一种东西，只要你清楚它的归属，便能心安理得地沉溺其中了。就像女人一样（"就如美女似的"），只要出现在合适的地方，修辞就是一件美好的事情。但如果修辞离开了自己本应该在的地方，出现在了男人的严肃事物中（"我们如果就事论事"），那么它就成了一桩破坏性的丑闻——就像一位现身于男士俱乐部的活色生香的女士，在那里她只能被当作一幅画，最好是裸体画（就像"真理"的图像一样），被裱起来挂在墙上。像这样一段关于巧智（wit）[5] 的华丽而诙谐（witty）的文字，在认识论上几乎不会存在什么风险，最多可能会被后来愚钝的（dull-witted）读者过于当真。然而，在接下来的一页，洛克却说语言俨然一种"渠道"（conduit），可能会"污损事物本身的知识源泉"，更糟的是，甚至会"破坏或堵塞知识借以分配给公众的管道"。这时，这种语言就不再是诗意的"风笛和铃鼓"的语言，而是管道工人的语言，它以其过于形象的具体性提出了得体（propriety）的问题。

---

[5]　巧智（wit）是一个从 17 世纪开始流行的术语，后来逐渐成为修辞学和美学中的一个重要概念。在《利维坦》第 8 章"论一般所谓的智慧之德以及其反面的缺陷"中，霍布斯提出，所谓"智慧之德"就是"良好的巧智"，具体又区分为"自然的巧智"和"习得的巧智"。"自然的巧智"要点有二，"第一是**构想敏捷**，也就是一种思想和另一种思想紧相连接；第二是对准既定的目标**方向稳定**"。霍布斯还将巧智和想象等同起来，认为"良好的巧智"就是通过想象寻找相似性，同时还要辅以判断来辨别差异性，这种辨异的判断能力是一种明辨之德（viture of discretion）。"前者（即想象）如不辅以判断，不能誉之为德，而后者（即判断与明辨）则无需借助于想象，本身就值得推崇。"（霍布斯：《利维坦》，黎思复、黎廷弼译，商务印书馆 1986 年版，第 49—50 页。译文略有修改。）洛克在《人类理论》第 2 卷第 11 章"人心的分辨能力以及其他作用"中，区分了人的两种分辨能力（discerning）"巧智"和"判断"，前者是"观念的集合"，亦即"敏捷地把各式各样的相似相合的观念配合起来，在想象中做出一幅快意的图画、一种可意的内现"的能力；"判断"则是"精细分辨各种观念的细微差异，免被相似性所误，错认了各种观念"的能力。（洛克：《人类理解论》，第 131 页。）克罗齐关于这个术语的考察亦值得一提：在《美学的历史》第 3 章"17 世纪思想的酝酿"开头，克罗齐梳理了三个 17 世纪时新的词汇，第一个便是巧智，克罗齐认为巧智在某种程度上象征着古典修辞学的追求，并且以"容易的、令人愉快的"方式与辩证法和知性的严肃形式相对立，巧智"以可然的逼真代替真正的理性，以省略法代替三段论法，以样例代替归纳"。（克罗齐：《美学的历史》，王天清译，商务印书馆 2017 年版，第 35 页。）——译者注

于是，这些针对心灵的结构所提出的意义深远的假说，使人们不禁要问，隐喻到底是展现了认知呢，还是认知或许并非是由隐喻所塑造的。事实上，当洛克发展自己的语词和语言理论时，他所建构的实际上是一种转义理论。当然，他是世界上最不可能意识到并承认这一点的人。在阅读洛克时，我们势必在一定程度上违背或无视他本人的直言陈述（explicit statements），尤其是要无视那些在启蒙运动思想史中作为可靠货币流通的关于其哲学的陈词滥调。我们必须佯装以非历史的态度来阅读洛克，这是我们通达可靠历史的首要和必要条件。也就是说，我们决不能以直言陈述（尤其是关于陈述的直言陈述）的方式来阅读洛克，而是要根据其文本的修辞运动来阅读他，这些运动不能简单归结为意图抑或显白的事实。

　　与后来的沃伯顿[6]、维柯，当然还有赫尔德等人不同，洛克的语言理论明显摆脱了现在常说的"克拉底鲁式"（cratylic）[7]的错觉。他明白无误地确立起了符号作为能指的任意性。坦白地讲，洛克的语言观与其说是符号学的，倒不如说是语义学的。所谓符号学，不是指将语言符号视作自主结构的理论，而是指用语词替代"观念"（就这个词具体的和实用的意义而言）的意指过程（signification）的理论。"声音同我们的**观念**没有任何自然的联系，

6　威廉·沃伯顿（William Warburton, 1698—1779），英国作家、文学评论家，曾编辑过亚历山大·蒲柏（Alexander Pope）和莎士比亚的著作，在去世前一直担任格洛斯特（Gloucester）主教。——译者注

7　该说法源出于柏拉图的《克拉底鲁篇》（*Cratylus*），其中提出了两种语言起源观，一种认为语言的起源是自然的，词与物之间存在着内在的一致性，它们之间的关系不是任意的而是有事实依据的，因而词语有着合乎自然的正确性，这就是篇中对话人物之一克拉底鲁的观点。另一位对话人物赫默根尼斯（Hermogenes）则持相反的观点，认为语言是通过约定而形成的，词与物之间的联系是任意的。前一种观点后来即被称为"克拉底鲁主义"（Cratylism），热奈特曾对此进行过更为细致的区分。——译者注

而且它们所有的意指都是人任意强加上去的……"（第 3 卷，第 9
章，第 425 页；第 499 页）因此，洛克对语词的使用和误用的反
思，不是从语词本身出发（无论是作为物质实体[8]还是作为语法实
体的语词），而是从语词的意义出发。因此，他的语词分类法不
会依据诸如词性之类的东西进行，而是采取他自己先前提出的将
观念细分为简单观念、实体和混合模式的理论。[9]我们最好按照此

---

[8]　此处的"实体"即 entity。在本书中，我们选择将 entity 和 substance 均译作"实体"，
substance 仅在涉及"实体"与"偶性"关系的讨论时出现，其余情况下，德曼均使用的是
含义相对更加宽泛的 entity，下文不再逐一标注。entity、substance、essence，是希腊文 οὐσία
（ousia）拉丁化后的三种基本译法。希腊文系词 εἰμί（I am）、εἶναι（to be）的两个分词（主
动态、单数、主格），即中性分词 ὄν（on）和阴性分词 οὖσα（ousa），是西方哲学语境中一
系列相关西语词汇的源头。中性分词 ὄν 外延更广，用于表示一般的存在问题（τὸ ὄν）或所
谓的存在论（ontology）问题，英文大致可以用 being 来对译，由于汉语没有分词，"存在"、
"是"、"有"等译法均言不尽意，各有利弊；οὖσα 加一个抽象后缀就变成了所谓的 οὐσία，
可强译为"存在性"，如果要用英文对译的话，应该是 beingness，海德格尔造出 Seinheit、
Seiendheit 等词来对译 οὐσία 是同样的道理，也就是说，在亚里士多德之后，οὐσία 倾向于表
示更加具体的所谓"实体"、"本质"意义上的 ὄν，或者可以说 οὐσία 是对 ὄν 的亚里士多德
化理解。上述 οὐσία 的三种译法中，entity 和 essence 均源于拉丁文系词 sum（I am）、esse（to
be），entity 源于 sum 的分词形式 ens，essence 则源于 esse 的名词形式 essentia，essentia 甚至可
以说是拉丁语为了在语法和语义上严格对应 οὐσία 而专门新造出来的，essentia 之于 esse 犹如
οὐσία 之于 εἶναι。εἶναι 与 οὐσία 之分野即所谓的 existentia（存在）与 essentia（本质）之分野。
相较之下，substantia 似乎是对 οὐσία 不那么准确的翻译，据考这个译法始于公元 2 世纪，虽
然它能与 ὑπόστασις 这个希腊化时期的哲学术语对应起来，但它在语法和字面含义上均不能
像前二者一样与 οὐσία 严格对应。英文 subtance 显然是由 substantia 而来，毋庸赘言。在本
书中，德曼主要在上述作为 οὐσία 译名的意义上，作为一个形而上学术语来使用 substance，
比如涉及"实体"、"偶性"关系的讨论，或者是有特别的出处，如本段下文涉及洛克的情
况；此外德曼还充分运用 substance 在构词、语义上的特点展开其语言游戏，与 unterlegen、
understand、underlie 等语词进行互文性阐释，参见本书第 62 页、77 页、308 页的译注。相
较于 substance，entity 出现频率更高，用法也更宽泛，德曼有时在与 substance 同义、能与
substance 互相替代的意义上使用 entity，更多的时候则是在表示"实存之物"的意义上使用
entity，表示一般的现实存在之物。——译者注

[9]　这一原则明显的例外见于第 3 卷第 7 章。在这一章中，洛克既需要研究名词，又需要研
究连词。但是，作为心灵"轨迹"的连词，却为"某些心灵的动作或暗示"（此处德曼的引文
和原文有出入，原文为"它们［连词］都是**动作的标记，或心理的表示**"［They are all *marks of
some action, or intimation of the mind*］。——译者注）所同化，这种同化又立即把它们重新整合
进观念理论。（第 3 卷，第 7 章，第 421 页；第 494 页）

顺序来解析这一分类，因为前二者不同于第三者，涉及的是自然中存在的实体。

在简单观念的层面，似乎不存在语义学或认识论的问题，因为语词所指称的各种事物的名义本质（nominal essence）和实在本质（real essence）是一致的；既然这种观念是简单的、不可分的，那么从原则上来说，在语词和实体、属性和本质之间没有任何游戏的空间或含混的可能。然而，这种差异化游戏的缺失，立即会带来一个影响深远的后果："**简单观念的名称是不能定义的……**"（第 3 卷，第 4 章，第 377 页；第 435 页）的确不能，因为定义涉及区分，从而也就不再简单。因此，在洛克的体系中，简单观念心思单纯；它们不是理解的对象。这其中的意味再清楚不过了，但又不无令人震惊之处，因为还有什么比理解简单观念——我们经验的基石——更重要的事呢？

实际上，我们有大量关于简单观念的讨论。洛克的第一个例子就是"运动"，他很清楚地意识到，形而上学的思辨——无论是在经院哲学那里，还是在更为严格的笛卡尔传统中——是在何种程度上围绕着运动的定义问题而展开的。但是，在这些浩如烟海的文献中，竟找不到哪怕是只言片语能上升到定义高度来回答这个问题：运动是什么？"现代哲学家虽然竭力想摆脱经院中的**行话**，转而用通俗易懂的语言来表达自己的观点，可是他们在给简单**观念**下定义时，无论是通过解释其原因还是别的方法，都没有取得多大成功。**原子论者**虽然给运动下定义说：'**它是由一地到另一地的移动**（passage）'，可是他们所做的，不是只以一个同义词来代替另一个词吗？因为**移动**不就是**运动**么？我们如果再问他说，移动是什么，则他们不是仍得以'**运动**'来定义它么？因为如果我们可以说，**运动是由此处到彼处的移动**，则我们亦照样可以说，**移动是由此处到彼处的运动**，两个定义是一样不合适，一样无意义的。这是翻译，不是定义……"（第 3 卷，第 4 章，第 379 页；第 437 页）洛克自己的"移动"注定要继续这种永远无法超越同义反复的永恒运动：运动即移动，移动即翻译；[10] 翻译再次意味着运动，运动之上又叠加运动。"翻译"在德语中被翻译为 übersetzen，übersetzen 又是对希腊语 meta phorein 或 metaphor 的翻译，[11] 这并非纯粹的文字游戏。隐喻赋予自身以总体性（totality），然后又声称要定义这种总体性，但实际上这只是自身位置的同义反复。简单观念的话语是一种比喻性话语或翻译，因此会产生虚假的定义幻象。

　　洛克关于简单观念的第二个例子是"光"（第 3 卷，第 4 章，第 379—380 页；第 437—438 页）。他颇费周章地解释道："光"这个词不是指对光的知觉，理解光得以产生并被知觉的因果过程，同理解光绝对不是一回事。实际上，要理解光就要能在真正的原因和知觉的观念（或经验）之间，在感觉（aperception）和知觉（perception）之间作出区分。[12] 洛克说，令我们能做到这一点的**观**

---

[10]　原文为 "motion is a passage and passage is a translation"，德曼在这里强调的是 translation/translate 和 passage 表示"移动"、"迁移"等跟运动有关的共同的本义。——译者注

[11]　德语 übersetzen 一词由 über（之上）和 setzen（放、置）构成，分别对应于希腊语的 meta（之后）和 phorein（带、拿），metaphor（隐喻）一词即由这二者合成而来。——译者注

[12]　这里的 aperception 和 perception 的区分，其实是出于法语中的 apercevoir 和 percevoir，因此 aperception 实际上是根据法语 apercevoir 生造的英文单词。最明显的证据在于下文讨论孔狄亚克的段落中的这句话："It is the result of an operation the mind performs upon entities, an aperception（'apercevoir en nous'）and not a perception"，即"它是心灵作用于实体的结果，是一种感觉（'apercevoir en nous'）而非知觉"（参见本书第 72 页），很明显德曼用 aperception 来翻译孔狄亚克原文中的 apercevoir。之所以将 aperception、apercevoir 译为"感觉"，主要的文本依据在于：1. 在孔狄亚克的原文中，提到"apercevoir en nous"的这段话的第一句是这样说的："Toutes nos premières idées ont été particulières ; c'étaient certaines sensations de（转下页）

念，才是**本原的**（*properly*）光，[13] 我们由此得以尽可能地接近"光"的本原意义。将光理解为观念，就是本原地理解光。但是"观念"（eide）这个词实际上本身就是光的意思，并且说理解（understand）光就是知觉光的观念，就等于说理解力（understanding）就是看到光之光，那么理解力本身就是光。因此，"理解光的观念"这句话就必须翻译成"点亮光之光"（das Licht des Lichtes lichten）[14]。如果这句话听起来俨然海德格尔对前苏格拉底哲学的翻译，那么这并非事出偶然。词源趋向于同义反复的口吃般的重复。正如"移动"这个词可以翻译运动，但却无法定义运动，"观念"可以翻译

（接上页）lumière, de couleur, etc.", 即"我们的一切最初的观念都是个别特殊的；它们是对光、色彩等的感觉"，以及这段话的最后一句中的"感觉到的"（sentant）、"看到的"（voyant），从中不难发现，孔狄亚克在这段话中谈的都是"感觉"（sensation）。2. 在此处讨论的洛克的这段话中，最重要的一句话是这样说的："For the cause of any sensation, and the sensation itself, in all the simple ideas of one sense, are two ideas; and two ideas so different, and distant one from another, that no two can be more so", 即"因为感觉的原因，和感觉自身（在一个感官的简单观念方面），完全是两种观念，而且这两种观念之互相差异，互相远隔，是世界上任何两个观念所不能及的"，这里的"the cause of any sensation"（感觉的原因）和"the sensation itself"（感觉本身）在德曼这里就变成了 perception（知觉）和 aperception（感觉），这种区分很明显有康德的意味。在康德那里，知觉是经验性的意识，现象通过知觉有意识的联结才能成为知识的对象，感觉则是知觉的质料，"感觉的质任何时候都只是经验性的，而根本不能先天地被表象（例如颜色、味道等等）"（《纯粹理性批判》A176）。——译者注

[13]　此处德曼的原文是"then the *idea* is that which is *properly* light", 直译过来应该是"那么这种**观念**就是那种**本原地**是光的东西"。在本文中，我们将"properly"、"proper"译作"本原地"、"本原"或"原本"，因为德曼在此是在与 property 相对的意义上来谈论 proper，可以说 proper 就是 property（属性）之所属，况且这层关系其实已经蕴含在这两个词的词源中了。在此意义上，proper 与 property 之对立，是跟 substance 与 property 的对立相一致的，下文德曼就谈到，如果从作为 property 的支撑者、承载者的意义上来谈论 substance，那就是在问 the proper（本原）是什么的问题。下一段提到的隐喻问题中 the proper 与 the figural 的对立亦是同样的关系，当儿童把孔雀尾巴上的金色（golden tail）当作黄金（gold）时，便是将作为黄金的属性的金色跟原本的黄金混淆了，也是将比喻意义上的黄金（the figural）与本原意义上的黄金（the proper）混淆了。——译者注

[14]　此处原文是"to light the light of light", 英文的 light 和德文的 lichten 都可以既作动词又作名词（Licht），因此"to light the light of light"可以严格对译为"das Licht des Lichtes lichten"，但在汉语里很难找出一个这样的词，因此只能姑且作如上翻译。这跟前面提到的 passage、translate 一样，都是德曼所谓的基于词源的同义反复语言游戏。——译者注

光，但却无法定义光，更糟糕的是，"理解"翻译了理解力，但却没有定义理解力。第一观念，即简单观念，是运动或形象／比喻（figure）中的光的观念，但是形象／比喻不是**简单**观念，而是光、理解或定义所产生的幻影。这种简单观念的复杂化将会贯穿整个论证，而论证本身就是这种复杂化（运动）的运动。

当我们从简单观念转向实体的时候，事情确实变得越来越复杂了。我们可以从两个角度来考虑实体：要么将其视作属性的集合，要么将其视像基础一样支撑着这些属性的本质。[15] 第一种实体模式的例子是"黄金"，它的某些属性与运动中的阳光不无关系。被视为属性之集合的实体结构，扰乱了名义本质和实在本质的融合，这种融合使得简单观念的言说者变成了一个结结巴巴的愚人，但至少从认识论的角度来看，这是个快乐的愚人。原因之一在于，属性并不仅仅是运动的观念，它们本身实际上是变动不居的。我们能在最意想不到的地方发现黄金——比如，在孔雀的尾巴上。"我想，人人都会承认它是一个黄色的、金灿灿的东西，而且儿童们亦往往就以黄金一名来称呼这个**观念**，因此，在他们看来，孔雀尾上那个照耀而色黄的部分原本（properly）就是黄金。"（第 3 卷，第 9 章，第 433 页；第 510 页）[16] 描述越接近

---

[15]　这里的"实体"即 substance，如果从其构词上的字面含义（sub+stance）及其可能的希腊词源的层面来界说，就是德曼在此所谓的第二种理解方式。可参见海德格尔在《艺术作品的本源》中谈及西方思想史中对物之物性的理解方式时，对这个词的词源考证。海德格尔将第二种理解溯至古希腊，并认为第一种理解是罗马思想对希腊经验的一定程度上的误译。详见海德格尔：《艺术作品的本源》，孙周兴译，商务印书馆 2022 年版，第 9—11 页。德曼和海德格尔一样，选择诉诸第二种理解、批判第一种理解，他在下一段中便表明了这一立场。——译者注

[16]　需要强调的是，这里的语言游戏还是运用了英文中 gold 既可作名词表示"黄金"、"金色"，也可以作形容词表示"金制的"、"金色的"等这一系列一词多义的特性，汉语表述中则没有这种歧义。——译者注

隐喻，洛克就越依赖于"原本"一词的运用。就像盲人无法理解光的观念一样，分不清比喻意义（the figural）和本原意义（the proper）的儿童在整个 18 世纪的认识论中不断出现，成了我们的普遍困境的一个几乎毫无伪装的形象（figure）。因为，转义[17]，词如其名，与其说它像花朵或蝴蝶（我们至少有望将其定位或归置在整齐划一的分类法中），不如说它像水银，不但是变动不居的，而且还会完全消失，或者至少看起来是消失了。黄金不仅有颜色和质地，而且是可溶的。"有什么权利，能使可溶性成为**黄金**一词所表示的本质的一部分，而可溶性则只是它的一种属性呢？……我的意思只是说，这些既然都是依靠于实在本质的一些属性，而且只是同他物接触以后所发生的主动的或被动的一些能力，因此，任何人都没有权威来规定**黄金**（它是和自然中存在着的物体相参照的）一词的意义……"（第 3 卷，第 9 章，第433 页；第 510—511 页）看来，属性并不能真正地总体化，或者更确切地说，属性以一种杂乱无章的和不可靠的方式总体化。实际上，这不是一个本体论问题，即事物本来面目的问题，而是一个权威的问题，即事物被规定的问题。而且这种权威不来自任何权威机构，因为日常语言的自由运用，就像孩童一样，展现出一种无拘无束的比喻能力（figuration），在这种能力面前，最有权威的学院派也只能沦为笑谈。我们无从勘定也无力监管那个将不同实体的名称区隔开来的边界；转义不仅是旅行者，更是走私者，而且是被盗物品的走私者。让问题变得更加

---

[17] trope 之所以译作"转义"，是因为该词源于古希腊语 τρόπος，本义为"转动"、"转向"、"旋转"等，在古希腊共通语中还可以表达"途径"、"方式"等。关于该词的详细释义，可参阅海登·怀特：《话语的转义》，董立河译，大象出版社 2011 年版，导言第 2—3 页。另可参阅德曼《论反讽概念》中的相关表述，参见本书第 273—274 页。——译者注

棘手的地方在于，根本无从查明转义在做这些事时是否有犯罪意图。

或许，这种困难源于对"实体"这一范式的误解。与其把实体视作属性的集合或总和，不如把重点放在将属性联系在一起的纽带上。实体可以被视作属性的支撑者、承载者（hypokeimenon）。洛克在这方面的例子是"人"，那么在这个例子中，需要回答的问题就成了：人的本原（the proper）的本质是什么？这个问题实际上可以等同为：本原（语言概念）和本质（不依赖于语言的中介而独立存在）是否一致的问题。作为被赋予概念性语言的受造物，"人"确实是实体，是这种融合发生的地方。因此，在认识论上，"人"的例子相较于"黄金"更加利害攸关。但是困难也同步增加，因为在回答"人的本原的本质是什么"这个问题时，传统向我们抛出了两个或许互不相容的答案。可以从外表来定义人（正如柏拉图所谓人是 animal implume bipes latis unguibus［两足、无羽、宽指甲的动物］），也可以从内在的灵魂或存在来定义人。"因为**人**这个音，就其本性而言，虽然很容易用来表示由统一在同一个主体之中的动物性和理性所构成的复杂**观念**，一如其表示别的组合体一样；但是如果我们用它来标记我们人类这种受造物，那么或许外部的形相，亦应该加入人字所表示的那个复杂**观念**中，正如我们在那个观念中所见的别的性质一样……因为决定人种的，似乎在于他的形相，而不在于他的推理能力，因为形相正是他的主要性质，而推理能力，在初生时是没有的，在有的人还是永久没有的。"（第 3 卷，第 11 章，第 461 页；第 548—549 页）问题在于二极性（binary polarity）中的"内"与"外"两个要素之间的必然联系，也就是说，从各方面来看，这是隐喻之为互补性、呼应性的修辞格的问题。现在我们看到，这种修辞格不仅具有装饰性、审美性，还极具强制性，因为它产生了诸如"杀还是不杀"之类问题的伦理压力。洛克说："如果这都不被允许的话，那么一个人因为畸形儿的不正常的形相而将他杀死时，一定免不了谋杀罪；因为说到有理性的灵魂，人们是不能知道它的，因为在出生以后，婴儿的形相不论是美丽的，还是残缺的，我们都不能知道他们有无灵魂。"（第3卷，第11章，第461页；第549页）当然，这段话很大程度上是个模拟的论辩，是一个夸张的例子，旨在动摇定义思维不容置疑的假设。然而，它有自己的逻辑，且必将循此逻辑而展开。因为如果某物不一定如其所是，那么谁又能"允许"它成其所是呢？因为内在之人和外在之人不一定是同一个人，也就是说，内在之人和外在之人压根不是"人"。这种困境（杀还是不杀畸形儿）在这里伪装成纯粹逻辑论辩出现。但是随着《人类理解论》的展开，在第3卷中"只是"论辩的东西，在第4卷第4章就变成了充满伦理意味的问题。[18] 这一章的标题是"人类知识的实在性"，所要讨论的是如何处理"易子"（changeling）的问题，这个心地单纯的孩子之所以被这么称呼，是因为任何人都会很自然地认为，这个孩子阴差阳错地替代了那个真正的后代。转义的替代性文本如今已经延伸到了现实之中。

　　　　你说，形相完美的**易子**是一个人，而且具有一个有理性　　41

---

[18]　用于逻辑论辩的例子，因其对自身生命的眷注而令人不安。在我看来，凡是读过 J.L. 奥斯汀（J. L. Austin）的《论辩解》（"On Excuse"）（准确的原文标题为 "A Plea for Excuses"，即《为"辩解"辩》。——译者注）的读者，都不会忘记这个"案子"：疯人院里的一个患者，因看守的粗心大意而被活活煮死。

的灵魂（虽然外表上没有），而且你说，"这是毫无疑义的"。
不过他的耳朵稍为比平常长一点，尖一点，而且他的鼻子
稍为平一点，则你会开始踌躇起来。他的面孔如果再长一
点，狭一点，扁一点，则你会不知如何决定。如果他更像一
个兽类，而且他的头又完全是一个兽类，则你立即又会认他
是一个妖怪。于是你又可以解证说，他没有理性的灵魂，一
定要毁灭了他才是。不过我可以问，我们究竟有什么适当的
度量，来衡量形相的极限，而认它为具有有理性的灵魂呢？
因为所产的胎儿，既然有半人半兽的；而且有三分兽一分
人的，或一分兽三分人的，因此，它们在各种花样中，有的
近于此种形相，有的近于彼种形相，而且它们的各种混合程
度，有时可近于人，有时可近于兽。既然如此，那我就可以
问，按照这种假设，究竟何种外形是能和有理性的灵魂联合
在一块的，何种外形是不能的？哪一种外形能标记其中有无
这样一个居者呢？（第 4 卷，第 4 章，第 507 页；第 608—
609 页）

如果洛克最后提请我们"放弃种属和本质的一般概念"，这将使
我们变成结巴，只能无意识地重复简单观念，还会使我们成为哲
学上的"哑子"，由此带来我们方才所猜想的那种不快的后果。
当我们从简单观念中词与物之间单纯的邻近性，转向实体中属性
与本质之间隐喻的呼应性时，伦理的张力也与日俱增。

　　只有这种张力才能解释，洛克在转而论及混合模式中语言的
使用和可能的误用时，为什么会选择那些奇怪的例子。他所举的
主要例子是误杀、乱伦、弑亲以及通奸，然而任何非指称性的

实体，诸如美人鱼、独角兽，都能起到同样的作用。[19] 洛克所列举的全部例子——"运动"、"光"、"黄金"、"人"、"误杀"、"弑亲"、"通奸"、"乱伦"——听起来更像是一部希腊悲剧，而非人们倾向于与《政府论》(On Government) 的作者联系起来的那种开明和温和。关于语言之比喻性的反思一旦开始，其接下来的走向便不得而知了。然而，要想获得任何理解，就不得**不**提出这一问题。语言的使用和误用是密不可分的。

无独有偶，语言之"误用"(abuse) 本身就是一种转义的名称：catachresis[20]。这就是洛克描述混合模式的方式。它们能够凭借语言中固有的设定力量 (positional power) 创造出最匪夷所思的实体。它们能够肢解实在的肌体，然后又随心所欲地将其重新组合起来，以最不自然的形式将男人与女人，或人类与野兽进行配对。最天真的 catachreses 中也潜藏着骇人之物：当我们说桌子腿或山的某一面时，catachresis 就变成了 prosopopeia (赋予面容) [21]，我们就开始觉察到一个鬼影幢幢的世界。通过将其语言理论阐述为从简单观念到复杂模式的运动，洛克展开了转义性总体化的整

42

---

[19]　在对混合模式的通论中，洛克举了"通奸"和"乱伦"(第 3 卷，第 5 章，第 384 页；第 444 页) 的例子。在随后讨论语言的误用时，他又回到了混合模式的问题上，并列举了误杀、谋杀和弑亲，以及通常与误杀联系在一起的法律术语"过失杀人"(chance medley)。美人鱼和独角兽是在另一种语境中被提及的 (第 3 卷，第 3 章，第 376 页；第 433 页)。

[20]　catachresis 源于希腊语 κατάχρησις，经过拉丁语 abusio、英语 abuse 的转译，主要表示"误用"的含义。普滕汉姆在其《英语诗歌的艺术》(1589) 中便把 catachresis 视为一种有别于隐喻、转喻等的独立的修辞格，他这样解释 catachresis："当没有自然的和适当的术语或词语来表达某物时，转而诉诸其他既不自然也不适当的术语或词语，并不恰当地运用于所要表达的对象"，比如"一个人让仆人去书房取弓和箭"。参见 George Puttenham, *The Art of English Poesy: A Critical Edition*, ed. Frank Whigham and Wayne A. Robhorn (Ithaca: Cornell University Press, 2011), pp. 264—265。钱锺书先生在《管锥编》中将 catachresis 称为"因误见奇"，并举了"枕流漱石"、"吃衣着饭"等例子。参见《管锥编》(第三卷)，生活·读书·新知三联书店 2001 年版，第 426—427 页。——译者注

[21]　关于该词的具体意涵，参见本书第 191 页注释 25。——译者注

个扇面形状或（仍用光的意象来说的话）整个光谱或彩虹，即转义的形变（anamorphosis）。无论我们何时卷入语言作为比喻的问题，无论我们多么不情愿地被卷入、或试探性地介入这个问题，转义的形变都势必要完成其全部进程。在洛克这里，这种形变始于语音及其意义之间任意的、转喻的邻近性（在其中，词语仅仅充当自然实体之标记），结束于混合模式的catachresis（在其中，词语可以说凭借自身而产生了它所指称的、在自然中没有等价物的实体）。洛克对catachresis进行了严厉的谴责："一个人所有的实体**观念**如果与事物的实相不相符，则他在自己的理解中，便缺乏了真正知识的材料，所有的只是一些**幻想**（*chimeras*）……一个人如果把**半人马**（*centaur*）当作现实存在的，那么他就是在自欺欺人，将词误认作物。"（第3卷，第10章，第451页；第534—535页）然后，由于洛克自己的论证使然，这种谴责现在把所有的语言都当成了靶子，因为在演证的过程中，经验性实体在任何时候无法避免转义性的形变（defiguration）。随之而来的局面是难以忍受的，这使得第3卷题为"前述诸缺点和［语言的］误用之矫正"的安慰性结论成了整本书中最没有说服力的一部分。于是人们转而求助于洛克著作所开启的传统，希望能从中找到摆脱困境的指引。

孔狄亚克在《人类知识起源论》中不断宣扬甚至夸大自己对洛克《人类理解论》的依赖。孔氏此书至少有两部分明确论及了语言问题；实际上，该书系统地致力于一种心灵理论，而这种心灵理论实际上又是一种符号理论，这就使得人们难以将论著中不是以语言结构为模式的部分从整体中分离出来。不过，有两部分内容明白无误、确定无疑地论及了语言：论语言起源的"论语言兼论方法"，这是该书的第 2 卷；另一部分是"论抽象"，属于第 1 卷的第 5 篇。从卢梭到米歇尔·福柯，前一部分（详细阐述了"动作语言"的概念）一直都备受关注。但是论抽象词的这一篇，对语言的讨论要比其标题所呈现出来的更为广泛。可以看出——尽管这不是我们当前的目的——论"动作语言"的那一章，只是"论抽象"所建立的更具包容性的模式和历史的一个特例。如果同洛克的"论语词"这一章联系起来读"论抽象"，我们便能从更广阔的视角来看待话语的转义结构。

乍一看，这短短的一篇似乎只涉及语言的一种相当专门的用法，即概念抽象。然而，孔狄亚克一开始定义"抽象"的方式，就是大大地拓展这个词所涵盖的语义场。他说这些抽象概念是"通过停止思考（en cessant de penser）将事物区别开来的属性，而仅仅思考那些让事物相互符合（或一致，法语原文是conviennent）的属性"才得以形成的。[22] 这一过程的结构，正好又是经典定义中的隐喻的结构。大约 130 年之后，尼采提出了同样的论点来证明，像"叶子"（Blatt）这样的词是通过"使不齐一者齐一"（Gleichsetzen des Nichtgleichen），以及通过"任意丢弃个体差异"（beliebiges Fallenlassen der individuellen Verschiedenheiten）

43

---

[22] Condillac, *Essai sur l'origine des connaissances humaines* (1746), ed. Charles Porset (Paris: Galilée, 1973), bk. 1, sec. 2, p. 194.（德曼在此处标注的页码似有误，正确的页码应为 bk.1, chap. 5, sec.1, p.174。——译者注）后文的所有引文皆出自此篇（即第 1 卷第 5 篇"论抽象"），英译由我本人译出。（中译参见孔狄亚克：《人类知识起源论》，洪洁求、洪丕柱译，商务印书馆 2009 年版，第 125 页。此后的引文页码，均在正文中随文标注，法文版页码在前，中译本页码在后。——译者注）

而形成的。[23] 在孔狄亚克之后几年，卢梭在《论人类不平等的起源和基础》中对命名（denomination）的分析也提出了同样的论点。[24] 我们完全可以正当地得出这样的结论：孔狄亚克所使用的"抽象"一词，可以被"翻译"为隐喻，或者，如果我们同意洛克关于所有转义的自我总体化转换的观点的话，"抽象"还可以被"翻译"为转义。只要我们能意识到概念在认识论上的意涵，那么概念即转义，转义即概念。

孔狄亚克俨然设计了一段离奇的故事情节（plot），来在其中娓娓道出这些意涵。他含蓄地承认了"抽象"一词的普遍意义，坚称不进行抽象的话语是无法想象的："毋庸置疑，［抽象］绝对是必要的。"（elles sont sans doute absolument nécessaires）（第 2 节，第 174 页；第 126 页）另一方面，他又立即提醒人们警惕抽象的诱惑力对理性话语构成的威胁：抽象固然是不可或缺的，但也必然是有缺陷的，甚至是败坏的——"无论上述矛盾多么败坏（vicieux），然而它却仍是必要的"（第 6 节，第 176 页；第 129 页）。更糟糕的是，抽象还能无限自我繁殖。它们就像野草，抑或癌症；一旦你经手了其中一个，它们可能就会到处蔓延滋生。据说它们"繁殖力惊人"（第 7 节，第 177 页；第 130 页），但它们也有拉帕齐尼花园 [25] 的影子，这个花园里野蛮生长的植物暗藏

---

[23]　Friedrich Nietzsche, "Über Wahrheit und Lüge im außermoralischen Sinne " in *Werke,* ed. Karl Schlechta, 3 vols. (Munich: Hanser, 1969), 3:313.

[24]　Jean-Jacques Rousseau, *Deuxième Discours (Sur l'origine et les fondements de l'inégalité)*, ed. Jean Starobinski, in *Œuvres complètes*, 5 vols. (Paris: Gallimard, 1964), 3:148.（中译参见《卢梭全集》[第 4 卷], 李平沤译, 商务印书馆 2012 年版, 第 251—252 页。——译者注 ）

[25]　拉帕齐尼系美国"黑暗浪漫主义"代表人物纳撒尼·霍桑（1804—1864）的短篇小说《拉帕齐尼的女儿》（*Rappaccini's Daughter* ）中的人物。拉帕齐尼是一位医生, 毕生醉心于植物毒理学研究, 只关心科学不关心人类。他有一个花园, 里面培育了各种奇花异草, 其中多是毒花恶草。他让自己的女儿阿特丽丝充当实验对象, 从小与世隔绝地生活在（转下页）

44

危机，园丁无法摆脱它们的诱惑，又无力驾驭它们。即使在批判性理解的更高层面对抽象的两难境地进行了分析，掌握抽象的希望依然渺茫："我不知道，在我讲了刚才那番话之后，人们是否有可能终于放弃所有这些'实在化了的'抽象。有若干理由使我担心，情况会恰恰相反。"（第 12 节，第 179 页；第 134 页）[26] 这个故事就像一部哥特小说中的情节，一个人不能自已地制造了一种怪物，之后他就完全依附于这个怪物，无力将再其杀死。孔狄亚克（他毕竟因发明了一种能闻玫瑰花香的机械雕像而在哲学轶史中有一席之地）与安·拉德克利夫和玛丽·雪莱 [27] 何其相似。

　　一旦认识到语言即转义，我们就被引导到讲述故事，引导到我方才所描述的系列叙事上来了。最初的复杂性和结构上的节（structural knot）在时间上的展开，表明了转义和叙事、节（knot）和情节（plot）之间的密切关系，尽管这种关系未必是一种互补关系。如果叙事的所指对象确实是其话语的转义结构，那么叙事就是解释这一事实的尝试。这就是孔狄亚克文本中最困难，但是也最有价值的一节中所发生的事情。

　　第 6 节一开始就对最初的观念或简单观念进行了描述，这种方式不禁让人想起洛克；这里的重点不在于**最初**，而在于**观念**，因为孔狄亚克强调的不是观念的顺序，而是其概念性。他将大抵

（接上页）这个花园中，被父亲用毒物滋养，终日以身试毒，最终难逃一死，沦为拉帕齐尼科学事业的牺牲品。拉帕齐尼的花园俨然一个邪恶的伊甸园，但诚如德曼所言，这位试图在人间扮演上帝角色的园丁既无法摆脱其诱惑，又无力掌控它们，终为其反噬。——译者注

[26] 法语 réaliser 一词是在精确的技术意义上来使用的。抽象被误认作"实在的"对象，这同洛克所说的将词误认作物所带来的危险如出一辙。导致这种错误的原因在后文中会变得很清楚。

[27] 安·拉德克利夫（Ann Radcliffe, 1764—1823），英国女小说家，以创作哥特式小说著称，主要作品有《林中艳史》《奥多芙之谜》《意大利人》等。玛丽·雪莱（Mary Shelley, 1797—1851），英国女作家，以其小说《弗兰克斯坦》闻名。——译者注

是物自体意义上的实在与他所谓的多少有些同义反复的"真正的实在"（une vraie réalité）进行对比。这种真正的实在不在物之中，而在主体[28]之中，主体就是作为**我们的**心灵（"notre esprit"）的心灵。它是心灵作用于实体的结果，是一种感觉（"apercevoir en nous"）而非知觉。在孔狄亚克的文本中，比在洛克的文本中更加明显的是，描述这一作用的语言始终是一种主体掌握实体的语言：在德语中表示概念的 Begriff 一词所蕴含的所有词源学力量的意义上，物只有被占有和抓住才能成为"真正实在的"物。理解就是抓住（begreifen）、不放走已经把握住的东西。孔狄亚克说，只有当印象被"锁"（renfermées）在心灵中时，才能得到心灵的垂青。当我们从人称主词"我们"（nous）转向所有句子在语法上的主词（"notre esprit"）时，我们就会清楚地看到，这种心灵的动作也是主词/主体的动作。

为何主体必须以这种暗藏暴力和专制的方式行事？答案显而易见：这是其构筑自身存在和基础（ground）的唯一方式。实体本身既不清晰也不明了，没有人能说清楚一个实体在何处终结，另一实体又在何处开始。实体只是流动（flux）、"变化"（modifications）。通过将自身视作这种流动发生的场所，心灵将自身稳定为流动的基础，即所有实在都必须经过的流通场所（lieu de passage）："……这些'变化'在［我们的心灵的］存在中持续不断地改变和相继出现，于是这个存在就显得是某种常存不变的基础（un certain fond）。"（第6节，第176页；第128页）这个术语混合了洛克和笛卡尔（或马勒伯朗士）的用法。主体被视

45

---

[28] 在本文中，subject 时而偏重于"主体"的意思，时而偏重于"主词"的意思，还有很多时候二者兼而有之，在后一种情况中，只能权且以"主词/主体"的方式表示。——译者注

为一种难以抑制的稳定化，这种稳定化与主体对现实所采取的不稳定的行动不可分割。这样的主体就是另一个版本的笛卡尔的我思（cogito）——只不过笛卡尔在第二和第三"沉思"中抛出的（hyperbolic）[29] 怀疑所发挥的功能（function），在这里，在洛克的传统中，变成了经验性知觉的功能。抛出的怀疑——在笛卡尔那里是一种精神行为——现在延伸到了整个经验性经验（empirical experience）的领域。

在孔狄亚克那里（正如在笛卡尔那里），主体的自我建构行为较之洛克更具有不加遮掩的反思地位。经常与主词"心灵"连用的动词是"反思"（réfléchir）："由于我们的**反思**太有限了……""心灵不能凭空来**反思**……"反思是一种分析行为，能区分差异并分环勾连（articulates）[30] 实在；这种分环勾连（articulations）就叫作抽象，它们势必包含了任何可构想的命名或述谓行为。也正是在这一点上，本体论的诡计渗透进了这个系统：为了是 / 存在（to be），主词 / 主体（或心灵）所依赖的并非其自身，而是这里所谓的"变化"（"某些光的感觉，色彩的感觉，等等，或者某些心灵活动……"），但是这些变化本身又像心灵一样缺乏存在（being）——脱离了心灵的区分行为，它们就什么也不是。作为心灵的他者，它们缺乏存在；但就这种否定属性而言，心灵认识到这些他者与自己是相似的，于是便将它们视为既是自己又不是自己的存在者，就像镜子中的反射一般。心灵之所以"是"

---

[29]　参见本书第 163 页注释 13 对该词的说明。在这里的语境中，德曼似乎还在"双曲线"的隐喻意义上使用 hyperbolic：笛卡尔的精神行为在其坐标系中根据怀疑的函数（function）所画出来的曲线，延伸到洛克的坐标系中则对应着经验性知觉的函数。——译者注

[30]　这个译法借鉴自《存在与时间》中译本。参见海德格尔：《存在与时间》，陈嘉映、王庆节译，生活·读书·新知三联书店 1987 年版，第 180 页。——译者注

（is），就是因为它"像"（is like）它的他者一样无法"存在"（to be）。是／存在（being）的属性依赖于对相似性的主张，但相似性却是一种幻象，因为它发挥作用的阶段在实体构成之前。"这些经验[31]，抽象地或单独地从它们所从属的实体［心灵］——这个实体只能在这些经验被锁在它里面的时候方能与它们相称——身上分离出来之后，又将如何成为心灵的对象呢？因为心灵继续把这些经验看作如同实体本身一样……心灵自相矛盾。一方面，心灵把这些经验看作同它的存在没有任何关系，从而使这些经验化为乌有；另一方面，因为虚无是无从把握捉摸的，心灵又必须把这些经验看成好像是某种事物一样，而且继续把这同一实在——心灵首先是由于该实在而感知到了这些经验的——归之于这些经验，尽管该实在已经不再和这些经验相称了。"（第6节，第176页；第128—129页）存在和同一性（identity）是相似性的结果，相似性不在事物之中，而是由心灵的行为设定的，而心灵的行为本身只能是言语的。在此语境中，既然"是言语的"意味着，允许在虚幻的相似性的基础上进行替换（这种规定性的幻象是共同的否定性的幻象），那么心灵，或主体，就是中心隐喻，是隐喻之隐喻。洛克以一种大而化之的方式感受到的转义的力量，在孔狄亚克这里被凝缩在作为心灵的主体的关键隐喻中。在洛克那里笼统而含蓄的转义理论，在孔狄亚克这里变成了一种更加具体的隐喻理论。洛克关于世间万物的第三人称叙事，在孔狄亚克这里变成了主体的自传性话语。尽管这两种叙事不尽相同，但它们仍属于同一种转义困境（aporia）的讽寓（allegory）。现在由于我们

---

[31] 德曼在此译作 experiences（经验）的，在法语原文中是 modifications（变化）一词。——译者注

作为主体被明白无误地铭写进了这种叙事之中，这种绝境的威胁变得更加具体而微。我们感到比以往任何时候都需要向别处寻求帮助，在同一个哲学传统中，康德向我们伸出了援手。

康德很少直接论及转义和修辞问题，但在《判断力批判》[32]中，有一段涉及图型（schemata）语言和象征语言之区别的文字（第172页），几乎触及了这个问题。康德从"hypotyposis"[33]一词入手，以一种极为宽泛的方式使用该词，用它来指称在皮尔

---

[32] 本文出自《判断力批判》的引文均参考了李秋零的中译本（康德：《判断力批判》，李秋零译，中国人民大学出版社2011年版），部分译文有所调整。因德曼在原文中均未标注任何版本的引文页码，因此在下文中译者随文标注该中译本页码。——译者注

[33] hypotyposis出自古希腊语ὑποτύπωσις，由ὑπο和τύπωσις构成。ὑπο表示"在……之下"，τύπωσις的词根是τύπος（英文中type一词即由此而来），本义表示"敲、击"，进而引申出"印记、标记、图形、肖像、轮廓、模型、类型、典范、风格"等义，因此与ὑπο合在一起组成的ὑποτύπωσις便主要表示"轮廓、草图、模范、典范"等含义（参见亨利·乔治·利德尔、罗伯特·斯科特编：《希英词典》[中型本]，北京大学出版社2015年版，第824、848页；罗念生、水建馥编：《古希腊语汉语词典》，商务印书馆2004年版，第907、938页）。后来该词成了一个修辞学术语，指对所见之物栩栩如生的描绘。昆体良这样定义hypotyposis："说者通过语言将所见之物的形象栩栩如生地呈现给听者，令听者感到俨然不是听到而是看到了它们。"（Quintilien, *Institutions oratoires*, Bude Serie Latine [in French], Vol. 1, translated by Jean. Cousin [Paris: Les Belles Lettres, 1989], p. 392）这一解释基本贯穿了整个修辞学史，19世纪法国修辞学家丰塔尼埃依然将hypotyposis解释为对事物的生动描绘：通过形象化的描述，将不在场的事物呈现在眼前，使之仿佛在场（Pierre Fontanier, *Les figures du discours*, origin 1830 [Paris: Flammarion, 1968], p. 390）。诚如留下痕迹的事物已然不在场了，但仍然在场的轮廓分明的痕迹依然能最大程度地让人们去想象那个事物本身，hypotyposis同样通过在场的形象化语言去最大程度地呈现不在场之物，它试图打破语言和图像之间的界限，让语言具有图像性，让不可见的语言变得可见，从而让语言所描述的对象变得"栩栩如生"。综上不难看出，这个词总体上表达的是以图型化的方式来展现对象，因此康德用德文Darstellung（展示、展现）来对译hypotyposis，认为其基本含义乃摆在眼前、付诸直观（subjectio sub adspectum）以及展示（exhibitiones），由此赋予了hypotyposis极其重要的地位：概念获得实在性的主要方式。康德认为hypotyposis是一种直觉的感性化表象方式，它要么是图型的（schematisch），要么是象征的（symbolisch），前者是知性概念直观化的方式，后者则是理性概念直观化的方式，它们都属于判断力的工作，并涉及想象力（Einbildungskraft）。牟宗三将该词译作"真实化"，邓晓芒和李秋零均译作"生动描绘"，本文将该词译作"栩栩如生的描绘"，但跟其他重要术语一样，在正文中仍直接使用原文而非译名。——译者注

士之后我们通常称作直观中的像似性要素（iconic element）[34] 的东西。hypotyposis 将感官无法触及的东西呈现在感官面前，这不仅是因为感官无法触及的东西不在那里，还因为无论从整体还是部分来说，它们都是由对感性直观而言过于抽象的要素构成的。跟 hypotyposis 最像的修辞格是 prosopopeia；在狭义上，prosopopeia 指使感官（在这里是耳朵）听到已经消逝的声音。在广义上以及词源学意义上，prosopopeia 指的是赋予无面容者以面容的比喻化过程。

在《判断力批判》第 59 节（"美作为公共道德的象征"[35]），康德主要关注的是图型的 hypotyposes 和象征的 hypotyposes 之间的区别。他首先反对将"象征的"（symbolic）一词不当地用于我们今天仍称作**符号**逻辑（*symbolic* logic）的东西。算法中使用的数学符号实际上是指示符号（semiotic indices），它们不应该被称为符号（symbol），因为"它们根本不包含任何属于客体的直观（Anschauung）的东西"（第 172 页）[36]。它们的像似属性与客体属性（如果有的话）之间没有任何关系。但在真正的 hypotyposis 中，情况就不同了。真正的 hypotyposis 中存在着某种关系，但却是不同种类的关系。在作为知性（Verstand）[37] 对象

---

[34]　iconic（像似的）出于皮尔士从符号媒介与指称对象之间的意指关系的角度对符号的三分：像似符（icon）、指号符（index）、象征符（symbol）。——译者注

[35]　德曼的译法（"Of the Beautiful as a Symbol of Public Morality"）较为特殊。康德本节标题的原文为"Von der Schönheit als Symbol der Sittlichkeit"，通常译作"美作为道德的象征"。——译者注

[36]　德曼在这里将 Anschauung 译作 representation，但 Anschauung 在英文中一般被译为 intuition，representation 则一般被用来翻译 Vorstellung。而且德曼对 Anschauung 的翻译和理解似乎一直在变化，比如在《黑格尔〈美学〉中的符号与象征》一文中，德曼就将 Anschauung 译为 perception。我们本文中还是遵照中译本的主流译法，将 Anschauung 译作"直观"。——译者注

[37]　德曼在此将 Verstand 译作 mind。——译者注

的图型中，相应的感觉（aperception）是先天的（a priori），诚如在三角形或其他几何图形中那样。在作为理性（Vernunft）对象——相当于孔狄亚克的抽象——的象征中，没有任何感性直观能与之相称（angemessen，即分有共同的比例），然而，通过类比（unterlegt 这个词是可译的，如果能在象征和象征对象之间创造一种"基本的"[underlying]相似性的话），一种相似性在"理解"（understood）中得以存在。[38]康德随后用了较长的篇幅来阐述真正的相似性和类比的相似性之间的区别。在类比中，类比物（analogon）的感性属性和被类比物（the original）的感性属性并不相同，但它们按照类似的形式原则发挥作用。例如，用有机体来象征开明的国家，在这个有机体中，部分和整体自由而和谐地联系在一起，而专制国家则要用手推磨之类的机械来象征。所有人都明白，国家既不**是**身体，也不**是**机械，但国家像身体或机械一样发挥功能，用象征来呈现这种功能，要比冗长而抽象的解释更经济。我们终于近乎控制转义了。这之所以成为可能，是因为对康德而言，似乎存在着在认识论上可靠的转义。在几何学中，命名词"三角形"就是一种转义，一种 hypotyposis，它允许替代性的形象成为抽象的直观，这种直观完全是理性的、相称的（angemessen）。通过表明人们可以从象征秩序——它确实是不

47

---

[38] unterlegen 最基本的含义为"放在……下面"，相当于英文中的 underlie，understand 字面的含义也是与之类似的"位于下面"等。unterlegen 出现于这一节第四段的第一句话中："Alle Anschauungen, die man Begriffen a priori unterlegt, sind also entweder *Schemate oder Symbole*"（因此，人们放在先天概念下面的一切直观，**要么是图型，要么是象征**）。德曼在此运用 unterlegt、underlying、understood 几个词在词形、词义上的相似性进行语言游戏：按照康德的说法，象征作为人们放在先天概念下的一种直观，通过类比而创造出一种相似性，就是将一种相似性放在下面（unterlegen、underlie），因此这种相似性是一种基本的（underlying）相似性，是理解的／位于下面的（understood）相似性。——译者注

精确的，因此存在于**仅仅**（*bloß*一词在这段话中出现了四次）的限制性的模式中——转向图型的理性精确性，同时还能保持在hypotyposis 所界定的普遍转义场域之中，在认识论上困扰着洛克和孔狄亚克的威胁似乎已经得到了解决。然而，这种解决依赖于象征语言和图型语言之间非此即彼的决定性差异。直观要么是图型，要么是象征（"entweder Schemate oder Symbole"），而批判性的知性能够明确地区分二者。

关于这个问题，康德点到为止，随即他便离开原题，转而论述哲学话语中经常被忽视的比喻的流行。康德认为这是一个"值得更深入研究"的重要问题。但现在并没有进行这种研究的天时地利——事实上，康德从未系统地进行过这种研究。哲学家的术语中充斥着隐喻。康德举的几个例子都与基础（grounding）和立场（standing）有关："根据"（Grund）、"依赖"（abhängen）、"从中流出"（fließen），以及"实体"（Substanz）（康德提到了洛克关于该词表述）。所有这些 hypotyposes 都是象征的而非图型的，这意味着从认识论的角度来看，它们并不可靠。它们"仅仅是按照对一个直观对象的反思向一个完全不同的概念的翻译 / 转换（Übertragung），这个完全不同的概念**或许**永远不可能有一个直观直接与之相对应（dem *vielleicht* nie eine Anschauung direkt korrespondieren kann）"（第 173 页，强调处是我加的）。在这句话中，"或许"一词的出现，听起来像随口一说，但实际上却是最令人惊讶的。这里的整个论证的要点在于，我们可以确切地知道，一个直观是否直接与一个给定的概念相对应。但是，"或许"一词提出了这样一个问题，即这样的决定是如何作出的，是出于事物的本质，还是只是假设出来的（unterlegt）。图型和象征之

间的区别本身是先天的，还是仅仅是一种"理解"（understood），
以期由此来完成无法直接完成的定义工作？从这个决定被说
成——哪怕只是顺便一提——"或许"可能的那一刻起，图型的
hypotyposis 理论就丧失了其大部分说服力。当康德在行文中用
unterlegen 一词来支撑两种支撑模式之间的重大差别时，似乎他一
开始并没有意识到这个词的隐喻性。关于不受控制的隐喻可能带
来的危险的思考，集中于支撑（support）、根据（ground）等同类
的比喻。这种思考重新唤醒了区分的严格性所隐藏的不确定性，
如果用来呈现这种严格性的语言重新引入了它试图消除的不确定
性因素，那么这种严格性就站不住脚了。因为，能够用来阐明理
性概念的像似直观是否确实是一种比喻，这一点并不明显。在
《论人类不平等的起源和基础》中，卢梭也遇到了类似的问题，[39]
但他的结论是，任何普遍概念所必然产生的特定直观都是与记忆
和想象有关的附带心理现象，而不是属于语言和知识领域的概念
转义。因而，康德所谓的图型的 hypotyposis 就根本不是认知，而
只是一种记忆术（mnemotechnic device），相当于知觉心理学领域
而非语言心理学领域的数学符号。在这种情况下，这句话——它
强调的是一个直观能否适合于其对象的判断属于"或许"的秩
序——要比非此即彼的区分更加严格，尽管它是含糊的，或者毋
宁说，因为它是含糊的。如果先天判断和象征判断之间的区别只
能通过隐喻来说明，而隐喻本身又是象征性的，那么洛克和孔狄
亚克的难题就还没有被解决。不仅我们关于上帝的知识——这
段话在结尾处对此进行了考察——而且关于知识的知识也必然

48

---

[39]　Rousseau, *Deuxième Discours*, p. 150.（中译参见《卢梭全集》[第 4 卷]，李平沤译，商务印
书馆 2012 年版，第 253—254 页。——译者注）

是象征性的。谁要是把知识当作图型性的，并赋予知识以可预测性和先验的权威性，而这些属性又涉及不受语言中介的实体的客观实在性，那么谁就犯了物化（reification）（prosopopeia 的反面形象）的错误；谁要是将象征性视作语言的稳定属性，也就是说将语言视作纯粹象征性的，谁就犯了审美主义（aestheticism）的错误——"这样一来就在任何地方，哪怕是在实践的意图上也认识不到任何东西"（第 173 页）。

　　在所有这三个例子中，我们都是从一种相对自信的尝试开始，即仅仅通过承认其存在和限制其影响来控制转义。洛克认为，要想将修辞学家从哲学家的议会中驱逐出去，我们所需要的只是一种高度严肃的伦理决心，辅之以对入侵者的警惕。孔狄亚克则将讨论局限于抽象领域，这部分语言既不吸引诗人，也不吸引经验论哲学家；他似乎主张，如果我们不把这些繁琐的术语当作现实，那么一切都会安然无恙。康德则似乎并不认为这整个问题有什么紧迫性，而批判性的整洁内务可以恢复修辞学，使其在认识论上获得尊重。但是，在每个例子中，我们都无法在修辞、抽象、象征以及所有其他形式的语言之间保持清晰的界限。在每个例子中，由此而来的不确定性都是由于二元模式的不对称性所造成的，这种二元模式将比喻意义与本原意义对立了起来。随之而来的焦虑在洛克和孔狄亚克那里若隐若现；要表明康德的批判哲学受到了类似疑虑的困扰，还需要更长的篇幅来进行论证，但是这段话结尾处提及的神学问题，或许就是一种症候。然而，对文本中这样的焦虑痕迹的明显抹除，远不如文本结构自身的矛盾结构重要，因为这种矛盾结构是由愿意去考量文本自身之修辞的阅读所带来的。

正如康德方才教导我们的那样，当事情趋向于变得过于困难时，对于某一观察的深远影响，最好是暂时存而不论，以待将来。我的主要观点所要强调的是，任何试图以未经批判的先入为主的文本模式——比如先验目的论，或者光谱另一端的纯符码（mere codes）——的名义压制文本的修辞结构的尝试都是徒劳的。文学符码（literary codes）的存在并不是问题，成问题的仅仅是它们声称代表了一种普遍而详尽的文本模式。文学符码是本身并非符码的修辞系统的次级符码。因为修辞无法脱离其认识论功能，无论这一功能多么具有否定性。问一个符码是真是假，是荒谬的，但当涉及修辞时，就不能给这个问题加上括号——情况似乎向来如此。每当这个问题被压制时，转义模式就会以诸如二极性、重现（recurrence）、规范经济（normative economy）等形式范畴的形式，或以诸如否定、反诘等语法转义的形式，重新进入系统。它们总是要去总体化那些试图忽略比喻化的形变（disfiguring）力量的系统。一位优秀的符号学家不需要花很长时间就会发现自己实则是个伪装的修辞学家。

这些并行不悖的论证对文学史和文艺美学的影响同样具有争议性。囿于既定的历史分期模式的历史学家可能会认为，把启蒙运动时期的文本当作尼采的《论非道德意义上的真理与谎言》或雅克·德里达的《白色神话》[40] 来读是荒谬的。但是，如果我们假设，仅仅出于论证的需要，这些历史学家承认，洛克、孔狄亚克和康德可以像我们此处的阅读一般被阅读，那么他们就必然得出

---

[40]　指 Jacques Derrida, "La Mythologie Blanche", in *Marges de La Philosophie*, Les Édition de Minuit, 1972。——译者注

这样的结论：我们自己的文学现代性重新建立起了与"真正的"启蒙运动的联系，这种联系一直被主张可靠的主体修辞学或表现修辞学的 19 世纪浪漫主义和现实主义认识论所掩盖。因此，从洛克到卢梭，到康德，再到尼采，可以说是一条连贯的线，费希特和黑格尔等人肯定不在这条线上。但是，关于如何以本原的修辞方式阅读费希特和谢林，我们真的那么确定无疑吗？既然我们假定，可以通过断言洛克和尼采对修辞学相类似的暧昧态度受到了系统性的忽略，来调和洛克和尼采，那么我们就没有理由先天地假定相似的论证不适用于费希特或者黑格尔。当然，这必然将是一种截然不同的论证，尤其是在黑格尔那里，但这并非不可想象。但是如果我们接受——同样只是出于论证的需求——组合叙事（syntagmatic narratives）与聚合转义（paradigmatic tropes）是同一系统的不同部分（尽管不一定是互补的），那么就会出现这样一种可能性，即时间性的分环勾连，比如叙事或历史，是修辞学的关联物，而非相反。因此，在尝试修辞学史、文学史或文学批评史之前，我们必须先构想出一种历史修辞学。然而，就其本身而言，修辞学并非一门历史学科，而是一门认识论学科。这或许就是历史分期模式作为探赜索隐的手段如此卓有成效，但又如此明显地异乎寻常的原因之所在。它们是通往文学文本的转义结构的一种途径，因此必然会削弱自身的权威性。

　　最后，我们的论证表明，文学与哲学之间的关系和区别并不能根据美学和认识论范畴之间的区别来划分。一切哲学，就其依赖于比喻化而言，都被宣告为是文学的，而作为存放这个问题的仓库，一切文学在某种程度上又都是哲学的。这些陈述在表面上的对称并不像听起来那么让人放心，因为将文学和哲学结合起来的是——就像在孔狄亚克关于心灵和对象的论述中所显示的——同一性或特殊性的共同匮乏。

　　与通常的信念相反，文学并不是用审美愉悦来悬置不稳定的隐喻认识论的地方，尽管这种尝试是其系统的一个构成契机。毋宁说，文学是这样一个地方，在其中严格和愉悦可能的融合被证明是一种错觉。一个难题由之而来：是否可以说，语言的整个语义学的、符号学的和述行性的场域都被转义模式所涵盖？只有在充分认识到比喻语言的繁殖力和破坏力之后，这个问题才能被提出来。

帕斯卡的说服讽寓[*]

在尝试对讽寓（allegory）进行定义时，总会反复重逢一系列意料之中的问题，总结一下这些问题，就能勾勒出讽寓模式的轮廓。讽寓是有次序的、叙事性的，然而其叙事的主题则完全不必是时间性的，由此便出现了文本的指称状态问题，文本的语义功能——虽然有强有力的证据——首先不是由模仿契机（mimetic moments）所决定的；相较于一般的虚构模式，讽寓尽可能地远离了历史编纂学。在中世纪艺术的细节中，吸引我们的"现实主义"是一种书法而非模仿（mimesis），是一种技术手段，用来确保纹案能被正确地识别和解码，而不是对模仿（imitation）的异教趣味的趋附。这是因为，下述情况是讽寓的一部分：尽管讽寓总是拐弯抹角、生来晦涩难懂，但它对理解的抵抗，来自内在于陈述的困难和审查制度，而非阐明的手段。黑格尔正确地区分了讽寓和谜语，因为讽寓的"目的完全是清晰明确的，因此它所使用的外部手段对于它所要呈现的意义必须尽可能地是透明的"[1]。讽

---

[*] 《帕斯卡的说服讽寓》发表于 Stephen J. Greenblatt, ed., *Allegory and Representation, Selected Papers from the English Institute, 1979—1980* (Baltimore: Johns Hopkins University Press, 1981), pp. 1—25。所有的注释（除了注释 28 之外）都是德曼本人所加，略有修改。

[1] G. W. F. Hegel, *Vorlesungen über die Ästhetik I*, Theorie Werkausgabe (Frankfurt am Main: Suhrkamp, 1970), p. 511. 引文是由我本人译为英文的。（中译参见黑格尔：《美学》[第二卷]，朱光潜译，商务印书馆 1996 年版，第 122 页。——译者注）

寓的困难在于，这种对表现的清晰性的强调，并不是为了服务于能被表现的事物。

随之而来的结果是，讽寓的美学价值化（aesthetic valorization）中挥之不去的矛盾心理贯穿了**讽寓**这个术语的整个历史。讽寓经常被视作呆板的、枯燥的（kahl）、无效的或鄙陋的，然而它失效的原因，非但不是缺点，反倒如此包罗万象，以至于这些原因能与心灵所能达到的最高远的成就若合符节，并且揭示出在美学上更成功的艺术作品由于这种成功反倒无法被察觉到的那些界限。不妨让我们在黑格尔这里再多停留一会儿。通过将讽寓分配给基督教的元美学时代，对讽寓在美学上的责难——在假定维吉尔逊色于荷马时跃然纸上——在黑格尔自己的历史讽寓中被超越了，这使得从荷马到维吉尔再到但丁的三部曲，成了艺术史本身的特征，即艺术之辩证超越。[2] 在《美学》中，对讽寓的不确定的价值的理论讨论，重复了对艺术本身的不确定的价值的理论讨论。讽寓符号飘忽不定的地位，让它所在的体系也动荡不安。

讽寓是苛刻的真理的供应商，因此它的责任是将真理和谎言的认识论秩序与说服的叙事或创作秩序衔接起来。在意指（signification）的稳定系统中，这样一种衔接无可厚非；譬如，某种表现之所以有说服力和令人信服，是因为它是忠实的，正如某个论证之所以有说服力，是因为它是真实的一样。原则上，不应该把说服和证明割裂开来看，一位数学家不会把自己的证明称作讽寓。从理论的角度来看，从认识论移动到说服不应该有什么困难。然而，讽寓的出现本身表明了一种潜在的复杂性。为什么关

---

[2]　Ibid., p. 512.

于我们自己和世界的最高深的真理必须要以这样一种向一侧倾斜的、间接指称的模式来陈述？或更具体地说，为什么那些尝试将认识论和说服衔接起来的文本，就像讽寓之产生一样，以同样的方式、出于同样的理由，会对其自身的可理解性没有定论？在哲学和修辞的正典（canon）中，存在着大量探讨真理和说服之关系的文本，它们往往围绕着这样一些传统哲学论题而形成结晶：分析判断和综合判断之间的关系、命题逻辑和模态逻辑之间的关系、逻辑学和数学之间的关系、逻辑学和修辞学之间的关系、作为立意的修辞和作为谋篇的修辞[3]之间的关系，如此等等。为了对这个难题作出更精确的表述，不妨诉诸我所发现的一个具有启发性的例子，即帕斯卡为指导波尔-罗亚尔[4]的学生所写的进阶教学文本之一。这篇文本可以追溯到 1657 年或 1658 年（帕斯卡去世于 1662 年），在很长一段时间内都未付梓，但也没有被忽视，因为阿尔诺和尼古拉将其中的部分内容收录进了《波尔-罗亚尔逻辑》[5]之中。此后大多数帕斯卡研究的专家都提到了这篇文本，而且至少有一部专著对它进行了专题研究。[6]此文的标题是 *Réflexions sur la géométric en général, De l'esprit géométrique et de l'Art de persuader*（《对一般几何学的反思，论几何学精神与说服的艺

[3]　西塞罗将修辞术分为五个构成部分：立意（Inventio）、谋篇（Dispositio）、措辞（Elocutio）、记忆（Memoria）、讲演（Pronuntiatio）。——译者注
[4]　Port-Royal，法国的一所修道院，位于巴黎西南郊。——译者注
[5]　*Logique* of Port-Royal，又称《逻辑或思维的艺术》，作者是安托万·阿尔诺（Antonie Arnauld）与皮埃尔·尼古拉（Pierre Nicole）。该书第一版出版于 1662 年，在此后二百余年中，一直是欧洲最有影响的逻辑著作。下文均简称作《逻辑》——译者注
[6]　Jean-Pierre Schobinger, *Kommentar zu Pascals Reflexionen über die Geometric im Allgemeinen*(Basel: Schwabe, 1974). 这本书包括了对原文的德文翻译，以及大量的逐行注释，对于认识 17 世纪数学理论和认识论之间的关系颇有价值。

术》)[7]，在一个英文版的帕斯卡文集中，这个标题被译作 *The Mind of the Geometrician*（《几何学家的心灵》）[8]。这个译法有些奇怪，但也不无道理。这为我们的研究提供了一个典型案例，因为它涉及帕斯卡在第一部分所说的 "l'étude de la vérité"（真理研究）或曰认识论，以及在第二部分所说的 "l'art de persuader"（说服的艺术）或曰修辞学。

自从被发现以来，《反思》就一直困扰着其读者。阿尔诺和尼古拉从中摘录了一些内容，使之符合《逻辑》在更狭隘的传统意义上的笛卡尔模式，但这种方式大大简化甚至肢解了帕斯卡的复杂性；多明我会的图蒂神父（Father Touttée）是第一个从帕斯卡的手稿中发现这篇文本的人，但他对其内在的连贯性和一致性表示出极大的怀疑。[9] 尽管有强有力的内在证据能推翻这样的观点，但该文本通常还是不被视为可以分成两部分的单一实体，而是被视为两篇完全独立的专题论文；帕斯卡著作的早期编者戴穆莱（Desmolets）（于 1728 年）和孔多塞（Condoret）（于 1776 年）便将该文本编为两个独立的片段，直到 1844 年，它才

---

[7] 目前大多数帕斯卡的作品集都收录了这篇文章，下文均简称作《反思》。本文中的引文出自 Blaise Pascal, *Œuvres complètes*, ed. Louis Lafuma (Paris: Éditions du Seuil, Collection l'Integrate, 1963), pp. 348—359。

[8] *Great Shorter Works of Pascal*, trans. Emilie Caillet (Philadelphia: Westminster Press, 1948), pp. 189—211.

[9] 在 1711 年 6 月 12 日写给帕斯卡的侄子路易·佩里埃 (Louis Perier) 的信中，图蒂神父说道："谨此归还您之前寄给我的三份手稿……关于手稿中的这篇文本，我的总体看法是这样的：它本来承诺要讨论几何学家的方法，在我看来，一开始它确实是这么做的，但实际上并未说出什么值得特别注意的东西，并且随即便转向了一段很长的题外话，涉及两种无限性，即无限大和无限小，它们可以在构成自然的三四种事物中观察到。我们很难理解这与文章的主题有什么关系。这就是为什么我认为应该把这篇文章拆分为两个独立的片段，因为它们似乎很难黏合在一起。"（转引自 Schobinger, *Kommentar zu Pascals Reflexionen*, p. 110）

或多或少地以现在所普遍接受的形式出现，即由两部分构成的单
一文本。[10] 令人惊奇的是，这篇文本的语文学历史是其理论争论
的翻版，其中不可避免地涉及单位和对偶、可分性以及异质性的
问题。

　　《反思》的论证貌似离题，实则并不缺乏连贯性。如果它确
实走进了死胡同或者到达了临界点，那也只是因为它过于严格
而非缺乏严格。然而，不可否认的是，《反思》确实达到了这样
的临界点。近来的评论家们跃跃欲试，试图去修补最明显的漏
洞，并将它们归因于帕斯卡的时代和处境的历史不确定性。[11] 对
于这样一个在历史上充满不确定性的文本（它回响着一系列近乎
无休止的争论的声音，这些争论紧随着笛卡尔、莱布尼茨、霍布
斯、伽桑狄［Gassendi］等哲学家而来，标志着这是一个认识论
思辨如火如荼的时期），通过将更具威胁性的困难从意识层面落
实到历史事实从而驯化这些困难的诱惑是如此之大。即使在完
成这一操作之后，仍存在一些反常现象，这些反常现象具体涉
及的，是问题的性质而非问题的状态。最明显的断裂出现在第

----

[10]　关于该文本的版本史，参见 Blaise Pascal, *Œuvres complètes*, ed. J. Mesnard (Paris: Desclée de Brouwer, 1964 and 1970); Schobinger, *Kommentar zu Pascals Reflexionen*, pp. 108—114 对此作出了总结。

[11]　作为众多例子中的一个，肖宾格在帕斯卡这里遇到了数学知识与信仰之间的差异问题，这个问题在术语的波动中得到了表达：有些术语源自证明语言，比如 raison（理性）、entendement（知性）、esprit（精神）等；有些又源自情感语言，比如 cœur（心）、sentiment（情感）、instinct（本能）等。众所周知，这一论题带来了 "esprit de géométrie"（几何精神）和 "esprit de finesse"（敏感精神）之间的著名对立。肖宾格将这一难题解释为帕斯卡对笛卡尔态度的演变。在《反思》中（除了涉及神学的部分），帕斯卡仍然坚持心灵和感官的二元论，或者说推论的知识和直觉的知识的二元论，这种二元论可以追溯到笛卡尔。肖宾格接着说道："在《思想录》中，帕斯卡将这种对立提炼为一种新的推论性思维模式。因此《反思》对应于帕斯卡思想的笛卡尔阶段，而《思想录》则是帕斯卡思想变化的结果，代表了他摆脱了笛卡尔的束缚。"（Schobinger, *Kommentar zu Pascals Reflexionen*, pp. 402—404）这种表述（在关于帕斯卡的文献中还能找到很多类似的说法）的惊人之处，不在于它是对还是错，而在于它通过以历史叙事来陈述认识论张力的方式创造了一种安抚性的理解错觉。

二部分，即关于说服的部分（第356页）。帕斯卡断言，存在着两种完全不同的论证模式。第一种模式与三段论的经院哲学逻辑（scholastic logic of syllogisms）在论战中处于对立位置，在第一部分中作为几何学家的方法被确立下来，还能被阿尔诺和尼古拉在《逻辑》中采用的规则所收编。在遵守这些规则的情况下，它是唯一既有效又可靠的模式。然而，由于人的堕落状况，这种模式无法将自己确立为唯一的方式。尽管人们可以接受理性并被证明所说服，但人们更容易接受嗜欲和诱惑的语言，这些语言支配着人们的欲求和激情而非思想。在其各自的领域中，诱惑的语言（langage d'agrémen）和说服的语言各行其是，甚至还能互相合作，但是当自然真理和人的欲望不一致时，这两种语言就会发生冲突。在这一刻，帕斯卡说："在真理和嗜欲（vérité et volupté）之间达成了一种可疑的平衡，在对一者的认识和对另一者的意识之间，发生了一场结局难料的战争。"（第356页）正如《思想录》的读者所熟知的那样，这种辩证时刻在帕斯卡那里是非常普遍的，并且是其洞见必要的先决条件。然而，在这个至关重要的时刻，这样的解决方案却没有出现，尽管整个文本的效力都已岌岌可危。帕斯卡退缩了，以一种很难说是顾左右而言他的还是个人式的反讽措辞说道："现在，这两种方法，一种说服的方法，一种诱惑的方法（convaincre … agréer），我将只给出前者的规则……［几何学的说服］。这不是说我不相信另一种方法在无可比拟的层面更困难、更微妙、更有用、更令人钦佩。因此，我之所以不讨论它，是因为我没有能力这样做。我觉得这远远超越了我的能力范围，我认为这是完全不可能的。这不是说我不相信如果有人能做到这一点，那就是我认识的人，没有人能像他们一样对这个问题有如

55

此清晰而丰富的洞见。"（第 356 页）[12] 这里似乎指的是帕斯卡的朋
友德·梅尔骑士，帕斯卡在论文第一部分更早的一个微妙的时刻
就含沙射影地提及了他，[13] 这难免让人觉得，在最需要清晰明确的
表述的论证时刻，我们得到的却是源自作者私人生活的含混。因
为，有许多证据——比如《致外省人信札》中的散文——都清楚
地表明，帕斯卡声称自己不善诱惑的修辞，这是绝不可信的。《反
思》直到结尾也没有从这一绝非犹豫不决的论证中的决定性中断
中恢复过来。在该论证中，是什么导致了这一中断的发生？在严
格的认识论中，是什么使得我们无法确定其阐述是证明还是讽
寓？为了回答这个问题，我们必须回溯和解释该论证的过程，因
为它在《反思》的第一部分展开，并在《思想录》隐含的逻辑和
修辞结构中找到了自己的等价物。

　　《反思》的第一部分"论几何学精神"，从认识论中的一个众
所周知的经典问题出发：名义定义（definitio nominis）和实在定
义（definitio reo）[14] 之间的区别。帕斯卡在一开始就坚持认为，几
何学（即数学）的优越性和可靠性是确定无疑的，因为"在几何
学中我们只承认逻辑学家们称之为**名称的定义**（*définitions de nom*）
的那些定义，也就是说，只把名称赋予那些人们已经用完全已知

---

[12]　中译参见帕斯卡尔著、莫里亚克编：《帕斯卡尔文选》，陈宣良、何怀宏、何兆武译，广
西师范大学出版社 2001 年版，第 85—86 页。——译者注

[13]　关于安托万·贡博（Antoine Gombaud）、德·梅尔骑士（Chevalier de Méré）和帕斯卡之
间的关系，参见 J. Mesnard, *Pascal et les Roannezm*, vols. 1 and 2 (Paris: Desclée de Brouwer, 1965)；
F. Strowski, *Pascal et son temps* (Paris: Plon, 1907—1908), vol. 2 (pp. 292—317)；以 及 Schobinger,
Kommentarzu Pascals Reflexionen, p. 330。

[14]　此处疑似将 rei 误作 reo。这里 definitio nominis 直译过来即"名的定义"，那么与之相应的
应该是"物的定义"，拉丁文中表示"物"的 res 的属格为 rei 而非 reo。——译者注

的词语所明确指称的事物"（第 349 页）。在帕斯卡的阐述中，没有什么比这个命名过程更简单的了，命名就像一种速记法一样，出于经济原因，为了避免繁琐的重复而使用一种自由灵活的代码，这丝毫不会影响事物本身的实体或属性。帕斯卡说，名称的定义是"完全自由的，而且永远容不下任何反驳"（第 349 页）。它们需要一些卫生保健和治安管理。比如说，人们应该避免用同一个能指来指称两种不同的意义，这很容易通过公众的约定俗成的惯例得到保障。另一方面，实在定义要危险得多，也更具有强制性：它们实际上不是定义，而是公理或者更常见的需要证明的命题。名义定义和实在定义之间的混淆，是导致了哲学论争中的繁难和艰涩的主要原因，用帕斯卡自己的话来说，保持它们之间清晰而明确的区分是"写这篇论文（真正的）原因，这比我要处理的主题更加重要"（第 351 页）。几何学家的心灵在恪守这一区分方面堪称典范。

几何学家的心灵果真能这么做吗？看似简单的定义一经提出，就陷入了复杂的境地，因为文本几乎是在不知不觉中就从对名义定义的讨论滑向了对所谓"原初词"（primitive words）的讨论。原初词完全不受定义的束缚，因为它们假装作出的定义实乃层累而成的同义反复的无穷倒退。这些语词（包括几何学话语的基本论题，比如运动、数、广延等）代表了被笛卡尔轻蔑地逐出科学话语大门的自然语言元素，但它们在这里作为自然之光再次现身，保证了原初词的可理解性，尽管原初词是不可定义的。在几何学的（即在认识论上健全的）话语中，原初词和名义定义有共同的外延（coextensive），并且浑然一体：在这门"明智的科学中……所有的语词都完全是可理解的，无论是通过自然之光还是通过自然之光所产生的定义"（第 351 页）。

但事情并没有这么简单。因为如果原初词拥有自然意义，那么这个意义就必须是普遍的，就像使用这些语词的科学一样；然而，在一个典型的帕斯卡式的突然转向（这使得帕斯卡完全不同于阿尔诺对逻辑的信任）中，我们会发现情况并非如此。帕斯卡说："情况并非如此，谈到事物的本质，并非所有人都像我一样认为下定义是不可能的，也是无用的。例如时间就是如此……我所说的众所周知的东西，并不是这些事物的本质，而只是**名与物之间的关系**，因此一听到**时间**这个词，所有人就都会把思想转向（或对准）同一个对象（tous portent la pensée vers le même objet）。"（第 350 页）在这里，这个词并不像在名义定义中那样充当一种符号或者名称，而是一种矢量，一种只显现为转向的定向运动，因为它所转向的目标始终是未定的。易言之，符号已经变成了一种转义（trope），一种替代关系，这种替代关系必须设定一种其存在无法证实的意义，但却又赋予符号一种不可避免的意指功能（signifying function）。这种功能的不确定性体现在 "porter la pensée"（携带思想）这个无法用现象性的词语（phenomenal terms）解释的比喻中。比喻（或转义）与思想之间关系的本质，只能用另一个比喻去描述，帕斯卡在《思想录》中就是用这个比喻来描述比喻的："Figure *porte* absence et présence, plaisir et déplaisir"（比喻**携带着**缺席和在场，快乐和不快）（265/677，第 534 页）；[15] 我们稍后还会回到这句话上

57

---

[15]　帕斯卡的《思想录》在不同的版本中有不同的编号。我引用的是 Éditions du Seuil 出版社的 Lafuma 编目的编号，并附上 Brunschvicg 编目的编号，页码是 Éditions du Seuil 版中的页码。（这句话何兆武先生译作 "象征具备了出现的和不出现的，欢乐的和不欢乐的"，参见帕斯卡尔：《思想录》，何兆武译，商务印书馆 1985 年版，第 315 页。准确地来说，figure 在法语中确实是指 "象征"，为保持行文统一，我们仍译作 "比喻"。——译者注）

来。至少有一点是明确的：在几何语言中，名义定义和原初词有共同的外延，但是原初词的语义功能具有转义一样的结构。因此，原初词获得了一种自己既不能控制其存在也不能控制其方向的意指功能。换句话来说，原初词的名义定义总是会变成一种必须被证明但却又无法被证明的命题。既然现在定义本身就是一种原初词，那么名义定义的定义本身就是实在定义而非名义定义。最初的这种复杂情况对这篇文本进一步的走向产生了深远的影响。

对命名和定义的讨论，直接引出了帕斯卡关于心灵和宇宙的可理解性和一致性的更基本和系统的论述：双重无限原则，这也是《思想录》中的神学思考的基础。从传统的角度来看，《反思》的要旨在于，它比《思想录》的护教和宗教语境更明确地阐明了这个中心原则与几何学或数学的逻辑之间的联系，这个中心原则在帕斯卡本人和他的解释者们那里，往往以一种对生存的感伤的调性表达出来，而这种感伤其实是几何学或数学的逻辑的一种形式。这篇文本有助于消除强加给帕斯卡的那种知识与信仰之间的对立，这种对立有强烈的倾向性而且过于将问题简单化。世界的逻各斯由存在于运动、数、空间（帕斯卡还加上了时间）这些内在世界维度之间的"必然的相互联系"构成，这也是这篇文本唯一一处引用的《圣经》所主张的原则："Deus fecit omnia in pondere, in numero, et mensura"（神用量、数、衡处置一切）[16]。

---

[16]　《智慧书》，11: 21。（这里指天主教和东正教《旧约》"智慧书"［*Sapiential Books*］部分的《所罗门智训》。在天主教和东正教中，智慧书包括《约伯记》、《诗篇》、《箴言》、《传道书》、《雅歌》、《所罗门智训》、《便西拉智训》这 7 卷，但在新教中，后二者被排除在《圣经》之外而被归于《次经》之列，因此新教"智慧书"只有前 5 卷。在思高本中，这句经文译作"愿你处置一切，原有一定的尺度、数目和衡量"。——译者注）将空间同化为度量（mensura），尤其是将运动同化为重量（pondere），引发了帕斯卡对重力问题的科学实验的关注。

帕斯卡把算数、几何和理性力学的结合作为认识论话语的逻辑模式，这确实符合他所处时代的科学。帕斯卡与其所处时代——莱布尼茨和无穷小微积分发展的时代——有着本质的一致性，他把双重无限性——无限大与无限小——称为"（空间、时间、运动和数）的共同属性，关于它们的知识向心灵展现了自然最伟大的奇迹"（第351页）。因此，当帕斯卡将文本的重心转移到关于空间和数的无限可分性（就算无限扩展很容易被接受，但无限可分性的概念却遭到了心灵的抵制）的论断时，我们就会毫不惊讶地发现，旨在克服这种阻力的五个论点中的前四个都是既有的传统论断。[17] 它们重申了微积分的基本原则，比如不可能在有限的量和无限的量之间进行比较，以及一般而言，不可能不通过辩证语言的介入，而仅通过简单的计算（比如2的平方根是无理数的例子）或空间的实验表象，就在空间的维度和数的维度之间移动（第353页）。然而，当帕斯卡不得不反驳一个被归于德·梅尔的反对意见，并被迫重新引入语言和认知的关系问题时，文本开始变得臃肿且充满张力。德·梅尔认为，在空间秩序中，完全可以设想这样一种广延，它由本身没有广延的部分构成，这就意味着，空间是由有限数量的不可分部分构成的，而不是由无限数量的无限可分部分构成的，因为数可以由本身不是数的单位来构成。德·梅尔利用空间与数之间的同质性（homogeneity）原则——这是帕斯卡的宇宙论的基础——对无穷小原则提出了质疑。帕斯卡的反驳（第353页）标志着演证中真正的帕斯卡时刻的来临。它首先将数的法则与几何的法则分

离开来，并表明适用于数的不可分单位"一"的东西并不适用于空间的不可分单位。"一"的地位是似是而非的、明显自相矛盾的：作为单一性的原则，它没有复数，没有数量。诚如欧几里得所言，"一"不是数。它仅仅是给不具备数的属性的实体起的名字，是非数（nonnumber）的名义定义。另一方面，根据判定"一"不是数的同一位欧几里得所阐明的同质性原则，"一"又具有数的属性。同质性原则（"当一个数量能通过倍增而超过另一个数量时，这些数量是同种或同类的"）在数学上与这个命题所隐含的无限性原则密切相关。"一"不是数，这个命题是成立的，但其反命题同样成立："一"是数，只要它以同质性原则为前提。同质性原则断言，"一"与数是同类的，就像一幢房子不是一座城市，但一座城市是由与城市同类的房子构成的，因为无论人们怎么在城市里增加房子，城市依然是城市。属类的同质性（generic homogeneity），或者无穷小，是一种提喻结构。我们再次在帕斯卡宇宙的基本模式——它基于同质性的转义和无限性的概念——中发现了一个允许大量辩证矛盾（既可以说 $1 = N$，也可以说 $1 \neq N$）存在的体系，但这个体系保证了可理解性。

　　然而，该论证的要义在于，它必须重新引入定义语言的含混性。正是因为数的单位"一"以名义定义的方式发挥作用，无限性的提喻式总体化才得以可能。但是，为了使论证成立，在名称上不可分的数必须与**真正**不可分的空间区分开来，帕斯卡很容易就能完成这样的论证，但这仅仅是因为论证的关键词——不可分的、空间的广延（étendue）、类（genre）、定义——以实在定义而非名义定义，即 définition de chose（事物的定义）而非

définition de nom（名称的定义）的方式发挥作用。当帕斯卡不得不说"cette dernière preuve est fondée sur la *définition* de ces deux *choses*, indivisible et étendue"（最后的证明基于不可分物和广延这两个**事物**的**定义**）或 "Donc, il n'est pas de même genre que l'étendue, par la *définition* des *choses* du même genre"（根据同类**事物**的**定义**，它与广延不同类）（第354页，强调处是我加的）时，这样的表述几乎是语言强加给他的。**实在**定义语言的重新引入，也使得演证的下一个转折成为可能，在将数与空间分离开来之后，演证现在必须在维持这种分离的同时又悬搁这种分离，因为空间和数潜在的同质性，即体系之基础，永远不应该从根本上受到质疑。在数的秩序中，存在着这样一种实体，跟"一"不同，它与数是异质的。这个实体就是"零"，它与"一"有着根本性的区别。"一"既是数，又不是数，而"零"则根本不是数，与数的秩序是绝对异质的。随着"零"的引入，原本存在潜在威胁的数与空间之间的分离现在也被弥合了。因为人们可以很容易地在时间和运动的秩序中，为"零"在数上的功能找到等价物：瞬时和静止是等价的，由于"零"的存在，人们可以在神圣秩序所依赖的四种内在世界维度之间，重新建立起"必然的相互联系"。在文章的最后，宇宙的同质性得以恢复，无穷小的对称性原则得以很好地建立起来。但这是有代价的：现在看来，体系的一致性完全依赖于一个元素——"零"及其在时间和运动上的等价物——的引入，这个元素本身对于体系而言完全是异质的，绝不是体系的一部分。由两种无限性的双翼拢合在一起的连续宇宙，**在所有点上**都被一种彻底的异质性原则打断、破坏了，没有这种异质性，宇宙就无法存在。而且，无穷小者和同质者的这种断裂不是发生在先验层面，而是发生在语言层面，因为将语言视为符号或名称的理论（名义定义）无法在不诉诸意指功能、实在定义——它们使得意指的"零"成为被奠基的知识的必要条件——的情况下为这种同质性奠定基础。作为符号的语言概念依赖于并源于另一种不同的概念，在这种概念中，语言作为漫无目的的意指过程发挥作用，并将自己所命名的东西转化为算术上的"零"在语言上的等价物。语言正是作为符号才能产生无限性、属、种和同质性这些原则，它们让提喻的总体化得以可能，但是如果没有"零"的系统性消除及其重新转换为名称，这些转义就都不会出现。没有"零"就没有"一"，但是"零"总是以"一"、以（某）物的形式出现。名称就是"零"的转义。"零"总是**被叫作"一"**，而"零"实际上是无名的、"不可名状的"（innommable）。在帕斯卡和他的解释者们所使用的法语中，这种情况具体地发生在 zéro（零）和 néant（无）这两个术语混乱的交替使用中。从动词、谓词形式的 néant 的动名词词尾即可看出，它表示的不是"零"，而是"一"，是作为无限小的**极限**的"一"，近乎"零"的"一"。在使用 zéro 和 néant 时，帕斯卡无法保持前后一致；如果要完全阐明两种无限性的体系，他也不会这样。然而，在关键时刻，就像在这里一样，帕斯卡知道其中的差别，而他的评论者们，包括那些最晚近的和最机敏的评论者，却总是忘记这个差别。[18] 在《反

---

[18]　在其关于帕斯卡和《波尔-罗亚尔逻辑》的大作（*La Critique du discours*［Paris: Éditions de Minuit, 1975］）中，路易·马林（Louis Marin）对帕斯卡的语言哲学及其与神学的关系的研究贡献良多。该书第 8 章"论名义定义"（De la définition de nom, pp. 239—269）与我们的主题尤其相关，是对名义定义与两种无限性的理论之间的关联的最好阐述之一，其最终结论如下："把科学话语'建基于'并非绝对令人信服的确定性原则的那些要素……与那些引发这种话语超越其局限性的要素是一样的，因为它们是其无局限的界限。通过遵守双重无限性的法则，就能以计算和度量的方式精确地确定数量，但同时，它们指向了不同于它们（**转下页**）

思》第一部分的结论处，即最系统地阐述两种无限性的理论的结尾，我们再一次发现了在开头时遇到的那种定义语言理论的含混性。

　　不可避免的问题是，这篇文本中所确定的这种模式——在其中话语是一种辩证的、无穷小的体系，它依赖于自身的消解而存在——是否可以扩展到那些不是纯数学性的，而是以不那么抽象的、在现象上或存在上更容易感知的形式表达出来的文本。我们特别想知道的是，隐含在两种无限性的理论中的同质性原则，**以及**这个体系的瓦解，是否可以回溯到《思想录》的神学和主体导向的语境。这势必要对这部重要而艰深的著作进行全面的阅读，在此我们只能把自己限定在初步的线索上，首先表明隐含在无限概念中的总体化原则是如何构成作为《思想录》典型特征的辩证模式之基础的。一旦这样做了，我们就应该问，这种模式是否被中断了，就像数列被"零"中断了一样，以及这种中断是如何发生的。为了防患于未然，我们应该特别小心，不要过早地下结论，这不仅是因为从神学和认识论的角度来看，其后果影响深远，还因为辩证模式非凡的弹性——它能恢复受到最根本的矛盾威胁的总体性——不应被低估。应该让帕斯卡的辩证法充分展示其伟大之处，即使要揭示其中的脱节之处，也只能通过跟随帕斯卡将其推向最终的临界点来实现。

61

（接上页）自身的东西，即规定一切数量的数量的先验界限。"接着，马林引用了"思想"418/233，第 550 页中的第三段话——其中说道："给无限加'一'，并没有给无限增加什么"——并得出结论说："在这种贫乏（dénuement）中，无限所指的总体化＝0 实现了自身"，这就是混淆了"néant"（或作为无限小的"一"）和"零"的典型例子。在帕斯卡的体系中，可以说 néant ＝∞（或 1 ＝∞），但绝不能说 0（零）＝∞。

这里的断裂或脱节——没有更好的说法了——无论多么悲惨都不应该被视为否定。否定，在帕斯卡这样坚韧的头脑中，总是能被重新铭写进一种可理解的系统中。我们也不能指望将其图绘成诸论题（topoi）中的一个论题（topos），就像通常替代的转义所做的那样。在修辞学的术语中，我们有可能找到一些接近于指称这种中断的术语（比如 parabasis 或 anacoluthon[19]），它们以一种超越重新整合能力的方式指称语义连续体之中断。然而我们必须马上意识到，这种中断不是论题性的，它是无所不在的，不能将其局限在某一个点上——因为它确实就是点的概念、几何上的"零"[20]，不断地在被移动。anacoluthon 是无所不在的，用时间术语或弗里德里希·施勒格尔故作高深的表述来说，parabasis 是永恒的。把这种结构称作反讽可能更容易带来误导而非帮助，因为**反讽**，就像"零"一样，是个无法进行名义定义或实在定义的术语。那么，正如我们实际上在说的那样，说讽寓（作为顺叙）是反讽的转义（就像"一"是"零"的转义），就是在说某种足够真实但却无法理解的东西，这也意味着讽寓不能用作文本分析的手段。要在《思想录》中发现 instances de rupture（断裂的例子），即帕斯卡的数论中"零"的等价物，我们只能强迫自己重申帕斯卡自身模式的辩证模式，或者换句话说，锲而不舍地反复阅读《思想录》。在题为"矛盾"的一则"思想"（257/684，第 533 页）中，帕斯卡提出了总体化阅读的原则，即必须把最有力的二律背反协调起来："我们只有协调了

---

[19]　关于这两个术语，参见第 296 页注释 28 和第 297 页注释 31。——译者注

[20]　关于"点"的概念，参见 Schobinger, *Kommentar zu Pascals Reflexionen*, p. 365。他引用了西蒙·斯泰芬（Simon Stevin）和梅森（Mersenne）关于几何上的"点"同化为算术上的"零"的有趣论述。

自身的所有对立面，才能形成一副好的相貌。不协调这些对立面就无法追寻一系列相匹配的属性：为了理解作者的意思，我们就必须将一切对立的章节协调起来（pour entendre le sens d'un auteur il faut accorder tons les passages contmires）。"就帕斯卡在此提及的《圣经》而言，这种协调直接导致的根本对立构成了所有其他经文的基础，这种根本对立就是比喻性阅读和现实性阅读之间的对立。"如果我们将律法、牺牲和王国当作现实，那么我们就无法将［《圣经》的］所有章节协调起来；因此它们就必然只能是比喻。"（第533页）当然问题还在于，能否这样去协调比喻／现实的对立，它们是否是我们在说"一"是数又不是数时所遇到的那种矛盾，以及比喻的秩序和现实的秩序是否是异质的。

尽管《思想录》中的隽语凝练沉郁、独具匠心，但它也是个成体系的图型化（schematized）文本，可以被视为二元对立错综复杂的相互作用。很多章节都是或者可以很容易地用这种对立的术语来命名的，我们的第一个也是最简单的例子是这两则"思想"（125/92 和 126/93，第514页），它们可以被恰当地命名为"自然"和"习惯"："我们的自然原则如果不是我们所习惯的原则，那又是什么呢？在孩子那里，岂不就是他们从父亲的习惯中所学到的原则，就像野兽学习狩猎一样。不同的习惯产生不同的自然原则。这一点可以在经验中得到验证，通过观察是否存在无法消除的习惯……父亲们生怕孩子的自然之爱会消散。可是那种会消散的自然又是什么呢？习惯就是可以摧毁第一自然的第二自然。然而自然又是什么？何以习惯就不是自然的呢？我非常担心，这种自然只不过是第一习惯而已，正如习惯是第二自然一样。"这段话围绕着一句俗语（"La coutume est une seconde nature"［习惯是第二自然］）展开，这是帕斯卡的一贯套路，他由此建立起一套非常典型的逻辑模式，或者毋宁说修辞模式。一组二元对立可以根据其属性的常识顺序来进行匹配：在这里，习惯和自然分别与第一／第二、恒常的／可消除的（effaçable）相匹配。自然，作为**第一**原则，是恒常的；习惯，作为第二自然源于自然，是可以改变和消除的。刚开始，图型是这样的：

自然	第一	恒常的
习惯	第二	可消除的

启动该模式的陈述（在此也是基于普遍的观察），颠倒了实体及其属性的关联顺序。父亲们显然有充分的理由担心，自然的孝顺之情会被抹去，因此他们会将自然物与可消除之物进而与第二性（secondness）联系起来。于是，第一（自然）成了第一的第二，亦即第二；第二（习惯）在对称的平衡中变成了第二的第一，亦即第一：

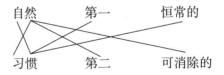

第一性（firstness）和第二性的属性位置发生了变化，这导致了我们以之为起点的二元对立的消解或解构。现在已经不可能确定，

63　某种给定的经验应该被称作自然的还是习惯的。既然自然和习惯能够——在交错配列[21]的反转（chiasmic reversal）中——交换或交错它们的属性，那么它们就已经被结合在了一起，因为它们之间的对立被铭写了进一种交换系统，该系统具有转义（交错配列）一样的结构。自然和习惯被统一在单一系统之中，该系统——尽管作者关于它的经验是消极的（"我担心……"）——仍是一种认知。

同样的模式反复出现，并且愈发复杂，构成了"思想"中最著名的主题性启示的基础。比如，让我们来看一下关于人的本性/自然的这一节（131/434，第514—515页）。这一节的出发点是一种历史性的、某种程度上也是经验性的对立：怀疑论哲学和独断论哲学、皮浪主义者和独断论者之间的哲学论争。帕斯卡通过其最亲近前辈蒙田和笛卡尔进入该论争。在这里，初始网格的建立——它在自然为一、习惯为二的情况中是十分显豁的——更加复杂，在其中，怀疑论和独断论信仰必须分别与真理和自然匹配起来。该论证回到了笛卡尔在前两个沉思中用到的例子和逻辑。[22] 它通过提及睡眠和觉醒、梦境和现实之间的二极性（polarity）确立了对怀疑的认知价值的主张。我们通常认为，醒着的状态才是人的真实状态，是第一规范（first norm），睡眠和梦境则是衍生出来的第二版本（secondary versions）。睡眠被嫁接在觉醒之上，就像一种次要的品质被嫁接在首要的品质之上一样。这里的初始模式是这样的：

---

[21]　关于该术语，参见第 226 页注释 12。——译者注

[22]　René Descartes, *Œuvres philosophiques*, ed. F. Alquié, 3 vols. (Paris: Garnier, 1967), 2:406.

| 觉醒 | 知觉 | 第一 |
| 睡眠 | 梦境 | 第二 |

既然我们在梦境中认为自己是清醒的，那么我们就可以按照——之前在关于自然和习惯的"思想"中遇到的——同一种对称模式来对这些属性进行排序。就像济慈在《夜莺颂》结尾所叩问 [23] 的一样，我们每个人都应该自问：我是梦是醒？因为我们无法再确定，我们的初始意识是否是清醒的，它是否只是对梦境的复写，这些梦有些是个人的，有些则是与他人共享的，所有的梦都是互相嫁接而成的。"那么难道我们的人生中自以为是醒着的那一半（白天），其实只不过是一场梦而已吗？其他的梦都嫁接在这场梦之上，我们直到死才能从这场梦中醒过来？"（第 514 页）这种怀疑——消解了白天和黑夜、觉醒和睡眠之间的自然二极对立——显然是怀疑论思想的产物，它证明了将怀疑论与知识配对的合理性。怀疑论的立场总是有知识傍身，而独断论者唯一能用来反对这种知识的东西，就只剩一种自然信念了，即无限的怀疑是无法容忍的。"在这种境况之下，人应该怎么办呢？人将怀疑一切吗？怀疑自己是否醒着，怀疑自己是否被针刺或火烧，怀疑自己是否在怀疑，怀疑自己是否存在？我们不可能达到这种地步，我敢断言，事实上从来就不曾有过完全自洽的真正的怀疑论者。自然支撑着我们孱弱的理性，庇护它免受这种浮夸的侵袭。"（第 515 页）现在，怀疑论和独断论分别与真理和自然牢牢地匹配在一起。

---

[23]　"Was is a vision, or a waking dream? /Fled is that music —Do I wake or sleep?"（这是个幻觉，还是梦寐？/那歌声去了——我是睡？是醒？[查良铮译]）——译者注

怀疑论	真理
独断论	自然

但是，这个初始构型（configuration）并不稳定。从前面的引文中可以清楚地看出，一个人不可能始终如一地持怀疑态度，但也不可能始终如一地持自然态度，因为无论怀疑论的立场多么"浮夸"，它仍然是我们接近真理的唯一模式，它使得所有对自然真理的主张失去了权威性。对于"人不能怀疑自然原则"这一信念，怀疑论者反驳道："我们起源的不确定性包含着我们本性/自然的不确定性。"这一论断是无法反驳的："自从世界存在以来，独断论者反驳它的尝试从未停歇。"

　　这样的处境不仅不稳定，还具有强制性。在此意义上，在《思想录》中，我们从命题逻辑（对是什么情况的陈述）转向了模态逻辑（对应该是什么情况的陈述）。因为我们不能悬搁在不可调和的立场之间：显然，如若不在二极性的二极之间作出决断，就意味着选择了怀疑论的立场。我们面临的是无法决断的困境：命题逻辑无力在冲突中作出决断，但如果命题逻辑要立得住，就必须找到解决冲突的办法。

　　在第一次辩证反转中，答案是给困境一个名称，在这里，这个名称就是"人"，持立于困境中的存在（being）。那么"人"就不再是可定义的实体，而是超越自身的持续运动。帕斯卡说："L'homme passe l'homme"（人是超乎人之上的），就生存之超越（transcendence）和僭越（transgression）而言，这句话得到了许多伪尼采式的解释。或许更重要的是，用数来表述人的"定义"，这把我们带回了《反思》。帕斯卡说，由此可见，人是双重的，"一"总是至少已经是"二"、是一对了。人就像数字系统中的"一"，无限可分、无限自乘。人是两种无限性的系统的翻版；在指出人超乎人之上、人是双重的之后，帕斯卡立即又补充道："l'homme passe *infiniment* l'homme"，人**无限地**超出自己。作为数的隐喻，人同时是"一"又不是"一"，是一对又是无限。

　　无限性的辩证法——始于最初的怀疑——由此得以始终如一地展开。对于人的双重的、因此无穷小的境况而言，这就成了认识人的本性/自然的钥匙。"因为谁会不知道，如果没有关于其本性/自然的双重境况的知识，人就对其本性/自然的真理陷于无可挽回的无知之中呢？"（第515页）这种理性的诡计完全是笛卡尔式的：怀疑的知识悬搁了怀疑。我们可以看到，初始的结构——将怀疑论和真理、独断论和自然匹配起来——业已被交错配列，因为现在彻底的怀疑论的真知通过人的概念的中介与自然配对，暗含着双重无限的系统。支撑该系统的修辞模式与前面例子中的情况别无二致。

　　将这则"思想"与另一则在更加严格意义上图型化了的思想进行"配对"是正当的，后者表达了同样的张力，但却清空了其中总体化的生存情志（pathos）（122/416，第514页）。它以"伟大与悲惨"的二元对立为题，继而这样说道："既然悲惨源于伟大，而伟大又源于悲惨，那么有些人就会更决绝地选择悲惨，因为他们把伟大视为对悲惨的证明，另外一些人则更有力地选择伟大，因为他们从悲惨本身中获得了伟大。凡是一方所能用以支持伟大的一切，都会成为另一方用以演证悲惨的论据，因为站得越高，摔得越惨，反之亦然。他们每一方都被一场无休止的循环带

65

到了另一方（portés les uns sur les autres），能确定的只有，随着人们逐渐被启蒙，他们就会发现自己既伟大又悲惨。总而言之，人知道自己是可悲的。因此，人是可悲的，因为人就是如此，但人也是伟大的，因为人知道自己是可悲的。（En un mot, l'homme connaît qu'il est imisérable. Il est donc misérable puisqu'il l'est, mais il est bien grand puisqu'il le connaît.）"

这段话的结尾以一种特别凝练的形式对交错配列进行了压缩。首先是悲惨和（自我-）知识、伟大和存在的配对："人**是**伟大的，因为人**知道**自己是可悲的（l'homme *connaît* qu'il est imisérable）。"最后一句话又颠倒了这个模式：在同义反复的"il est misérable puisqu'il l'est"中，悲惨和存在配对，继而伟大和知识，即悲惨的自我-知识配对。在这句话中，明显具有演绎功能的介词起到了中介作用："il est *donc* misérable *puisqu*'il l'est"，其中逻辑表达 donc（**因此**）和 puisqu（**因为**）具有认知力量，断言的同义反复则具有存在论力量。辩证法在同一者无休止的循环往复中扁平化为同义反复，无限超越（transcendence）的目的论形式被这种单一性所取代。同样，尽管关于人的两则"思想"在主题和音调上存在差异，但它们的修辞模式却是相同的，这种修辞模式建基于交错配列之反转的无穷小对称。这种模式或许以最纯粹的形式出现在了这里，出现在了《思想录》中最苍白的一篇中。[24]

在帕斯卡这里，从自我-知识和人类学知识到目的论知识的过渡，往往要经由政治的维度。路易·马林坚称，在《思想录》中题为"作用的原因"（Raison des effets）的一系列片段中，认识

---

[24] 亦可参见第 514/397 则"思想"，第 513 页。

论、政治批判和神学之间存在着密切的相互关联，此言非虚！[25]
这个系列主要涉及大众知识和科学知识之间的区别，这就又回到
了《反思》的基础问题：自然语言和元语言之间的二律背反。第
90—101 则"思想"（第 510—511 页）[26] 中的二极性，将民众的语
言（vox populi）与数学家的语言对立起来；此外，第 91/336 则
"思想"对帕斯卡自己的写作风格给出了很好的描述，即通俗的、
非技术性的措辞与令人敬畏的严格批判的独特混合：我们必须拥
有帕斯卡所谓的"une pensée de derrière"（背后的想法）（看到事物
表象背后的东西），但又要像民众一样说话。科学之人拥有真正
的知识（episteme），而民众则跟在变幻无常的意见（doxa）之后
亦步亦趋。那么，我们的出发点就是：

民众	意见	假的
几何学家	知识	真的

然而，如果把民众的意见视为谬误而不予理会，那就大错特错
了。在某种程度上，"Vox populi, vox dei"（民众的声音乃上天的
声音）这句（民众的）俗语是合理的，在帕斯卡看来，民众的各
种意见同样是合理的，他列举了一系列令人困惑的例子。在这种
情况下，出现了第一次交错配列的反转：民众的意见也能主张
真理，而几何学家的思想，在蔑视民众智慧的同时，也沾染了
谬误。

---

[25]　Marin, *La Critique du discours*, pp. 369—400.

[26]　Brunschvicg 编目中对应的标号是：337—336—335—328—313—316—329—334—80—
536—467—324。

然而，这第一组交错配列仅仅是个开始。尽管民众确实会有合理的意见，但他们并不真正拥有真理。因为民众难免为他们合理的意见提供错误的理由。帕斯卡说："他们相信自己能在不存在真理的地方找到真理。他们的意见自有其真理，但不是在他们所想象的地方。"这种关于错误的知识本身是真实的，它不再是民众的知识，而是那些受益于科学推理的严格批判的人的特权知识。现在，第二次反转将民众的意见——在某种程度上是正确的／真的——与认识论上的谬误联系在一起，而关于这种谬误的知识又是真的。"我们业已证明，人在无足轻重的琐事上徒有虚荣；这种虚荣让人们所有的意见都化为乌有。然后，我们又证明了这些意见都是完全合理的；因此，民众的自尊完全是正当的，民众并不像我们所认为的那样难以捉摸。这样我们就又推翻了那种推翻了民众意见的意见。但是现在，我们必须推翻这个最后的命题，并证明以下观点为真：尽管民众的意见是合理的，但民众依然处于谬误之中，因为他们没有把真理放在它应该在的地方，也就是说，他们把真理放在它所不在的地方，所以他们的意见就总是非常之谬误且非常之不合理。"（第 511 页）

　　从最平凡的到最崇高的，按照能够涵盖《思想录》所营造的论题的主题范围的顺序，还能举出很多例子。同样的结构，同样的"从赞成到反对的持续反转"（renversement continuel du pour au contre)（第 511 页），将在二元对立的交错配列的无尽变化中再次出现。在这一过程中，大量的主题上的洞见表明了基本辩证推理模式的普遍有效性，在这种模式中，对立即使不能调和，也至少会朝着一种总体化的方向发展，这种总体化可能会被无限延迟，但作为可理解性（intelligibility）的唯一原则，它仍然是有效的。我们的问题依然是，《思想录》中的一些文本是否会明确地拒绝这种模式——不是因为它们的结构是一种不同的转义模式（它会使辩证模式多元化，但未必会使其失效），而是因为它们中断了明显是同一模式的运动。让我们来探讨一下题为"正义，力量"[27]的这一则"思想"（103/298，第 512 页）。

　　遵循正义的东西，这是正确的；遵循最有力量的东西，这是必然的。

　　没有力量的正义是软弱无能的，失去正义的力量就是暴政。

　　没有力量的正义就要遭致反对，因为总有恶人。没有正义的力量会受到指控。因此，必须把正义和力量结合起来，让正义变得有力，让有力的变得正义。

---

[27] 该标题的法语原文是 "Justice, force"，英译作 "Justice, power"（"Justice, force"），也就是说，英译者认为既可以用 power 也可以用 force 来翻译法语中的 force 一词，实属无奈之举。这是因为，法语 force 的含义同时囊括了英文中 power 和 force 的含义，既能表示 power 所指的"能力"、"权力"等，也能表示 force 所侧重的物理学意义上的"力"以及具有强制力的"武力"、"暴力"等，所以这个法语词内涵十分丰富，汉语中很难找到一个词严格对应它，何兆武先生在这里选择将 force 译为"强力"不无道理，但是因为德曼在下文又会提到另一个词 might，这个词明确地表示"强力"。因此，我们姑且将 power 和 force 均译为意涵更为丰富的"力量"，以求跟 might 区别开来的同时，也能更大程度地保留法语中 force 的丰富含义。此外，下文德曼"纯粹的量的力量"（sheer quantitative power）这样的表述也为我们"力量"的译法提供了佐证。——译者注

正义会受制于争议。力量则非常好辨识又无争议。因此，不可能赋予正义以力量，因为力量否定正义，并且说正义就是不正义，还说它自己才是正义的。

因而，我们既然不能使正义成为有力量的，那么我们就使有力量的成为正义的了。

（Ainsi[28] on n'a pu donner la force à la justice, parce que la force a contredit la justice et a dit qu'elle était injuste, et a dit que c'était elle qui était juste.

Et ainsi, ne pouvant faire que ce qui est juste fût fort, on a fait que ce qui est fort fût juste.）

一听到这些话，我们立刻就会发现，虽然交错配列的结构与之前并无二致，但这里的交错不再是对称的，因为它在一个方向发生了，但在另一个方向却没有。这里出现了一种新的复杂情况，我们可以从中观察到一种新的对立，它赋予每个关键词以一种双重语域（double register），但不再是之前的段落中那般两种认知模式之间的对立。这种新的对立一开始就表现在 "il est juste"（这是正确的）和 "il est necessaire"（这是必然的）的反差中。前者的断言仰赖于命题性的认知，而后者则基于纯粹的量的力量，就像在谚语 "La raison du plus fort est toujours la meilleure"（最强者的理由总是最充分的）或者英语中的 "Might makes right"（强力造就正确）中那样。命题陈述站在认知一边，模态陈述则站在述行一边；后者不顾真假地做自己说过的事。因此，所有演证中

---

[28]　在 Éditions du Seuil 版中，这句话开头是 Aussi 一词，在 Brunschvicg 版中则是 Ainsi。

使用的语词都具有这种矛盾状态。比如 suivre（遵循）这个动词，可以在演绎和认知的意义上来理解，其中的必然性就是理性必然的演绎性；但还可以在纯粹强制力的意义上来理解，就像在 "la femme doit suivre son mari"（夫唱妇随）这句话中一样。

因此，在这则"思想"的前两句话中，suivre 分布在双重语域中。正义亦是如此，一方面它可以被理解为 justesse（正确性），即理性论证的精确性，但另一方面它显然也可以被理解为法庭上的司法实践。就后一种能力而言，它显然缺乏前者所拥有的那种纯粹论证的说服力量；它打开了不确定性和矛盾对立的大门，因而缺乏力量。为了使真正的正义拥有力量、真正的力量变得正义，它们就必须要能交换各自所特有的必然性和无罪的属性。正义必须通过强力而变成必然的，强力则必须通过正义而变成无罪的。这将完成并演证作为认知的命题陈述和作为述行的模态陈述的同质性。但是，与之前提到的《思想录》中的所有例子都不同的是，这次这种交换并没有发生。正义拒绝变成 justesse；它仍然是实用的、变动不居的，"sujet à dispute"（受制于争议），无法满足作为认知说服的必然性的标准。然而，只要能满足必然性的标准，强力就没有任何困难；它 "sans dispute"（无争议），因此能**篡夺**认知的一致性而无需付出任何代价。这种篡夺发生在 "sans dispute" 这个短语的双重语域中，"sans dispute" 是一种涉及数学证明的性质，表明了认识论上的严格性，但是正如在 "Might makes right" 中一样，它也涉及纯粹的专横和暴政的力量（force）。力量——作为纯粹的述行——篡夺了认识论上对正确性的主张。之所以如此，是因为力量可以成为陈述句的主语，可以说力量在说话："la force a contredit ..."（力量否定……）以及 "la force a dit ...”（力量说……）；力量可以宣布正义缺乏认识论上的"正确性"，也可以宣称自己在认识论上的一贯正确。述行的宣称自己是陈述的和认知的。最后一句话——on a fait que ce qui est fort fût juste（我们就使有力量的成为正义的了）——中的"on"（我们）只能是"强力"，它确实属于"faire"（做）而非"savoir"（知）的秩序。但是如果要阐明力量对正义的单方面胜利，就像在这段话中所说的那样，仍然只能以认知和演绎的模式来表述，这一点在这里就很明显：在"ainsi on a fait ...”这句话中用演绎性的"ainsi"（因此）来搭配"faire"（做）。然而，这个"ainsi"的地位现在非常特殊，因为纯粹的力量的行为完全是任意的，并且完全没有认知效果。这个"ainsi"不属于笛卡尔，而是属于任何一个碰巧掌权的独裁者。

69

　　在读到最后这话时，我们应该感到不适，就像在听到"零"被"一"同化，进而被重新铭写进一个它并不属于其中的认知系统时感到不适一样。因为就在强力通过强加（imposition）而非僭越（transgression）的方式篡夺了认知的权威的那一刻，认知的转义领域就被解释为依赖于强力实体，该实体与转义领域是异质的，就像"零"与数是异质的一样。这种断裂立即被重新铭写为关于"ainsi on a fait ...”（因此我们做……）中的断裂的知识，但现在必须说这个"ainsi"是反讽的，也就是说，它破坏了自己的演绎主张。辩证法又开始了，但它被破坏的方式与我们在其他地方遇到的越界的（transgressive）反转有着本质的不同。正是在实践正义和政治正义的领域，而非基督教博爱的领域，数学上的"零"的等价物再次在《思想录》的文本中出现。从语言的角度来看，真正重要的是，《反思》中由于定义的复杂性而造成的断裂现在被视为认知语言和述行语言之间的异质性的功能。在帕斯卡这里，语言现在朝着两个截然不同的方向分道而行：一个是正确的（juste）但却无力量的认知功能，另一个是主张正确性的强力的（forte）模态功能。这两种功能完全异质。前者造就了说服的经典规则，后者产生了良好生活的价值（eudaemonic values），每当人们不约而同地将对权威的主张归结为独裁者的"**随心所欲**"（at the *pleasure* of）时，后一种价值就出场了。前者是真理的语言和通过证明进行说服的语言，后者是嗜欲（volupté）的语言和通过篡夺或诱惑进行说服的语言。我们现在知道了为什么在《反思》的后半部分，帕斯卡不得不回避这两种模式之间的关系问题。就语言既是认知性的和转义性的，同时又是述行性的而言，语言是一种既没有正义也缺乏 justesse 的异质实体。即使在《圣经》中的启示语言的超验领域，诱惑与真理之间的抉择也是悬而未决的。帕斯卡对比喻的"定义"保留了这种复杂性：当他说"Figure porte absence et présence"（比喻携带着缺席和在场）时，我们认识到了认知辩证法的无穷小结构，但当他还说"Figure porte plaisir et déplaisir"（比喻携带着快乐和不快）时，我们就不可能再构成一个四方域了，不可能将 présence/absence（在场 / 缺席）和 plaisir/déplaisir（快乐 / 不快）这四个术语铭写进一个同质的"几何"结构。关于这种不可能性的（反讽的）伪知识——在叙事中佯装按顺序排列，实际上是对所有顺序的解构——就是我们所谓的讽寓。

康德的现象性与物质性[*]

在《词与物》中，米歇尔·福柯指出了并置意识形态和批判哲学的可能性，作为历史事实，这是当代思想恒久的重担。在德斯蒂·德·特拉西（Destutt de Tracy）等法国理论家（ideologues）尝试描绘出人类理念和表象（representations）的完整地形图时，康德则承担起了先验哲学的批判工程。福柯认为，康德的先验哲学标志着"认识和知识从表象空间中的撤退"[1]。在随后的历史诊断中，福柯将意识形态的出现视为古典精神迟到的显现，而康德则是现代性的开端，但我们更感兴趣的，是意识形态、批判哲学、先验哲学这三个概念之间的相互作用。在这组三元概念中，"意识形态"是最难把握的一个，我们希望通过考察它与其他两个概念的相互关系，来增进对这个概念的理解。

第三《批判》的导论中对先验原则和形而上学原则艰难但却重要的区分，不失为一个可能的起点。康德这样写道："一个先验的原则，就是借以表现事物惟有在其下才能成为我们知识的一

---

* 《康德的现象性与物质性》系德曼于 1983 年 3 月 1 日在康奈尔大学所做的第四场"梅辛杰讲座"（Messenger lecture）。该文发表于 *Hermeneutics: Questions and Prospects*, ed. Gary Shapiro and Alan Sica (Amherst: University of Massachusetts Press, 1984)，pp. 121—144，后由 *The Textual Sublime*, ed. Hugh J. Silverman and Gary E. Aylesworth (Albany: State University of New York Press, 1990), pp. 87—108 所转载。德曼在这篇文章的手稿上签名并标注日期为 1983 年 3 月 1 日。所有注释都为德曼本人所加，略有修改。

[1] Michel Foucault, *Les Mots et les choses* (Paris: Gallimard, 1966), p. 255.［英译出自德曼本人之手。］

般客体的那种普遍先天条件的原则。与此相反，一个原则如果表现的是其概念必须被经验性地给予的客体惟有在其下才能被先天地进一步规定的条件，就叫作形而上学的。于是，物体作为实体和作为可变实体，其知识的原则如果表达的是它们的变化必定有一个原因，那这个原则就是先验的；但是，如果它表达的是它们的变化必定有一个**外部的**原因，那这个原则就是形而上学的。因为在前一种场合里，物体惟有通过本体论的谓词（纯粹知性概念），例如作为实体，才可以被思维，以便先天地认识这个命题；但在第二种场合里，一个物体（作为空间中的一个运动物）的经验性概念必须被当做这个命题的基础，但在这种情况下，后面这个谓词（仅仅通过外部原因而有的运动）应当归于物体，这却是完全能够先天地看出的。"[2]

我们所关切的先验概念和形而上学概念之间的差别在于，后者意味着必须拥有**外在于**概念的经验性契机，而前者则完全内在于概念。形而上学原则导向的是关于本身并非概念的自然原则的辨别、定义和知识；先验原则导向的则是关于可能存在（possible existence）的概念性原则的定义。形而上学原则说明事物发生的原因和方式；比如，说物体运动的原因是重力，这就是一个在形而上学领域得出的结论。先验原则陈述让发生（occurrence）得以

---

[2]　本文同时参校了德文版和英译版的《判断力批判》，德文版为 Immanuel Kant, *Kritik der Urteilskraft*, vol. 10 of *Werkausgabe*, ed. Wilhelm Weischedel (Frankfurt am Main: Suhrkamp, 1978), 英译版为 *Critique of Judgment*, trans. J. H. Bernard (New York: Hafner Press, 1951). 引文主要出自该英译本，但在部分地方作出了细微的调整。此处文本出自德文版第 90 页，英文版第 17—18 页。（中译参考了康德：《判断力批判》，李秋零译，中国人民大学出版社 2011 年版，部分地方会在参校德文版和英译版的基础上，根据德曼的理解有所调整，不再逐一注明。在后文中，德曼径直在正文中标出德文版和英文版的引文页码，我们会再附上相应的中译本页码。只有一个页码的地方，为原文中未标注页码，译者补标的中译本页码。此处对应中译本第 14页。——译者注）

可能的条件：物体能够变化的首要条件在于，有物体和运动这回事。物体存在的条件被称为实体（substance）；指出实体是物体运动的原因（就像康德在引文中所做的那样），就是批判地考察物体存在的可能性。另一方面，形而上学原则将其对象的存在视为理所当然的经验性事实。形而上学原则包含了关于世界的知识，但是这种知识是前批判的。形而上学原则以关于世界的知识为对象，但它视为理所当然的对象性，对先验原则而言却不是先天（a priori）可能的，因此需要对形而上学原则本身进行批判性的分析，由此所产生的知识就是先验原则唯一的知识，除此之外，先验原则不包含任何关于世界或其他事物的知识。因此，先验原则的对象始终是以形而上学知识为鹄的的批判性**判断力**。先验哲学始终是形而上学的批判哲学。

72　　　　意识形态，就其必然包含着经验性契机，并指向纯粹概念领**域之外**的事物而言，位于形而上学而非批判哲学一侧。一方面，意识形态发生的条件和方式是由其不得其门而入的批判性分析所决定的；另一方面，这些分析的对象又只能是意识形态。意识形态和批判性思维互为表里，任何试图将它们分开的做法，都会使意识形态沦为纯然的谬误，使批判性思维沦为观念论（idealism）。严格的哲学话语的控制性原则，维系着这二者之间的因果联系的可能性。屈服于意识形态的哲学丧失了其认识论意义；而试图规避或抑制意识形态的哲学则丧失了一切批判锋芒，并且有可能让自己已经买断的东西被重新赎回。

　　　　康德的这段话还确立了另外两种观点。谈到意识形态和先验哲学之间的**因果**联系，我们会想起因果性在康德那里的显豁地位，以及他对物体运动的内部或外部**原因**的关注。运动中的物体

的例子绝非一个可以被随意替换的例子，它是先验认知的另一个
版本或定义。如果批判哲学和形而上学（包括意识形态）之间存
在着因果联系，那么它们的关系就类似于这个例子中物体与物体
的变化或运动之间的关系。因此，批判哲学和意识形态可以构成
彼此的运动：如果意识形态被认为是稳定的实体（团体、文集或
正典[3]），那么它所产生的批判性话语将是一种先验运动的话语，
一种其原因在其自身之内、在其自身存在的实体之内的运动。如
果批判体系在其原则之内被视为稳定的，那么相应的意识形态将
获得一种由其自身之外的原则所赋予的能动性；在如此建构而成
的体系的范围内，这个原则只能是一种建构的原则，是作为意识
形态之运动的原因的先验体系的建筑术。在这两种情况下，规定
意识形态的都是作为实体或结构的先验体系，而不是反过来。那
么问题就变成了如何确定先验话语的实体或结构。试图从康德文
本的内部来回答这个问题，是这篇介绍性和解释性论文的初步
目的。

可以从这段话中得到的第二种观点，与审美有关。在区分
了先验原则和形而上学原则之后，康德立即对"可能经验知识
的一般对象的纯粹概念"（der reine Begriff von Gegenständen des
möglichen Erfahrungserkenntnisses überhaupt）[4] 和"必须在一个自由
意志的**规定**的理念中来思考的那种实践的合目的性的原则"（第

---

[3]　原文为 body, corpus, or canon。由于这里是在举意识形态的稳定实体的例子，所以 body 在
此解作"团体"、"机构"等含义。corpus 的本义即 body（身体），后引申出"文集"等含义。
canon 是本书中的高频词汇，均作"正典"解。——译者注
[4]　这句话德曼自己译作"the pure concept of objects of possible subjective cognition"，即"可能的
主体认知的对象的纯粹概念"，由于德曼并未在正文中对这一特别的译法给出说明，所以我们
还是选择贴合德语原文的译法。——译者注

15 页）进行了区分；这个区分与之前对先验原则和形而上学原则的一般性区分相互关联。这个区分直接暗示了纯粹理性和实践理性的划分，并与康德作品的主要划分方式若合符节。我们再次看到了，第三《批判》是如何与建立批判哲学和意识形态之间、纯粹概念性话语和经验性规定话语之间的因果联系的必要性相挂钩的。这种衔接的可能性，取决于一种现象化的（phenomenalized）、经验性显现的认知原则的存在。这种现象化的原则就是康德所谓的审美。因此，康德对审美的投入是相当可观的，因为哲学本身——作为先验话语和形而上学话语的衔接——的可能性取决于审美。在第三《批判》中，这种衔接出现在关于崇高者的部分；在关于美者的部分，这种衔接被认为位于知性（Verstand）和判断力之间。在这两种情况中，我们都遇到了巨大的困难，但在崇高这里，康德的动机更容易把握，这或许是因为崇高明确地涉及理性。

　　崇高概念的复杂性和可能的不协调性，是任何 18 世纪的美学论著都不应该忽视的论题，这也使得第三《批判》中关于崇高者的部分成了康德所有著述中最困难、最难解的段落之一。相较而言，在论及美者的部分中，康德至少给人以一种困难尽在掌握之中的错觉，但是在论及崇高者的部分，连这种错觉都不复存在了。清楚地阐明这部分的计划、主旨是什么，以及在其实现过程中的关键是什么，都是可能的。但是要去判定这项事业的成败，却十分困难。从一开始引入美者和崇高者的区分开始，这种复杂性就已经跃然纸上了。从第三《批判》的主题，即目的论判断力或无目的的合目的性的问题来看，对崇高者的考虑似乎是多余的。"自然的崇高者的概念,"康德说,"远不如自然中的美者的概念那样重要和富有结果;它所表明的根本不是自然中的合目的的东西……""把崇高者的理念与**自然**的一种合目的性的审美理念完全分开,并使崇高者的理论成为对自然的合目的性的审美评判的一个纯然附录(einen bloßen Anhang)……"(第 167 页;第 84 页;第 74—75 页)然而,在这个谦逊的开头之后,我们很快就会发现,这个编外的附属物实际上至关重要,因为它不像美者那样能告诉我们关于自然的目的论,而是告诉我们关于我们自身机能的目的论,更具体地来说,告诉我们想象力和理性之间的关系。因此,根据上文所述,美者是一种形而上学原则和意识形态原则,而崇高者则有志于成为一种先验的原则,以及由此而来的一切。

美者至少显得浑然一体,与美者相反,崇高者被辩证的复杂性所穿透。崇高者在某些方面具有无限的吸引力,但又拒人于千里之外;它给人以一种特殊的愉快(Lust),但又始终伴随着不快;即使用不那么主观、更加具有建设性的话来说,崇高者还是那么令人费解:它不知界限或者边界为何物,却又总是呈现出一种确定的总体性;在哲学意义上,崇高者俨然一个怪物,或者毋宁说,一个幽灵:它不是自然的属性(在自然中并没有崇高的客体),而完全是一种意识的内在体验(Gemütsbestimmung)[5],但康德却一再坚持,这种本体实体(noumenal entity)必须以现象的方式被展现出来(dargestellt);这确实是崇高者的分析论不可或缺的一部分,实际上也是其症结之所在。

74

---

[5] 德曼的英译为 inward experience of consciousness,李秋零译本译作"心灵情调",更贴合德语原文的字面意思。——译者注

现在问题变成了是否有可能在崇高概念中找到解决这种辩证的不一致性的办法。第一个不那么简单明了的症状，在另外的并发症中表现了出来，在其中崇高者的图型（schema）与美者的图型截然不同。我们承认，就量而言——而非像在美者中那样就质而言——去评估崇高者对我们的影响，无论是快乐还是不快，在方法论上都是正当的。但是，如果情况确实如此，那么为什么崇高者的分析论不能在以量和数为中心的"数学的崇高者"这一部分就结束了？为什么还需要另外一部分，这部分在美者的领域并不存在，康德将其称为"**力学**的崇高者"，很难说它是否仍然属于量或质的秩序。康德对为什么要这样做给出了**一些**解释，但这些解释带来的问题比它所回答的问题还要多（第 24 节）。崇高者在观看者心中产生了一种情感上的激荡，这种反应既可以回溯到知识的需求（在数学的崇高者中），又可以回溯到欲望的需求（在力学的崇高者中）。[6] 在审美判断力的领域，两者都必须以无涉目的或利害的方式被考虑到，在知识的领域可以设想这样的需求得到满足，但在欲望的领域它却很难实现，更何况人们清楚地认识到，这种欲望必须就其自身而言被视为主体的显现，而非被视为欲望的客体化知识。事实上，当我们来到关于力学的崇高者这一部分时，我们会发现与欲望完全不同的东西。额外增加这一部分的需求，以及从一部分向另一部分（从数学的量到力学）的过渡，绝不是那么容易解释的，这需要一种能够公开宣称其思辨努力的解释，这种解释是否会取得成功，尚未可知。

---

[6] 德曼这里译作 needs of knowledge（知识的需求）和 needs of desire（欲望的需求）的，对应的德语原文分别是 Erkenntnisvermögen 和 Begehrungsvermögen，中译通常译作"认识能力"和"欲求能力"。——译者注

康德十分清楚地界定了在数学的崇高者中起作用的二律背反，及其与审美判断力相关联的原因。数学的崇高者是从数的概念开始的，其主题就是微积分的主题。诚如我们期待能在一位硕士论文研究莱布尼茨的哲学家那里看到的：意识到有限的实体和无限的实体是难以比较的，也无法被铭写进同一个知识体系中，理应是其题中之义。在微积分的领域中，这个命题是自明的，而且在数的无穷小的领域里，"数的权限（Macht）延伸至无限"（第 173 页；第 89 页；第 79 页），它遇不到任何困难：无穷大（或者，就这里的问题而言，无穷小）可以通过数的方式被概念化。但这样的概念化在现象上完全没有等价物；就诸机能而言，严格地来说，这是无法想象的。然而，崇高者并非这么被定义的。崇高者不是单纯的量或数，更不是量的概念（Quantum ［量］）本身。[7] 通过数来构想和表达的量，始终是一个相对概念，依旧属于传统的度量单位；纯粹的数既不大也不小，既是无穷大又是无穷小：望远镜和显微镜，作为测量工具，都是一样的工具。然而，崇高者不是"大的"，而是"最大的"，**与之相比别的一切都是小的**（第 78 页）。因此，崇高者是所有感官都不可及的。但崇高者也不是纯粹的数，因为在数的领域，没有"最大的"这样的东西。崇高者属于一种不同的经验秩序，它更接近于广延而非数。用康德的话来说，它是"绝对的大"（die Größe——更确切地说，就是第 25 节开头所说的 das Größte schlechthin），"只要心灵能够在一个直观中把握它"（so weit das Gemüt sie in einer Anschauung fassen kann）（第 173 页；第 90 页；第 79 页）。这样的现象化

75

---

[7]　在康德这里，数是量的图型。——译者注

（phenomenalization）不可能源于数，只能源于广延。这句话是说
崇高者理应是不受限制的（unbegrenzt）但又是一种总体性的那
句话[8]的翻版：数是没有界限的，但是广延意味着一种确定的总体
化亦即一种轮廓的可能性。数学的崇高者必须将数与广延衔接起
来，它所面临的是一个经典的自然哲学问题。这是一个反复出现
的哲学主题，但这并不意味着它更容易解决，我们也不应该因为
对这个主题的熟悉，就忽视尝试解决问题的论证的复杂性。

　　康德试图通过两种演证来衔接数与广延，一种是认识论
的，另一种是就愉快和不快而言。但两种论证都不是确定无疑
的。在知性层面，数的无限性可以被设想为一种纯粹的逻辑进
展，它不需要任何空间上的具体化。但是，在理性层面，这种
"comprehensio logica"（逻辑的总揽）已经不能满足需求了。因此
就需要另一种被称为 "comprehensio aesthetica"（审美的总揽）的
知性模式，这种模式要求在单一直观中不断的总体化或凝结；甚
至无限的东西也必须被设想为 **完整地（按照其总体性）被给予
的**"（第 177 页；第 93 页；第 82 页）。但由于无限的东西不能与
有限的大相提并论，所以这种衔接是不可能发生的。实际上它也
从未发生过。这种衔接的**失败**正是崇高者的区别性特征：崇高者
将自然转变成或提升到超自然的层面，将知觉转变为想象力，将
知性转变为理性。然而，这种转变从不会顾及构成崇高者的总体
性的条件，因此它无法像在辩证法中那样，通过成为关于失败的
知识来取代失败。崇高者不能被定义为崇高者的失败，因为这种

---

[8]　应指这句话："甚至也不把无限的东西（空间和时间的流逝）排除在这一要求之外，反
倒是不可避免地导致把它设想为**完整地（按照其总体性）被给予的**。"参见李秋零译本第 82
页。——译者注

失败剥夺了崇高者的标志性原则。在这一点上，我们也不能说崇
高者作为对自己不可得之物的欲求而实现了自己，因为它所欲求
之物——总体性——无非是它自己。

在愉快和不快方面，同样的模式再次出现。很明显，崇高者
所实现的并非其所处位置所要求的任务（通过无限者来衔接数和
广延）。崇高者所实现的是对知性和理性之外的另一种机能——想
象力——的自觉。试图通过无限者的直观化（anschaulich）来构
建崇高者，最终只能以失败告终，由此而来的不快产生了想象力
的愉快，想象力在这种失败中发现了其法则（这是一种失败的法
则）与我们的超感性存在的法则的一致性。想象力连接感性对象
的失败反而让它超越了感性对象。超感性存在的法则并不存在于
自然界，而是在与自然的对立中定义了人；只有通过康德所说的
"Subreption"（偷换）（第 180 页；第 96 页；第 85 页）行为，这种
法则才会被错误地归于自然。但是，这种"偷换"难道不是另一
种先前的"偷换"的镜像吗？在先前的"偷换"中，崇高者通过
宣称自己存在于不可能存在之中而偷偷地设定了自己。当决定崇
高者（作为对无限者在空间上的衔接）存在之可能性的先验判断
力偷偷地基于它的他者——即广延和总体性——来界定自己时，
这种判断力就是在以隐喻和意识形态的方式运作。如果空间持存
于崇高者之外，如果空间还是崇高者得以产生的必要条件（或原
因），那么崇高者的原则就是一种将自己误认作先验原则的形而
上学原则。如果想象力——即崇高者的机能——以心灵的总体化
力量为代价来成就自己，那么，它怎么能像康德的文本所要求的
那样，与限定了这种总体性之轮廓的理性机能处于对照性的和谐
（第 182 页；第 97 页；第 86 页）之中呢？想象力所消解的正是

理性的劳作，在这样一种关系中，想象力和理性很难说被统一在了一个共同的任务或者存在法则之中。康德将审美判断力定义为这样的东西：它把诸心灵机能（想象力和理性）的主观游戏"通过它们的对照表现为和谐的"。在这一点上，这样的定义仍然是相当含糊的。这或许部分地解释了如下事实：需要对此作出进一步的阐述，以不那么隐秘的方式展现心灵的这两种力量之间的关系；然而，这只有从数学的崇高者转向力学的崇高者之后才有可能发生。

　　这个困难可以用后文出现的术语转换来概括，这个转换暗示了我们在数学的崇高者中已经遇到的困难。在第 29 节"反思性的审美判断力之说明的总附释"中，出现了对崇高者最简洁但也最具启发性的定义："es ist ein Gegenstand (*der Natur*), *dessen Vorstellung das Gemüt bestimmt, sich die Unerreichbarkeit der Natur als Darstellung zu denken*"（它是一个［**自然的**］对象，**其表象规定着心灵去设想作为理念之展示的自然的不可及**）（第 193 页；第 108 页；第 94 页）。这句话中的每个词都蕴含着无尽的问题，就我们当前的目的而言，关键词是"die Unerreichbarkeit der Natur als Darstellung zu *denken*"（去**设想**作为理念之展示的自然的不可及）中的"*denken*"（**设想**）。在几行之后，康德谈到了"die Natur selbst in ihrer Totalität, als Darstellung von etwas Übersinnlichem, zu *denken*, ohne diese Darstellung *objektiv* zu Stande bringen zu können"（把自然本身就其总体性而言**设想**为某种超感性的东西的展示，而不能**客观上**实现这种展示）（第 194 页；第 108 页；第 95 页）。又过了几行之后，康德将"*denken*"这个词单独拎出来与"*erkennen*"（**认识**）进行对比："Diese Idee des Übersinnlichen aber, die wir zwar nicht weiter bestimmen, mithin die Natur als Darstellung derselben nicht *erkennen*, sondern nur *denken* können ..."（但是，这个超感性者的理念我们虽然不能进一步去规定，因而也不能**认识**作为它的展示的自然，而是只能去**设想**……）我们应该如何理解这些表述中"*denken*"和"*erkennen*"这两个动词的区别？*Erkenntnis*（**知识**）的方式无法确立作为智性概念的崇高者的存在。它或许只有通过 *denken* 而非 *erkennen* 的方式才得以可能。这样一种有别于认识的设想的实例是什么？Was heißt denken？（何谓"设想"？）[9]

尚在谈论数学的崇高者的第 26 节，紧接着崇高者的认识论和幸福说（eudaemony），出现了另一种描述，即无限的量如何在想象力中成为一种感性直观，或者说，数的无限性如何与广延的总体性相衔接（第 173 页；第 89 页；第 79—80 页）。该描述是形式上的而非哲学上的，它要比后面的论述容易理解得多。康德说，为了让崇高者在空间中出现，我们需要两种想象行为：把握（apprehensio［把捉］）和总括或总和（comprehensio aesthetica［审美的总揽］），即 Auffassung 和 Zusammenfassung（第 173 页；第 90 页；第 79 页）。把握是连续进行的，它就像一种横向组合的（syntagmatic）、沿着轴线的连续运动，可以毫无困难地进行至无限。然而，随着把握所覆盖的空间越来越大，总括——作为对把握到的轨迹进行纵向聚合（paradigmatic）的总体化——变得愈发困难。这个模式不禁让人想起一种简易的阅读现象学：为了总括

---

[9]　在《纯粹理性批判》中，康德明确地区分了"思维／设想"（denken）和"认识"（erkennen）："**思维**一个对象和**认识**一个对象是不同的。"（B146）因为认识需要概念和直观同时在场，而思维则只需要概念便可以运作，范畴在思维中不受感性直观条件的限制，比如上帝、自由这样的形而上学对象，都是可以思维而不可认识的。概言之，能够被认识的一定可以思维，能够被思维的并不一定可以认识。——译者注

文本连续的展开，人们必须不断地进行综合；眼睛在水平方向上连续移动，而大脑则必须在垂直方向去对由所把握到的东西层累而成的理解进行聚合。总括很快就会饱和，从而无法再吸收更多的把握了：它无法超越标志着想象力界限的大。想象力进行的综合能力简直是知性的福音，没有想象力的知性是无法设想的，但是福祸相依，知性的收益很快便被相应的损失抵消了。总括发现了自己所无法突破的极限。"想象力在一方面所丢失的就与它在另一方面所获得的一样多。"（第 174 页；第 90 页；第 80 页）由于纵向聚合的共时性取代了横向组合的历时性，一种损失和收益的经济被摆上了台面，它以可预见的效力发挥作用，尽管只是在某些明确界定的限度之内。由部分和整体的交换所产生的整体最后还是部分。康德举了埃及学家萨瓦里（Savary）的例子，萨瓦里发现，为了感受到金字塔的大，人们既不能离得太远，也不能离得太近。这不禁让人想起帕斯卡："我们在各个方面都是有限的，因而在我们能力的各个方面都表现出这种在两个极端之间处于中道的状态。我们的感官不能查觉任何极端：声音过响令人耳聋，光亮过强令人目眩，距离过远或过近有碍视线，言论过长或过短反而模糊了论点，真理过多使人惊惶失措……"[10] 毫不奇怪，帕斯卡从对视觉以及泛而言之的知觉的思考转向了话语的秩序，因为确切地说，语言学已经取代哲学成为更受青睐的模式。这里所要描述的不是心灵的某种机能，无论是意识还是认知，而是语言中固有的潜能。因为沿着纵向聚合和横向组合的坐

---

[10]　Blaise Pascal, *Pensées*, ed. Louis Lafuma (Paris: Éditions l'Intégrale, 1963), Pensée 199, p. 527.（原文为法文，中译引自帕斯卡尔：《思想录》，何兆武译，商务印书馆 1986 年版，第 32 页。——译者注）

标轴建立起的这样一个替代系统，在损失和收益的经济中产生了部分的总体化，这确实是一个非常熟悉的模式——这也解释了为何这段话相较于前面和后面的内容显得更容易把握。它是一种表现为转义系统的话语模式。在有所保留和限制的情况下，对崇高者的理想表达出现在这样一种纯形式的系统之中。然而，很快我们就会发现，只有在这样一种系统的界限之内，也就是说只有作为纯粹的话语而非心灵的机能，崇高者才是可以设想的。当崇高者被转换（translated）回来时，也就是说从语言回到认知，从形式化描述回到哲学论证，它就失去了一切内在的连贯性，并陷入了智性表象和感性表象的两难困境（aporias）之中。可以确定的是，即便在语言的范围内，崇高者也只能作为一种单一的、特定的观点出现，它俨然一种能同时避免过度总括和过度把握的庇护所，而且这个庇护所只是在形式上规定的而非先验地规定的。不能将崇高者确立为哲学（先验的或形而上学的）原则，而只能确立为语言学原则。因此，论数学的崇高者的部分不能以令人满意的方式画上句号，它需要关于力学的崇高者的续篇。

根据四艺 [11] 的原则，数—广延系统的进一步延伸应该是运动，我们本可以期待一种动力学的（kinetic）崇高者而非力学的（dynamic）崇高者。但是有些出人意表的是，崇高者的动力学问

---

[11]　quadrivium，指"自由七艺"（liberal arts）中的后四艺"算数、几何、天文、音乐"；前三艺"语法、修辞、逻辑"则被称为 trivium。亦可阅览沃明斯基的"导论"中的描述，参见本书第30—31页。德曼在这里的言下之意是，后四艺中的"算术"、"几何"、"天文"的主题分别是"数"、"广延"、"运动"，既然已经有了数—广延系统，那么自然可以期待进一步研究运动的动力学。——译者注

题旋即便被视作**威力**（*power*）[12] 的问题：第 28 节（关于崇高者的力学）的第一个词就是 Macht（威力）（第 184 页；第 99 页；第 87 页），紧接着是 Gewalt（强制力）一词，以及这样一个论断：强制力是克服威力之间的相互抵抗的唯一手段。物体的动力学[13] 方法，是从数到运动的转换的经典方法，例如开普勒对天体在重力加速度作用下的运动的研究。重力也可以被视为一种催生运动的力，诚如华兹华斯的这句诗所言："她如如不动，身不着力"[14]；从动力学的崇高者到力学的崇高者的过渡，也可以用数学和物理学的概念来处理。但康德没有继续这一思路，转而在攻击、战斗和恐惧等准经验的意义上引入了威力（might）的概念。自然的崇高和审美的崇高之间的关系被视作一场战斗，在这场战斗中，心灵的能力必须以某种方式战胜自然的力量。[15]

将数学的崇高模式（数—广延系统）扩展为力学的崇高模式（数—运动系统）的必要性，以及将运动解释为经验性的威力的必要性，在崇高者的分析论中都没有得到过哲学上的解释，也无法通过纯粹的历史原因来解释——尤其是第二种必要性（将威力经验化为强制力和战斗）。解释这种必要性的唯一方法是对语言

---

[12] 康德在《判断力批判》论崇高的章节中使用的 Macht 一词，J. H. Bernard 和 Werner Pluhar 均译作 might，李秋零译作"威力"，邓晓芒译作"强力"。德曼既使用英译本 might 的译法，又经常自己用 power 来对译，在这里的语境中，我们一并统一译作"威力"。——译者注

[13] 康德的《自然科学的形而上学基础》即分为"运动学"、"动力学"、"力学"、"现象学"四个部分。——译者注

[14] 原文为"no motion has she now, no force"，出自华兹华斯《浮生一梦百事休》（*A slumber did my spirit seal*）一诗。下文还会再次提及此诗，兹摘录全诗如下：A slumber did my spirit seal;/ I had no human fears:/She seem'd a thing that could not feel/The touch of earthly years.//No motion has she now, no force;/She neither hears nor sees, /Roll'd round in earth's diurnal course,/With rocks and stones and trees! (William Wordsworth, et al., *Lyrical Ballads: 1798 and 1800. Broadview Edition*, Peterborough, Ont.: Broadview Press, 2008, p. 318)——译者注

[15] 这段话跟《康德的唯物论》中的一段内容基本一致，参见本书第 205—206 页。——译者注

模式的扩展，也就是让语言模式超越其作为转义系统的定义。转义解释了崇高的发生，但如我们所见，是以一种限制性的、片面的方式，以至于我们不能期望崇高者的系统在其狭窄的边界内保持静止。从转义的伪认知出发，语言必须扩展到述行活动，在奥斯汀（Austin）的提醒之前，我们就已经知道语言的这种能力了。从数学的崇高者到力学的崇高者的过渡——这个过渡在文本中明显缺乏正当性（第 28 节非常突兀地以"威力"［Macht］一词开始）——标志着转义领域的饱和，因为语言摆脱了它的限制，在自身内部发现了一种不再受认知限制的力量。因而，文本在这一点上引入了道德概念，然而是在实践层面而非纯粹理性层面。纯粹理性和实践理性之间的衔接——第三《批判》存在的理由——发生在将语言作为一种述行系统和转义系统的扩大化的定义中。因此，在《判断力批判》的核心地带，存在着一种深层的、或许是致命的断裂或者说不连贯性。它依赖于一种先验哲学的力量触不可及的语言结构（语言既是一种述行系统，又是一种认知系统）。我们还应该立即补充，对形而上学或意识形态的力量而言，这种语言结构同样是触不可及的，这二者本身就是知识的前批判阶段。那么我们的问题是，当崇高者的困境不再像数学的崇高者及其随之而来的一般定义那样被表述为明确的悖论，而是被表述为对不相容的事物表面上平静的——因为完全是未经反思的——并置时，文本中的这种中断、脱节是否会变得明显，如果是的话，是在哪里变得明显的？这样的时刻出现在崇高者的分析论结尾处的总附释或重述（第 29 节）中。

关于崇高者的力学的这一章，似乎是在数学的崇高者中遇到的诸多困难的另一个版本，而不是其进一步的发展，更不是其解决方案。除了引入很难用认识论或审美术语解释的道德维度外，本章与前文的考察最大的不同在于，它聚焦于情感（affect）而非理性（就像在数学的崇高者中）或知性（就像在美者的分析论中）。想象力的优越性被保留了下来，它与理性的关系问题也被保留了下来，但理性与想象力的这种辩证关系现在以情感、情绪（moods）和感受（feelings）为中介，而非以理性原则为中介。这种变化带来的不是对崇高者的原则的转化，而是重述和完善。"总附释"开头所给出的简明扼要的定义——我们之前引述过它——得益于对情绪和情感的提及，但这些定义实质上与之前段落中出现的类似的发展别无二致。就其可控的集中程度而言，它们在本质上也没有比之前的表述更清晰。[16]

这一章还略显突兀地提醒我们，在判断力的先验美学[17]中，对于自然中容易产生崇高效果的对象，必须以一种根本上非目的论的方式加以考量，完全摆脱心灵可能在其中发现的任何目的或兴趣。康德补充说他曾提醒过读者注意这一必要性（第96页），但不清楚他具体指的是哪一段话。在美者的分析论的开头，康德在质的模式下以理想的清晰性首次提出了作为其全部事业之基础的一般原则，在此他在某种程度上重申了这一原则（第116页；第38页；第33—34页）。然而，这一次康德将无利害的原则具

---

[16] 以下7页（第130—136页）与《康德的唯物论》中的部分内容多有重合，参见本书第213—216页。——译者注

[17] 这里的"先验美学"，德文为 transzendentalen Ästhetik，语出"总附释"中的这句话："daß in der transzendentalen Ästhetik der Urteilskraft lediglich von reinen ästhetischen Urteilen die Rede sein müsse"，李秋零和邓晓芒都将之译作"先验美学"，在《纯粹理性批判》中则被译作"先验感性论"。——译者注

体地与自然中的对象联系起来，并举了两种景象为例："因此，人们如果把繁星密布的天空称为**崇高的**，那么，就不得把这样一些世界的概念作为对它的评判的基础，这些世界被有理性的存在者居住着，而现在我们看到布满我们头上的空间的那些亮点，作为它们的太阳在对它们来说安排得很合目的的圆周上运动着；而是仅仅像人们看到它的那样（wie man ihn sieht），把它视为一个包容一切的穹隆（ein weites Gewölbe）；我们必须仅仅在这个表象下来设定一个纯粹的审美判断赋予这个对象的那种崇高。同样，海洋的景象也不像我们在充实了各种各样的知识（但这些知识并不包含在直接的直观中）的时候所**设想**的那样；例如把它设想成一个辽阔的水生物王国，或者是一个巨大的水库，为的是蒸发水分，让空中充满云雾以利于田地，或者也是一种契机，它虽然把各大陆互相隔离开来，但仍使它们之间的最大的共联性成为可能，因为这所提供的全然是目的论的判断；相反，人们仅仅必须像诗人们所做的那样（wie die Dichter es tun），按照亲眼目睹所显示的（was der Augenschein zeigt），在海洋平静地被观赏时把它视为一面仅仅与天际相连的清澈水镜，但在它不平静时则把它视为一个威胁着要吞噬一切的深渊，但却仍然是崇高的。"（第 196 页；第 110—111 页；第 96—97 页。）

这段话在诸多方面都颇为引人瞩目，比如它预示了很快就会在浪漫派诗人的作品中出现的类似段落，并且在许多情况下，这样的段落已经出现在了他们的 18 世纪前辈那里。但是将这段话与其所描述的象征性景象区分开来，与指出它们之间的相似性一样有必要。在康德的这段话中，支配性的感知方式是把天空与海洋视为一种建筑结构。天似穹庐，笼盖四野，犹如屋顶覆盖着房子。空间，在康德这里就像在亚里士多德那里一样，是一幢房子，只有在这幢房子之中，我们才谈得上或多或少安全地、诗意地栖居于大地之上。这也是感知大海的方式，或者按照康德的说法，是诗人感知大海的方式：大海广袤无垠的海平面就像被地平线以及从天空垂下的幕墙包围着的地板，它们闭合并界定了建筑物。

人们可能要问，那些以建筑术而非目的论的方式感知世界的诗人都是些谁？建筑术又是如何与目的论相对立的？我们如何理解 Augenschein 这个词与其他感性显现的暗示——它们在定义或描述崇高者的尝试中比比皆是——之间的关系？说出这段话排除了什么、与其他段落有何不同，要比说出它是什么更为容易，但这很可能与康德对想象力首要的**消极**模式的坚持相一致（第195—196 页；第 109 页；第 95 页）。当然，在我们的传统中，我们认为第一个有类似直观的诗人是华兹华斯，他在《序曲》中摸鸟巢的那一节，用令人惊叹的诗句唤起了对眩晕以及绝对恐惧的体验："天空不像是大地的 / 天空——飞纵的云朵多么迅捷！"[18] 在这里，天空最初也被设想为庇护我们的屋顶或穹庐，将我们锚定在世界上，立于天空**之下**、地平面之上，我们凭借自身的重力安然地稳定下来。但是，如果天空与大地突然分离，用华兹华斯的话来说，如果天空不再是大地**的**天空，我们就会失去所有的稳定感，开始朝天空坠落，也就是说，摆脱了重力。

康德的这段话则**不然**，因为天空并没有以任何与庇护相关联的方式出现在其中。用海德格尔的话来说，它并非我们能够栖居

---

[18]　中译转引自威廉·华兹华斯：《序曲或一位诗人心灵的成长》，丁宏译，中国对外翻译出版公司 1999 年版，第 13 页，略有修改。——译者注

（wohnen）于其中的构造。在《逻辑学》中一个不太知名的段落中，康德说："野蛮人看到远处的一座房子，却不知道它的用途，他在自身的表象中所具有的，和另一个明确知道房子是为人们设置的住宅的人所具有的，正是同一客体。然而从形式方面看，同一客体的知识在这两者中是有区别的。在野蛮人那里，这种知识是**单纯的直观**（ *bloße Anschauung* ），而在另一个人那里则同时是**直观和概念**。"[19] 将天空视为穹庐的诗人显然更像野蛮人，而不像华兹华斯。诗人不先于栖居而看，而是仅仅去看。他不是为了寻求庇护而看，因为没有任何迹象表明他受到了任何形式的威胁，更不用说受到了风暴的威胁——因为他被指出始终安全地待在岸边。观看和栖居，即 sehen 和 wohnen 之间的联系是目的论的，因而在纯粹的审美视野中是不在场的。

82

　　提到华兹华斯，我们还会想到《廷腾寺》中的名句：

　　　　……我感到
　　　　仿佛有灵物，以崇高肃穆的欢愉
　　　　把我惊动；我还庄严地感到
　　　　仿佛有某种流贯深远的素质，
　　　　栖居于日落的光辉，浑圆的碧海，
　　　　蓝天，大气，也栖居于人类的心灵……[20]

　　浑圆的碧海的崇高，以及犹如巨大穹顶的地平线，都特别能

[19]　Kant, *Logik*, in *Werkausgabe*, 6:457.（中译转引自康德：《逻辑学讲义》，许景行译，商务印书馆 2010 年版，第 32 页。——译者注）

[20]　中译转引自华兹华斯、科尔律治：《华兹华斯、科尔律治诗选》，杨德豫译，人民文学出版社 2001 年版，第 131 页，略有改动。——译者注

让人想起康德的那段话。但这两种对崇高的自然的呼唤很快就有了分歧。华兹华斯的崇高是心灵与自然之间持续交流的一个例子，是感性世界和智性世界之间属性的交错（chiasmic）转移的一个例子，这也是华兹华斯的比喻措辞的特点，这一点在随后的几行诗中得到了明确的主题化呈现："仿佛是一种动力，一种精神，/ 在宇宙万物中运行不息，推动着 / 一切思维的主体、思维的对象 / 和谐地运转。"[21] 康德的海洋和天空的视野无涉心灵。任何心灵、判断的介入都是不当的，因为在这里天空不是穹顶，地平线也不像建筑的墙壁那样包围着海洋。这就是事物在其显现对于眼睛而非心灵而言的冗余中呈现给眼睛的方式，这种冗余就像在 Augenschein——应该在与黑格尔的 Ideenschein 即理念的感性显现相对立的意义上来理解——这个词中一样，眼睛在其中被同义反复地命名了两次，一次是眼睛本身，一次是显现给眼睛的东西。[22]

康德的建筑世界并非从变动不居的世界到坚固的石头的变形，他的建筑也不是替代现实的实体的转义或者象征。作为建筑的天空和海洋是先天的，先于任何理解，先于任何让华兹华斯得以在《序曲》第 5 卷中谈论自然的"会说话的面孔"[23] 的交换或拟人化（anthropomorphism）。在康德扁平的第三人称世界中，没有言说的空间。因此，很难就字面意义来谈论康德的视野，这意味着它可能经由判断行为而比喻化或象征化了。唯一能想到的词是

---

[21] 中译转引自华兹华斯、科尔律治：《华兹华斯、科尔律治诗选》，杨德豫译，人民文学出版社 2001 年版，第 131 页，略有修改。——译者注

[22] Augenschein 由 Auge（眼睛）和 Schein（光、外观）复合而成，Schein 在现代哲学中常指"幻象"、"假象"、"显象"等含义，所以德曼将其称为"显现给眼睛的东西"。——译者注

[23] "我们的心灵面对 / 天与地会说话的面孔，拜认了她的 / 最初的教师，她与自然的交流 / 全靠那至圣的智者"，参见《序曲或一位诗人心灵的成长》，第 101 页，译文略有修改。——译者注

物质性视野（*material* vision），但如何在语言学的术语层面来理解这种物质性，尚未可知。

不在转义或比喻的行列，自然界的纯粹审美视野与太阳绝无关系。它不像海德格尔的 Lichtung[24] 的去-蔽（a-letheia）那样，能够突然发现一个揭示意义上的真实世界。这不是一个太阳的世界，我们被明确地告知，不要把星星视作像太阳那样"在圆周上运动"。我们也不应该把它们视为马拉美的《骰子一掷》中在末日的尽头幸存下来的那种星座。[25] 海面的"镜子"是一面没有深度的镜子，至少是一面能反映星座的镜子。在这种观看模式中，眼睛是自为的，而非太阳的镜面反射。大海被称作一面镜子，不是因为它能反映任何东西，而是为了强调一种没有任何深度的平面性。以同样的方式、在相同的程度上，这种视野纯粹是物质性的，没有任何反思的抑或智性上的复杂性；它也是纯形式的，没有任何语义上的深度，并且能够还原为纯光学的形式上的数学化或几何化。在康德这里，审美批判最终走向了一种形式上的唯物论（formal materialism），这种形式上的唯物论与所有关于审美经验的价值和特征都背道而驰，包括康德和黑格尔自己所描述的美者和崇高者的审美经验。正如席勒等近乎同时代的思想家所表现出来的那样，以往的康德和黑格尔的阐释传统只看到了想象力理论比喻性的一面，也可以说是"浪漫的"一面，而完全忽视了我们所谓的物质性的一面。这种阐释传统也未能理解，在这个错综复杂的过程中，形式化（formalization）的地位和功能。

完全不受目的论干扰的关于天空和世界的视野，在这里被视

为一种纯粹崇高的和审美的视野，这与之前从 24 节到 29 节的所有定义和分析截然对立。然而，在同属于"审美判断力的批判"部分的那个凝练的定义中，[26] 重点却落在了作为具体的理念之展示（Darstellung von Ideen）的崇高上。就像华兹华斯《廷腾寺》中的那几句诗那样，物理运动、情感活动以及实践的道德判断的衔接，必须将自然和智性的要素囊括在单一的统一原则之下，比如说崇高者。康德从一开始就如此强调崇高者存在于人的心灵之中（Gemütsbestimmungen［心灵情调］）而非自然对象之中，以至于论证的重心不在于强调崇高者纯粹内在的、本体的（noumenal）自然，而在于需要解释崇高者何以会作为外在的、现象的显现而出场。这能以任何方式与在论证过程中突然引入的——就好像是事后的想法一样——崇高视野彻底的物质性相调和吗？我们如何调和理念的具体展示与纯视觉的视野，即 Darstellung von Ideen 与 Augenschein？

崇高者的分析论（就像美者的分析论一样）始终基于一种机能理论，在崇高者的力学中，这种机能理论与道德情感理论结合在一起。"对自然的崇高者的情感，没有心灵的一种类似于**道德情感的情调**与之相结合，是无法设想的。"（第 194 页；第 109 页；第 95 页；强调处是我加的）在美者的情况中，这种道德成分同样在场，尽管是以一种更为克制的形式。它显现为审美愉悦相较于感官愉悦的自主性，显现为一种自由的形式，进而——在道德总是与自由联系在一起的康德体系中——显现为一种潜在的道德判断的形式。但在崇高者的情况中，与道德的联系就要明确

---

[26] 指"人们可以这样来描述崇高者：它是一个（自然的）对象，**其表象规定着心灵去设想作为理念之展示的自然的不可及。**"参见李秋零译本第 94 页。——译者注

得多，因为道德在这里不是作为游戏，而是作为"合法的**事务**"（gesetzliches *Geschäft*）参与其中。阻止崇高者完全落入道德阵营的唯一限制在于，崇高者所涉及的机能不是理性，或者至少不是理性的无中介的显现，而是想象力，崇高者由本身作为理性工具的想象力呈现出来。在艰辛又务实的道德世界中，即使是自由游戏的想象力也变成了劳动工具。想象力的任务及其劳作，恰恰是为了将理性的抽象还原为显象（appearances）[27]和图象（images）的现象世界，这些显象和图象的在场被保留在了德语想象力一词中，Einbildungskraft 中有 Bild[28]。

---

[27] appearance 这个词一般对应德文中的 Erscheinung 或 Schein。在现代哲学中，Phänomen、Erscheinung、Schein 是三个密切相关的概念。在康德哲学中，这几个词虽然语义接近但已经有了明显的区分：在《纯粹理性批判》中，Phänomen 一般相对于 Noumena（本体）而言，Erscheinung 则相对于 Dinge an sich（物自体）而言。Erscheinung 指经验性的直观未被规定的对象，包括两种感性直观形式和与感觉相应的质料；Erscheinung 经过范畴的思考、整理之后便成为了 Phänomen；Schein 指感性对知性的误导意义上的幻象，主要涉及在知性判断中把主观根据视为客观根据所产生的幻象，以及扎根于纯粹理性、不可避免的三种先验幻象。在现象学中，胡塞尔指出 Phänomen 可以区分出 das Erscheinen（显现活动）和 das Erscheinende（显现者）两层含义，对应于 noesis（意识活动）和 noema（意识对象）的区分。后来海德格尔则在此基础上对 Phänomen 和 Erscheinung 作出了更明确的澄清，在《存在与时间》第 7 节，海德格尔考证了 Phänomen 源出于希腊语的始源含义，即一种直接性的自身显现（sich zeigen）、就其自身显现自身者（das Sich-an-ihm-selbst-zeigende）；自身不显现的东西通过 Phänomen 而得以间接地显现出来便是 Erscheinung，它只有根据 Phänomen 才是可能的，Phänomen 绝不是 Erscheinung，但任何 Erscheinung 都提示出 Phänomen；Schein 同样奠基于 Phänomen，但它只是看上去像是而实际上不是，因而是假象意义上的 Phänomen。黑格尔基本是在日常的"现象"、"显现"等意义上使用 Erscheinung 和 Schein，他并未对其作出术语上的明确区分，这两个词在黑格尔的文本中往往是可以互换的，但黑格尔是在相较于康德、海德格尔更加积极的意义上使用它们的。黑格尔认为理念不能停留在空洞的、没有内容的抽象物的层面，而是需要将自己外在地实现出来、走向显现活动，要"将自身带入显现"（Sich-zur Erscheinung-Bringen）。理念并不显示其本质中没有的东西，作为"理念的感性显现"（das sinnliche Scheinen der Idee）的美，Schein 还有 Bild（图象）、Reflex（映象）、Abbild（摹象）都是理念本身不同的显现方式。在汉语学界，这几个词的翻译众说纷纭，但基本上都是借助于"像"、"象"、"相"等几个同音异义的汉字。本书权且将 Phänomen 统一译为"现象"，将德曼用作 Erscheinung、Schein 英译的 appearance、manifestation 根据语境译为"显现"或"显象"。——译者注

[28] 德语中表示想象力的 Einbildungskraft 一词其词根为 Bild，Bild 在日常德语中（转下页）

关于理念的这种"道成肉身"（incarnation）为何是不可避免的，有多种解释。首先，它是一种必然伴随着我们的堕落状况的准神学的必然性。尽管对审美判断和审美活动的需求定义了人，但这种需求表现出来的却是一种缺陷、一种诅咒，而非过剩的能力和创造力。"如果我们是纯然的理智（或者只是在思想上把我们置入这种性质之中）的话"（第 197 页；第 111 页；第 97 页），就不会再有这种需求了。审美（或者更准确地说，作为我们内在缺陷之症候的审美）的内在劣势在道德判断方面变得清晰可见。道德和审美都是无利害的（disinterested），但这种无利害性（disinterestedness）在审美表象中必然会受到污染：道德判断和审美判断通过其无利害性而获得的说服力，就审美而言，必然与被赋予积极价值的感性经验联系在一起。审美的道德教训必须通过诱人的手段来传达，正如我们所知，这种诱人的手段可以走得如此之远，远到足以让阅读《康德与萨德》[29] 变成一种必要而非相反。我们能产生的只是想象力之美，而不是纯然的理智之美。这是如何发生的，是一个关键而困难的段落所要探讨的对象（第 195 页；第 109 页；第 95—96 页）。这段话详细描述了想象力与

（接上页）最基本的含义是"图象"、"形象"，由此衍生出"景象"、"印象"等一系列含义，其动词化形式的 bilden 表示"构形"、"形成"、"制作"等含义。除了 Einbildungskraft 之外，还有许多重要的词汇都是基于 Bild 变化而来的，比如 Bildung（教化）、Urbild（原型）、Abbild（摹象）、Vorbild（范本）等等。喜欢进行词源考释的海德格尔围绕这个词及其变形展开诸多精彩的阐释和演绎，参见《康德与形而上学疑难》中的第 19—23 节，以及《世界图像的时代》、《柏拉图的真理学说》等文；还可参阅伽达默尔《真理与方法》中"教化"、"图象的存在意义"（Die Seinsvalenz des Bildes）等章节。综合与其有家族相似性的一系列词汇来看，将 Bild 译为"象"在语义上相对更为妥帖，但考虑到上下文的语境以及行文的流畅，本书中还是将 Bild 及其对应的英文 image 译为"图象"。——译者注

[29]　Jacques Lacan, "Kant avec Sade", *Critique* (no.191, April 1963). 拉康曾打算将这篇文章用作萨德《闺房中的哲学》（*La Philosophie dans le Boudoir*）一书的序言。——译者注

理性的衔接，也就是康德在早期阶段所一厢情愿地承诺的，理性与想象力之间那种假定的"和谐"关系。

这段话介绍了从震惊的惊异（Verwunderung）到平静的赞赏（Bewunderung）的过渡，[30] 在几页之后，这种过渡会被定义为对两种情绪或情感的调和。崇高的最初效果，即突然遇到巨大的自然实体，如暴雨、深渊和高耸入云的山脉，是一种震惊，或者按照康德的说法，是近乎惊恐的惊异（Verwunderung, die an Schreck grenzt）。通过游戏，一种想象力的把戏，这种惊恐被转化为平静的优越感，即一个人对某物或某人的赞赏；他可以平静地表达这种赞赏，是因为他自己的优越感没有受到真正的质疑。一个人把他人想得越好，他就会把自己也想得越好。通过对他人价值的认可来确认自己的价值，由此获得的平和心境是多么令人羡慕！道德上的高贵是自我最好的强心剂——尽管康德还没有盲目到不清楚在隐秘的惊恐中为此所要付出的代价。

康德并不总是认为赞赏的宁静（serenity）、情绪消散之后的平静（tranquillity）是最高的品质。在 1764 年关于崇高者和美者的前批判时期的文章中[31]，康德独断地指出，要断然拒斥黏液质的人，因为他们与美或崇高简直风马牛不相及。黏液质的人被说成是全然无趣的。在关于民族特性的刻板印象中，与黏液质相对应的是荷兰人，他们被描述为黏液质的德意志人，只对最沉闷的商业和赚钱活动感兴趣。我从未对弗兰德的安特卫普和荷兰的鹿特

85

---

[30] 李秋零时而把 Verwunderung 译为"惊奇"（第 99 页："如果这些事物所激起的不仅是**惊奇**"），时而又译为"惊赞"（第 96 页："近乎恐惧的惊赞"），前后不一且与 Bewunderung 的译名相混淆。本文中采取邓晓芒的译法，将 Verwunderung 译为"惊异"，Bewunderung 译为"赞赏"。——译者注

[31] Kant, *Betrachtungen über das Gefühl des Schönen und Erhabenen*, in *Werkausgabe*, 2:875.

丹之间的五十多公里距离感到如此庆幸过。女性被视为慵懒和被动的，与男性的活力形成了强烈的反差，康德的早期文本中这些类似的描述让人难以卒读。然而，到了《判断力批判》时期，情况发生了很大的改观。"但是（这看起来令人奇怪），就连一个顽强地执著于自己那些不变原理的心灵的**无激情**（apatheia, phlegma in significatu bono［冷漠、褒义的迟钝］），也是崇高的，确切地说以高级得多的方式是崇高的，因为它同时在自己那方面拥有纯粹理性的愉悦。"（第199页；第113页；第98页）由此获得的平静拥有高贵这一谓词，或者说一种道德上高贵的心灵状态，它随即被暗中转移到了诸如"建筑、一件衣服、行文风格、仪表等"对象和事物上。那么，想象力是如何获得这种褪去激情的高贵、这种宁静的高贵的呢？[32]

答案是通过一种本质上消极的方式，这在哲学上对应于将想象力从形而上学的（因此也是意识形态的）原则提升到先验的（因此也是批判的）原则。只要想象力被视为经验性的机能（值得注意的是，在晚期康德那里，这种经验性时刻的在场是心灵之形而上学维度的特征），它就是自由游戏的，是某种更接近于当时在英文中被称为"fancy"而非"imagination"的东西。通过牺牲、放弃这种自由，在第一个震惊的——但又是令人愉悦的惊异——消极时刻，想象力与理性结盟。为什么会是这样，现在还不清楚；在情感方面，想象力克服了来自自然的直接威胁，重新夺回了对自然的控制权和优越感。在直面自然的力量和威力时，想象力自由的、经验性的反应就是沉溺于、纵情于这种巨大的惊

---

[32] 本段的部分内容与《康德的唯物论》较为相近，参见本书第209—211页。——译者注

恐。驯服这种因为是想象出来的所以是令人愉悦的惊恐——始终
假设观看者没有受到直接的威胁，或者至少通过反思性的契机而
游离于直接的威胁之外——并满足于在平静的优越感中感受到
的愉悦，就是让想象力臣服于理性的力量。确立心灵对自然之优
越性的机能是理性，而且唯有理性；想象力的安全感有赖于实际
的、经验性的、有形的吸引力，当它们的情境具有威胁性时，想
象力会摆向惊恐，摆向自由臣服于自然的感觉。然而，既然想象
力在对崇高者的经验中获得了平静，它就臣服于理性，通过自由
地牺牲其自然的自由以换取更高的理性自由，从而获得最高程度
的自由。康德说："由此，它获得了一种扩展和威力，这威力比
它牺牲掉的威力更大。"（第 195 页；第 109 页；第 95—96 页）经
验性自由的丧失，意味着以理性原则和先验原则为特征的批判性
自由的获得。想象力以经验性自然为代价取代了理性，通过这种
反自然或非自然的行为，想象力征服了自然。

　　崇高者的目标在这个迂回曲折的情节中得以实现。想象力克
服了痛苦，变得无激情，并摆脱了自然的冲击所带来的不快。想
象力调和了愉快与不快，在此过程中，它作为中介物将情感的波
动与立法的、规范的、形式的、稳定的理性秩序衔接起来。想象
力不是自然（因为处于平静状态的想象力要比自然更为强大有
力），但不同于理性，想象力从未完全断绝与自然的联系。想象
力没有理念化到变成纯粹理性的程度，因为它对自己现实的困
境或实际的策略一无所知，它仍然是纯然的情感而非认知。在
与自然的关系中，想象力在与理性的不适合（Unangemessenheit）
的基础上，又变得与同一个理性相适合（angemessen）。"审美
判断力把自己提升到与理性相适合（zur Angemessenheit mit der

86

Vernunft)（但无须一个确定的理念概念）的这种反思，甚至通过想象力即便在其最大的扩展中也对理性（作为理念的能力）在客观上有其不适合性（Unangemessenheit der Einbildungskraft ... für die Vernunft)，仍然把对象表现为主观上合目的的"（第 195—196 页；第 109—110 页；第 96 页），由此我们还可补充说，表现为既与理性相关又与实践判断相关。

　　无论这个最终的表述听起来是多么复杂，我们都可以通过考察通往它的道路来澄清它，并使之具有说服力。这条道路并不陌生。纵使像我给出的这个释义这般寻章摘句，仍然需要表明，我们所处理的并非严密的分析论证（譬如我们在一开始区分先验原则和形而上学原则时即是如此）。我们在这里所得到的东西少了些高高在上，但却多了些平易近人。一方面，它是一个故事，是一个心灵活动的戏剧化场景，而不是一种论证。理性和想象的机能被人格化或者说拟人化了，就像狄德罗在《论聋哑者书信集》中滑稽地上演的五种争吵能力一样，[33] 而它们之间的关系则以虚拟的人际关系术语来陈述。从分析的角度来看，为了理性的缘故，想象力就像安提戈涅（Antigone）或伊菲革涅亚（Iphigenia）那样——因为人们只能把这种精明的、令人钦佩的想象力想象为悲剧中的女主角——牺牲了自己，这可能意味着什么？所有这些使想象力能够通过牺牲激情的方式来实现无激情、克服激情的英雄主义以及机敏有着什么样的地位？机能——作为一种本身没有任何实在性的启示性假设（只有那些读了太多的 18 世纪心理学和哲学的人才会相信，自己就像拥有蓝眼睛或大鼻子那样拥有想

---

[33]　Denis Diderot, *Lettre sur les sourds et les muets*, in *Œuvres complètes*, ed. Roger Lewinter (Paris: Le Club français du livre, 1969—1973), 2:573—574.

象力或理性）——是如何被称作**行为**甚至是自由行为的，就好像
机能就是有意识的、完整的人一样？我们显然不是在处理思想范
畴，而是在处理转义，康德告诉我们的故事是一个讽寓故事。从
内容上来讲，这个故事并没有什么不同寻常之处。它是一个关于
交换和谈判的故事，在谈判的过程中，力量在牺牲和恢复的经济
中经历了失而复得。这也是一个关于反作用力的故事，自然和理
性、想象力和自然、平静和震惊、适合（Angemessenheit）和不
适合，经历了分离、斗争，最后统一于或多或少稳定的和谐状态
中，实现了在行动开始时所缺失的综合和总体化。这种人格化的
意识场景不难辨认：它们实际上不是对思想功能的描述，而是对
转义的转化（tropological transformations）的描述。它们不受心灵
法则的支配，而是受比喻语言的法则的支配。这是我们第二次
（第一次是在数学的崇高者中的把握和总括的相互作用中）在这
个文本中遇到这样的段落：它伪装成了哲学论证，但实际上是由
超出作者掌控范围的语言结构所规定的。转义语言的这种入侵之
所以格外引人瞩目，是因为它挨着关于视野的物质性建筑术的段
落出现，近乎与之并列，是因为它出现在对天空和海洋的诗性召
唤中，但它与此完全不相容。

　　我们目前面对着两种截然不同的建筑术概念（在康德的文
本中，这个概念就是这么称呼的）。正如我们所看到的，在康
德那里，将自然视为建筑物的这种建筑术视野断然不是转义性
的，而是完全物质性的，它完全不同于那种诸机能之间或者心
灵和自然之间的替代和交换。正是这样的替代和交换构成了华
兹华斯式的崇高或浪漫主义的崇高。但康德有时也会用一种完
全不同的表述对建筑术进行定义（尽管不是在《判断力批判》

中），这种表述更接近于我们刚才读到的"机能的讽寓"和"恢复平静的故事"，也更接近于温克尔曼新古典主义的"高贵的单纯"（edle Einfalt）和"静穆的伟大"（stille Größe）。在《纯粹理性批判》末尾题为"纯粹理性的建筑术"的一章中，建筑术被定义为各种系统的有机统一，"杂多知识在一个理念之下的统一性"，康德对这种统一性倍加青睐，对那种缺乏 esprit de système（系统精神）的单纯猜测的"狂想曲"则嗤之以鼻。这种统一性是以有机的方式来设想的，这一点可以从反复出现的身体隐喻中看出来。在身体隐喻中，统一性被构想由各个肢体和部位（Glieder，在其所有含义中均有组成部分的意思，比如在合成词 Gliedermann——克莱斯特的《论木偶戏》[34] 中的木偶——中就是如此）组成的总体。康德说："整体就是节节相连的（articulatio, gegliedert），而不是堆积起来的（coacervatio, gehäuft）；它虽然可以从内部（per intus susceptionem）生长起来，但不能从外部（per appositionem）来增加，正如一个动物的身体，它的生长并不增添任何肢体（Glieder），而是不改变比例地使每个肢体都更强更得力地适合于它的目的。"[35] 我们会想知道，当这种亚里士多德式的、动物形态的（zoomorphic）建筑术，在第三《批判》关于天空和海洋的那个段落中被放在非目的论的审美视角下来考量时，会变成什么。首先，它并不意味着狂想曲中建筑术的崩溃、建筑物的解体；在诗人看来，大海和天空比任何时候都更像是建筑物。但它们是否仍旧会节节相连（gegliedert），则不再是完全确

---

[34]　Heinrich von Kleist, "Über das Marionettentheater", in *Sämtliche Werke*, vol. 11/7.——译者注

[35]　Kant, *Kritik der reinen Vernunft*, in *Werkausgabe*, 4:696.（此处中译援引康德：《纯粹理性批判》，邓晓芒译，人民出版社 2004 年版，第 629 页。——译者注）

定的。在短暂驻足于天空和海洋的审美视野之后，康德又暂时将目光转向了人的身体："关于人的形象中的崇高者和美者，可以说同样的话，在这里，我们并不回顾他的所有肢体**为之**存在的（wozu alle seine Gliedmaßen da sind）那些目的的概念，把它们当作判断的规定根据，而且必须不让与那些目的的一致**影响**我们的审美判断（那样的话就不再是纯粹的审美判断了）……"（第197 页；第 111 页；第 97 页）简而言之，我们必须就其自身来考虑我们的四肢、手、脚趾、胸脯或蒙田愉快地称为 "Monsieur ma partie" [36] 的东西，它们是从身体的有机统一体中割裂而来的，就像诗人观看大海的方式是将大海与其地理位置割裂开来一样。换句话说，我们必须以一种更接近克莱斯特而非温克尔曼的方式肢解（disarticulate）、毁坏身体，尽管这会让我们逼近他们横死的结局。[37] 我们必须像原始人看待房子那样看待我们的四肢，完全脱离任何目的或用途。我们已经从审美的现象性（它始终基于心灵对其物理对象的适合，基于在崇高者的定义中所谓的理念的具体展示——Darstellung der Ideen），转移到了 Augenschein 的纯粹物质性、审美视野的纯粹物质性。从《纯粹理性批判》中仍被断言为建筑术原则的有机体，到对具身化理念（incarnate ideas）的现象的、理性的认知（被树立为 19 世纪和 20 世纪康德阐释的典范），在最后的分析中，我们抵达了在第三《批判》的接受传统中很少

---

[36] 该表述出自《蒙田随笔》"想象的力量"一章（Michel de Montaigne, *Essais tome I*, Paris: Folio-Gallimard, 1965, p.169）。直译即"我的部分先生"，梁宗岱先生译作"我的主顾先生"，并附译注："指雇用'我'为它辩护的生殖器官"（《蒙田随笔》，梁宗岱、黄建华译，人民文学出版社 2005 年版，第 76 页）。——译者注

[37] 温克尔曼 1768 年死于意大利的里雅斯特，在其下榻的旅馆内被人谋杀，时年 50 岁；1811 年在波茨坦附近的小万湖畔，克莱斯特先射杀了罹患绝症的女伴然后自杀，死时年仅 33 岁。——译者注

或从未被觉察到的唯物论（materialism）。为了理解这一结论的全
部影响，我们必须记住，第三《批判》的整个工程对审美的全部投
入，就是为了实现这样一种衔接（articulation）：它能够保证体
系的建筑术的统一性。如果在非常接近审美分析论结尾的地方，
亦即在论崇高的结论部分，建筑术以自然以及身体的物质性脱
节（material disarticulation）的方式出现，那么这个时刻便标志着
作为有效范畴的美学的消解。先验哲学的批判力量破坏了这项哲
学工程，留给我们的，当然不是意识形态——因为先验原则和意
识形态（形而上学）原则是同一个系统的不同部分——而是一种
唯物论，康德的哲嗣们还未能开始勇敢地直面它。出现这样的局
面，不是因为哲学能量或者理性力量的匮乏，反倒是因为这种力
量的强度和连贯性。

　　最后，这一契机在语言秩序中的等价物会是什么？每当这种
中断伸张自身时，在自然和身体的非目的论视野的段落中，以及
不那么明显但同样有效地，在用对力学的崇高者的思考来补充对
数学的崇高者的思考的未作解释的必要性中，在第 27 节和 28 节
之间的空白中（就像露西组诗中的《浮生一梦百事休》第 1 节而
第 2 节之间的空白，或者"温德米尔的少年"第 1 部分和第 2 部
分之间的空白）[38]，进而，每当衔接有被破坏的危险时，我们就会
遇到这样一个段落（关于把握的章节，关于想象力的牺牲的章
节），它可以被视作从语言的转义模式向其他不同模式的转换。
在力学的崇高者的情况中，我们可以将此称为从转义向述行的转
换。在这种情况中，出现了一种些许不同的模式：对自然非目的

---

[38]　"温德米尔的少年"指《序曲》第 5 卷的两节诗，参见《序曲或一位诗人心灵的成长》，
第 114—116 页。——译者注

论的把握。对身体的肢解就是对语言的肢解，因为生产意义的转义被碎片化所取代，句子和命题碎片化为单个的语词，或者语词碎片化为音节或者字母。在克莱斯特的文本中，人们会把 Fall 这个词及其复合词的撒播（dissemination）完全分离出来，是因为这样一个时刻：在 Fall（坠落）之后加上一个不发音的字母（e）它就变成了 Falle（陷阱），此时美学之舞就变成了美学的陷阱。[39]乍看之下，在康德这里似乎找不到这样的巧思。但是，只要你去试着翻译一下康德的某句有点复杂的话，或者设想一下一个完全称职的译者所要付出的努力，你很快就会发现，在这位最不起眼的文体学家这里，说话的方式（Art des Sagens）与所说的内容（das Gesagte）的对立——引用瓦尔特·本雅明的话来说——是如何决定性地规定了字母和音节的游戏的。那整段话（即论述想象力在崇高的惊异带来的震惊过后恢复平静的那段话）的说服力，不是基于感官所表演的小游戏，而是基于表示惊异和赞赏的两个德语词即 Verwunderung 和 Bewunderung 之间的相似性，难道不是吗？难道我们不是被迫赞成，想象力在把握大时的失败，与想象力作为理性的施动者在崇高的经验中所取得的成功二者间，不仅自相矛盾，而且是真正绝境式的（aporetic）不相容吗？难道我们不是因为 Angemessen(heit) 和 Unangemessen(heit) 这两个术语持续不断的、令人眼花缭乱的交替以至于最终我们再也无法区分它们而被迫赞成这一点的吗？和黑格尔一样，在康德这里，字母散文性的物质性（prosaic materiality）就是底线，任何程度的淆乱或意识形态都无法将这种物质性转换为审美判断力的现象性认知。

90

---

[39]　参见 Paul de Man, "Aesthetic Formalization: Kleist's *Über das Marionettentheater*", in *The Rhetoric of Romanticism* (New York: Columbia University Press, 1984)。

91

黑格尔《美学》中的符号与象征[*]

在我们的时代，围绕文学理论而出现的论战在意识形态上的尖锐刺耳，完全无法掩盖这一事实：无论这些争论多么昙花一现抑或文人相轻，它们都是一种张力的外在症状，这种张力源于最大程度地远离公共辩论的舞台。然而，与大众经验的明显疏离，并未能减轻它们的压力。在这些争吵中，问题的关键在于文学经

---

[*] 《黑格尔〈美学〉中的符号与象征》发表于 1982 年夏第 8 卷第 4 期的《批判性研究》（*Critical Inquiry*），第 761—775 页，在正文第一页的一个无编号脚注中，德曼附上了以下序言："这篇论文是一部正在撰写的著作的一部分，该著作旨在考察从康德到克尔凯郭尔和马克思这一时期的修辞、美学和意识形态话语之间的关系。这篇文章也是为雷纳托·波乔里（Renato Poggioli）比较文学讲座（哈佛大学，1980）所准备的。对于这样的场合在本文中留下的踪迹，以及一些更具技术性的问题——尤其是在《哲学全书》第 20 节的解读中所涉及的问题——过于仓促的表述，我在此均未作出任何改动。我要感谢芝加哥大学哲学系的雷蒙德·戈伊斯（Raymond Geuss）对论文手稿慷慨且敏锐的审读，帮助我纠正了不够准确的地方，杜绝了不必要的歧义。戈伊斯还就我对《哲学全书》第 20 节的解读提出了有力的反对意见，这帮我强化了一个论点，我希望有机会在进一步的讨论中展开它。"所有的注都是德曼所加，略有修改。（本文中涉及较多出自黑格尔著作的引文，如果将德曼的英译再度转译为中文，俨然犹如柏拉图所谓的理念与模仿之间的关系那样，翻译的翻译难免变成原文"影子的影子"。因此本文采取在德曼英译的基础上，同时参校德语原文以及现有中译本的方法来翻译，以期最大程度贴合原意。德版参考德曼所使用的苏尔坎普 20 卷本《黑格尔文集》[G. W. F. Hegel, *Werke in zwanzig Bänden*, Frankfurt am Main: Suhrkamp, 1979]，标注引文页码时，约略为"《哲学全书》第 1 卷"、"《美学》第 1 卷"等；中译本参考《哲学百科全书 I 逻辑学》[黑格尔著作集 第 8 卷]，先刚译，人民出版社 2023 年版 [简称为"先刚译《小逻辑》"]；《哲学全书·第一部分·逻辑学》，梁志学译，人民出版社 2002 年版 [简称为"梁志学译《小逻辑》"]；《小逻辑》，贺麟译，商务印书馆 1980 年版 [简称为"贺麟译《小逻辑》"]；《哲学百科全书 III 精神哲学》[黑格尔著作集 第 10 卷]，杨祖陶译，人民出版社 2015 年版 [简称为"杨祖陶译《精神哲学》"]；《精神现象学》，先刚译，人民出版社 2013 年版 [简称为"先刚译《精神现象学》"]；《美学》，朱光潜译，商务印书馆 1996 年版 [简称为"朱光潜译《美学》"]。——译者注）

验和文学理论之间的兼容性。文学理论中那些空洞的抽象和丑陋的东西，并不能完全归咎于其从业者的乖张。我们大多数人内心都有一种撕裂感，一方面是对文学进行理论化的冲动，另一方面是以更具吸引力的方式与文学作品的不期而遇。因此，每当有人提出一种文学研究方法，这种方法既在一定程度上具备理论的严格性和概括性（因此从学术的角度来讲，是可教的），又能保全甚至促进作品所赋予的审美鉴赏或历史眼光时，我们就会感到如释重负。这就是我们遇到诸如雷纳托·波乔里（Renato Poggioli）、恩斯特-罗伯特·库尔提乌斯（Ernst-Robert Curtius）这样的文学史大师，或者诸如鲁本·布劳尔（Reuben Brower）、罗曼·雅各布森（Roman Jakobson）这样的形式和结构分析大师时，所获得那种满足感：方法的严格保全了其对象之美。但在崎岖不平的文学理论领域，我们不应该太容易沉溺于这种满足感。审慎是理论学科的主要德性，每当我们对某种方法论上的解答欣喜过望时，审慎便敦促我们提出质疑。我们就像出于本能一样急于为审美价值辩护，这表明我们怀疑的根源应该在于，文学的审美维度同文学的理论研究所揭示的一切的兼容性。如果在文学的美学和诗学之间确实存在着如此窘境，而这样的窘境又内在于问题本身，那么倘若还有人相信能够回避或逃避对其进行精确描述的使命，就过于天真了。

想要找到涉嫌破坏文学的美学完整性的因素，实非易事。可以说，掩盖这一因素的冲动已经铭写在了上述情境中，而且这种冲动俨然强烈到了足以阻止人们直接进入问题的程度。因此，我们不得不转而求助于美学理论的经典文本，这些文本为艺术和审美经验的平等提供了最有力的合理辩护。黑格尔的《美学》或许向这项事业提出了最艰巨的挑战，它既能关涉到这一特殊情境，又几乎不需要不那么个人化的正当理由。没有任何人能像黑格尔一样，如此体大虑周地展现艺术的结构、历史和判断力；也没有任何人能像黑格尔一样，将这种体系性的综合完全建基于一个确定的范畴（完全在亚里士多德的意义上使用该术语）之上，这个范畴就是美学。虽然名目繁多，但这一范畴在西方思想史上的突出地位从未被动摇过，以至于直到 18 世纪末它都还没有一个确切的名字。这与其说是美学不存在的标志，不如说是美学的在场周遍流行的标志。在黑格尔死后才得以整理出版的《美学讲演录》，出自黑格尔过于忠诚的弟子们所记录下来的权威讲稿，由于文本的讲稿性质而带来的文体上的缺陷，使得读者的阅读体验并不那么愉快，从参考书目的统计来看，这本书甚至读者寥寥。尽管如此，在我们思考和教授文学的方式上，《美学》的影响仍无处不在。无论是否了解、是否喜欢《美学》，我们大多数人实际上都是黑格尔主义者，而且是相当正统的黑格尔主义者。当我们从古希腊和基督教时代的衔接，或者从希伯来世界和希腊世界的衔接的角度来反思文学史时，我们就是黑格尔主义者。当我们试图根据不同的表现模式将诸艺术形式或体裁之间的关系体系化时，或者当我们试图将历史分期构想为集体意识或个人意识的发展、进步或退步时，我们就是黑格尔主义者。这并不是说类似的关切专属于黑格尔，绝非如此。但是"黑格尔"这个名字犹如一个无所不包的容器，汇聚和容纳了如此之多的思潮，以至于任何我们从别处得来的或希望自己发明的想法，都能从黑格尔那里找到线索。很少有思想家能有这么多从未读过其宗师只言片语的信徒。

就《美学》而言，哲学综合的持久力量集中体现在，它能在美学的共同支持下，将历史因果律与语言结构结合起来，将时间中的经验（experiential）事件、经验性（empirical）事件与给定的、非现象性的语言事实结合起来。黑格尔将艺术史分为三个阶段，该三分法广为人知，而且在本质上未曾受到过什么挑战。这三个阶段中的两个是用历史术语——古典的和浪漫的（黑格尔用后者来指称希腊之后的艺术，即基督教艺术）——来命名的，而第三个阶段则被称作"象征的"。我们现在将这个术语与语言结构联系起来，而且它并非源于历史编纂学，而是源于法律和治国的实践。美学理论——美学既是一个历史概念，又是一个哲学概念——在黑格尔那里是以象征型艺术理论为前提的。美是"理念的感性显现"（das sinnliche Scheinen der Idee）这一著名定义翻译了"美学"（aesthetics）这个词，由此明确了"美的艺术"（aesthetic art，die schönen Künste 或 les beaux-arts）这个表述显而易见的同义反复；但这个定义本身最好的翻译是：美是象征。在论象征型艺术的部分，黑格尔明白无误地如是说：象征是心灵世界和物理世界之间的中介，艺术显然就属于这样的中介，无论是作为石头、颜色、声音还是语言。在漫不经心地讲到象征可以被视为符号（das Symbol ist nun *zunächst* ein Zeichen［象征**首先**是一种符号］）之后，黑格尔又区分了象征功能和符号功能，并且对艺术在这种二分法中处于哪一边毫不含糊："我们不能用象征中的那种意义（meaning）和意指（signification）之间的任意性［这正是符号的特征］来思考艺术，因为艺术的要义恰恰在于意义和形式的关联、亲缘以及具体的相互贯通。"[1] 因此，美学理论和艺术史是同一

---

[1]　G. W. F. Hegel, *Werke in zwanzig Bänden* (Frankfurt am Main: Suhrkamp, 1979), vol. 13, *Vorlesungen über die Ästhetik I*, p. 395；后文再提及该卷时，均缩略为《美学》；凡提及该著作集（转下页）

个象征（symbolon）[2]互为表里的两个部分。今天谁要是敢冒天下之大不韪去挑战这一信条，就别指望着能全身而退。

因此，从传统的意义上来说，黑格尔的《美学》似乎成了一种象征形式的理论。然而，在黑格尔本人身上有一种令人不安的因素，这也是他个人的缺陷，让《美学》的阐释传统难以在这样的保障中高枕无忧。首先，黑格尔说艺术分有美，因此是理念的感性显现，我们已经对该论断耳熟能详、了然于心，然而在同一个文本中，黑格尔接下来的陈述更加令人不安：对于我们而言，艺术不可避免地成了过去的事物。[3]那么这是否意味着，理念的感性显现无法再以这种形式为我们所用了，我们无法再真正地生产出艺术的象征形式了？就在一种新的现代性即将发现并完善象

（接上页）第 8 卷和第 10 卷（即《哲学全书》第 1 卷和第 3 卷）的地方，均缩略为《哲学全书》第 1 卷或第 3 卷。此后相应的页码均在正文中随文标注。引文的英译是我本人翻译的。（正文根据德曼的英译译出。因这段话涉及多个重要术语，且将德曼的英译再度转译为汉语后难免与原文相去甚远，因此附上德语原文和根据原文的直译，以便读者直观对参。后文若有必要，均采取同样做法，不再逐一说明。

In dem Sinne einer solchen *Gleichgültigkeit* von Bedeutung und Bezeichnung derselben dürfen wir deshalb in betreff auf die *Kunst* das Symbol nicht nehmen, indem die Kunst überhaupt gerade in der Beziehung, Verwandtschaft und dem konkreten Ineinander von Bedeutung und Gestalt besteht.

在意义［Bedeutung］和标志［Bezeichnung］**漠不相关**的意义上，在谈论**艺术**时我们不能将其视作象征，因为一般而言艺术的要义恰恰就在于，意义和形式之间的关联、亲缘以及具体的相互交融。——译者注）

[2]　symbolon，古希腊语 σύμβολον 的拉丁字母转写，据考 σύμβολον 最初表示将兽骨一分为二，协议双方各执一半，以此作为互相验证身份的信物，在此基础上衍生出了"指代某物的符号"、"信物"、"符木"、"抵押品"、"颁发给异邦人的居住许可"、"盟约"等用法。参见亨利·乔治·利德尔、罗伯特·斯科特编：《希英词典》（中型本），北京大学出版社 2015 年版，第 759—760 页。关于该词详细的概念史考察，可参考《哲学历史词典》中的"Symbol"词条（Stephan Meier-Oeser, Oliver R. Scholz, Martin Seils［1998］: «Symbol», in: J. Ritter, K. Gründer［Hg.］: *Historisches Wörterbuch der Philosophie*, Basel: Schwabe Verlag, DOI: 10.24894/HWPh.5480）。——译者注

[3]　这句话位于全书开头"美学的范围和地位"一章，原话如下：In allen diesen Beziehungen ist und bleibt die Kunst nach der Seite ihrer höchsten Bestimmung für uns ein Vergangenes（在所有这些关系中，就其最高使命而言，艺术对我们而言已经是而且始终是过去的事物）。（《美学》第 1 卷，第 25 页；朱光潜译《美学》［第一卷］，第 15 页）——译者注

征的力量，使之超越黑格尔多少有些平庸的品味所能想象的一切时，黑格尔却宣称艺术已经终结，这难道不是对文学史的反讽和对黑格尔明确的否定吗？在19世纪的浪漫主义和象征主义即将开始在黑格尔宣称已经成为过去的历史中书写新篇章的时候，如果有人宣称他们的方案早已胎死腹中，那么这个人一定是个蹩脚的象征主义者。

　　对《美学》的当代阐释，不断遭遇到这样的窘境，乃至于发现黑格尔对于理解后黑格尔时代的艺术和文学毫无用处。即使是像汉斯-格奥尔格·伽达默尔、西奥多·W.阿多诺这样倾心于黑格尔的作者，也未能幸免。在某种程度上，黑格尔的象征艺术理论预见到了某些即将到来的事物，但是他对自己同代的人缺乏同情心，这使得他目光短浅，难以胜任如下至关重要的任务：我们的自我定义，理解我们的现代性。这种态度在一位犀利且敏锐的19世纪文学阐释者的论述中得到了很好的体现，我们当然不能因为他对黑格尔操之过急的拒斥而责难他。在《诗学与历史哲学》的一卷中，彼得·宋迪（在英年早逝之前，一直主持着柏林自由大学的比较文学研讨会）描述了读到《美学》中关于实际的象征形式或体裁（如变形记、讽寓、隐喻、意象比譬、隐射语等[4]）的讨论时，人们必然会有的共鸣。[5]

　　　　希望从黑格尔那里得到教益的文学研究者，迄今为止仍

---

[4]　这些体裁的译名采用朱光潜先生的译法，详参《美学》（第二卷），第102—148页。——译者注

[5]　Peter Szondi, *Poetik und Geschichtsphilosophie I* (Frankfurt am Main: Suhrkamp, 1974)；后文在正文中随文标注页码，英译出自我本人之手。（方括号中的评注和德语原文为德曼所加。——译者注）

只能满足于哲学概念、神话表象和古代建筑。黑格尔希望最终能找到梦寐以求的东西，但等待着他的只有巨大的失望［es wartet eine große Enttäuschung auf ihn］。我们必须毫不迟疑地承认，这是整部作品中最缺乏灵感的章节。（第 390 页）

从当代诗学——越来越倾向于将意象和隐喻视为诗歌的基本特征乃至本质——的角度来看，黑格尔［关于隐喻和比喻手法］的考量势必显得非常肤浅［recht äußerlich］……他未能充分地理解隐喻和明喻……（第 395 页）

普鲁斯特将在日光下可见的月亮比作在登台前就已经入场的女演员，此时她尚未梳妆打扮，只是注视着她的同伴。我们要问的是，在这样的情境中，对抽象和具体、意义和形象的区分是否正当。这类比拟的隐秘含义，必须在发现类比、感应（correspondences）——即波德莱尔在那首著名的诗 6 中所歌颂的那个感应——的过程中去寻找。在诗性的视野中，它们是世界统一的保障……我们当然不能因黑格尔未能注意到这样的感应（尽管它们并不只是出现在现代诗歌中）而责备他，但是我们无法否认，对语言本质不成熟的体认正是黑格尔失败的原因。（第 396 页）

从这一点来看，我们才能开始发现黑格尔美学的局限性。（第 390 页）

6　指《恶之花》中的《感应》一诗。correspondences 还有 "通感"、"交感"、"应和"、"感通"、"契合" 等译法。——译者注

如此说来，黑格尔俨然一个未能对象征语言作出回应的象征理论家。我们并不能因此就完全拒斥黑格尔的美学，因为他至少还是保持在正确的轨道上，但这反倒让我们可以说，我们不再需要他了，因为我们已经沿着同样的道路走出了如此之远。当然，与其同时代人相比，比如格奥尔格·弗里德里希·克罗伊策（Georg Friedrich Creuzer）（黑格尔曾带着批判的口吻提到过他）、弗里德里希·谢林（黑格尔在《美学》中根本没有提到过他）和弗里德里希·施勒格尔（黑格尔从未对他说过一句好话），黑格尔在象征理论上显得有些举棋不定。所谓熟知非真知，会不会黑格尔关于象征和语言所说的东西要比我们想象中的更为复杂，但他不得不说的那部分内容又是我们不能或不愿听到的，因为它颠覆了我们认为理所当然的东西，即美学不容置疑的**价值**？对这个问题的回答，把我们带上了一条迂回的道路，我们先要离开《美学》，然后再回到《美学》，因为时间有限，我只来得及指出这条道路上的一些站点，这趟行程恐怕不是那么容易。

在区分象征和符号的语境中，黑格尔作出了艺术完全属于象征秩序的论断，然而这一区分并不适用于艺术领域。有太多东西都仰赖于这一区分，虽然它不是那么引人注目，但我们还是会在黑格尔的著作中反复发现它，最明显的是早期 1817 年的《哲学全书》（而《美学》始于 1830 年）中的一段话。这段话见诸黑格尔谈论诸精神机能——确切地说，即直观、想象（或表象）和思维（Anschauung，Vorstellung 和 Denken）[7]——之区别的那一节；

---

[7]　在第 20 节，黑格尔说从思维（Denken）最浅显的表象来看，思维作为精神活动或机能（geistigen Tätigkeiten oder Vermögen），与感性（Sinnlichkeit）、直观（Anschauen）、（转下页）

对语言的讨论从属于对表象的讨论。黑格尔在此描述了符号的特征，强调任何意指过程（signification）都必然涉及的感性成分与内涵意义之间的任意性关系。意大利的红白绿三色旗与这个国家实际的颜色没有任何关系，从空中俯瞰的话，这个国家的主要颜色是赭色；只有天真的孩童，才会在因发现意大利并没有与地图册上完全一致的那种颜色而感到惊讶时，被认为是可爱的。罗兰·巴特在分析意大利面条广告时，对能指的自然化的反思，是与这一观察相对称的反面。巴特发现，在广告中，白色面条、红色西红柿和绿色辣椒的组合，会以如此不可抗拒的方式发挥作用，因为它们——至少是对非意大利人而言——能传达出一种大快朵颐的幻觉，一种将意大利风格（italianité）的本质内在化的幻觉，而且价格又相当低廉。因此，黑格尔说，就其任意性而言，符号

> 与象征不同，也就是与这样一种直观不同，这种直观自己的规定性［或意义］在本质上和概念上或多或少地与它作为象征所表达的内容相一致；而在符号那里，直观自己的内容［国旗的红色、白色、绿色］与它作为符号的内容［意大利］彼此毫无关系。（《哲学全书》第3卷，第458节，第270页）

（接上页）想象（Phantasie）等，以及欲求（Begehren）、意志（Wollen）等并列。在随后的说明中，黑格尔又谈到了此处德曼所探讨的感性的东西（Sinnlichen）、表象（Vorstellung）和思想（Gedanken）之间的区别。（详参《哲学全书》第1卷，第71—72页；先刚译《小逻辑》，第52页）另外需要说明的是，德曼在此处以及下文中，均使用 perception 来翻译 Anschauung。然而在汉语的相关语境中，将 Anschauung 译为"直观"基本已成为共识，而 perception 对应的则是德文 Wahrnehmung 一词，通常被译为"感知"或"知觉"等。德曼并未对此译法给出特殊理由，为了避免造成不必要的误解，本文仍按照通则将德曼用来翻译 Anschauung 的 perception 译为"直观"。——译者注

　　这种界定符号的方式着实不足为奇，因为对符号之任意性的强调，在费迪南·德·索绪尔之前就已经有数不清的先例了。稍不寻常的是黑格尔从其分析中得出的价值判断；虽不能说黑格尔将符号的价值置于象征之上，但是反过来说就更不正确了。黑格尔说："Das Zeichen muß für etwas Großes erklärt werden"（符号必须被宣扬为某种伟大的东西）。那么符号"伟大"在何处呢？在某种程度上，符号完全独立于它所指向的客观属性和自然属性，并通过自己的力量来设定属性，所以可以说，符号证明了理智有能力按照自己的目的"运用"感知世界，消除（tilgen）感知世界的属性并代之以其他属性。理智的这种活动既是一种自由，因为它是任意的，又是一种强制，因为它对世界施加了暴力。符号**实际上**并没有说出它想要说的东西，或者抛开通过赋予符号以声音而产生的**会说话的**符号这一误导性的拟人隐喻来说，符号中涉及的谓项总是引语性的（citational）。当我说"红白绿三色旗是意大利国旗"的时候，用经院哲学的术语来说，这个述谓句就是所谓的 actus signatus（内指活动）[8]：它预设了一个隐含的主词（或我），这个主词框住了这个陈述，使之成了一个引语：**我说**（或我声明，

---

[8]　actus signatus（内指活动）和 actus exercitus（外述活动）是一对相互关联的概念，对这二者的区分最初源于奥古斯丁，后经过海德格尔的挖掘，受到伽达默尔的重视。在伽达默尔看来，内指活动是一种述谓，外述活动则是对其再表达，比如"我看到某些东西"和"我说我看到某些东西"之间的差别。一方面，外述活动是对内指活动的最初意识活动的自我呈现，并且又建立了一种新的意向对象；另一方面，内指活动绝不会完全为外述活动所涵盖，内指活动指向一种内在话语（verbum interius），它是潜藏在说出的话语乃至语言之外的背后的话语世界，说出的话语总是落后于想说或不得不说的东西，我们的语言总是难以避免言不达意。伽达默尔认为解释学的普遍性即在于此。参见伽达默尔：《哲学解释学》，夏镇平、宋建平译，上海译文出版社 2016 年版，第 125 页；让·格朗丹：《哲学解释学导论》，何卫平译，商务印书馆 2009 年版，第 4—7、55 页。——译者注

或我宣布），红白绿三色旗是意大利国旗，但如果是在日常谈话中，比如当我说"罗马和亚平宁半岛属于意大利"时，就不需要这样的特殊说明。符号是如此"伟大"，如此至关重要，因为它触及了所有陈述句中的主词和谓词之间的关系问题。循着这段话本身的逻辑，我们就从符号问题来到了主词/主体问题——关于这个话题，黑格尔谈了很多，其中最引人瞩目的要属《哲学全书》更靠前的一节。

《哲学全书》第 20 节涉及思维[9] 的定义和逻辑学的必要条件。这一节通过建立起思维的一般谓词和思维主体之间的联系，呈现出笛卡尔的 cogito（我思）在黑格尔这里的等价物。为了理解思维、思考思维，就必须要让思维被表现出来，这种表现只能是对思维主体的表现："实存着的主体作为能思维者的简称就是**我**"[10]，黑格尔在一个富于费希特意味的段落中如是说。这种相对直接且传统的做法——如果你愿意的话，也可以将其称为笛卡尔式的，或者至少是主体的镜像概念——马上就会导致难以预料的复杂情况。思维主体必须要与感知主体严格区分开来，区分的方式让我们联想到（或预见到）刚刚在符号和象征的差异化中所遇到

---

[9]　这里的"思维"对应的德文是 Denken，与之含义相近又有区别的一个词是 Gedanke。在黑格尔的语境中，Gedanke 是主观的、任意的和偶然的，Denken 相对而言则是普遍的、抽象的，是 Gedanke 的规定性或形式，因此逻辑学的对象是 Denken，逻辑学研究的是 Denken 的规定和规律。贺麟、梁志学、先刚均将 Gedanke 译为"思想"，Denken 译为"思维"。德曼在本文中用 thinking 或 thought 来对译 Denken，因此我们均将其译作"思维"。——译者注

[10]　这句话完整的原文为："Das Denken als *Subjekt* vorgestellt ist *Denkendes*, und der einfache Ausdruck des existierenden Subjekts als Denkenden ist *Ich*"。先刚译作："当思维被看作**主体**，就是**思维者**，亦即实存着的主体，而它的最简单的表述就是**自我**。"（先刚译《小逻辑》，第 52 页）贺麟译作："就思维被认作**主体**而言，便是**能思者**，存在着的能思的主体的简称就叫做我。"（贺麟译《小逻辑》，第 68 页）梁志学译作："思维作为**主体**来看是**能思维者**，并且现实存在的主体作为能思维者的简称就是**自我**。"（梁志学译《小逻辑》，第 60 页）——译者注

的那种区别。正如符号拒绝为感性知觉服务而是将其用于自己的
目的一样，思维同样有别于知觉，它占有世界并径直让世界"臣
服于"（subject to）自己的力量。更具体地说，思维将知觉世界无
限的特殊性和个别性纳入主张普遍性的秩序原则之下。这种占有
行为的施动者就是语言。黑格说："因为语言是思维的作品，所
以我们无法用语言说出任何没有普遍性的东西"，克尔凯郭尔将
在《恐惧与战栗》中以一种反讽的方式对这句话提出异议。职是
之故，最初任意的和特殊的符号变成了象征，就像"我"一样，
在独立于任何有别于自己的事物时，"我"是如此**特殊**，而在普
遍的逻辑思维中，"我"就变成了无所不包的、复数的、一般的、
非人称的主词／主体。

　　这样的主词／主体因此也是最无功利的、自我消除的主词／
主体。当然，既然思维的有效性在于其普遍性，那么在思维中，
我们就不能寄兴于思想家私人的、特殊的意见，而只能期望从他
那里得到一种更加谦逊的哲学上的自我遗忘。黑格尔说："当亚
里士多德要求［哲学家］不辜负其使命之尊严时，这种尊严就
在于其摒弃特殊意见的能力……让事情本身掌控自己。"（《哲学
全书》第 1 卷，第 23 节，第 80 页）当哲学家只是陈述意见时，
他们就不是在践行哲学。"既然语言只表达普遍之物，我就不能
只说自己的意见（so kann ich nicht sagen, was ich nur meine）。" [11]

---

[11]　这句话完整的德语原文是"wenn aber die Sprache nur Allgemeines ausdrückt, so kann ich nicht
sagen, was ich nur *meine*"，德曼的翻译是"Since language states only what is general, I cannot say
what is only my opinion"，重点在于德曼将德语动词 meinen 翻译成了 opinion。meinen 的含义
与英文中的 mean 颇为接近（实际上德曼在下一段引用黑格尔那句"相当惊人的话"时就是
用 mean 来翻译 meinen 的），贺麟、梁志学、先刚均将其译为"意谓"："但语言既只能表示
共同的意谓，所以我不能说出我仅仅**意谓**着的"（贺麟译《小逻辑》，第 71 页）；"但如果语言
只表达普遍的东西，那么，我就不可能说出我单纯**意谓**的东西"（梁学志译《小逻辑》，第 62

在此附上德语原文是必要的，因为英语中的 opinion 一词，就像在 public opinion（öffentliche Meinung）这个短语中一样，是没有"意义"（meaning）的涵义的，但在某种程度上，这个涵义在德语动词 meinen 中却是在场的。在黑格尔这里，"我"（me/I）对"意义"的同化建立于体系之中，因为思维的普遍性也是我对世界的占有、让世界变成我的。因此，将德文 meinen（比如在 so kann ich nicht sagen, was ich nur meine 这句话中）一词的涵义理解成"变成我的"（to make mine），也就是将物主代词 mein（我的）动词化，不仅是正当的，而且是必要的。[12] 但是，这又使得关于哲学家——他必须在谦逊的自我消除中超越自己的私人意见——的这一无关痛痒的声明变成了一句非常奇怪的话："Ich kann nicht sagen was ich (nur) meine"的意思变成了"我不能说出被我变成我的的东西"；又或者，既然思维就是变成我的，那么这句话的意思就又变成了"我不能说出我所思维的东西"；再者，既然思维完全蕴含于"我"之内且由"我"所定义，既然黑格尔的 ego cogito（我思）将自己定义为纯粹的 ego（我），那么这句话实际上说的就是"我不能说我"——用黑格尔自己的话来说，这是一个令人不安的命题，因为思维的可能性取决于说出"我"的可能性。

页）；"但既然语言仅仅表达出普遍者，我就不可能说出我仅仅**意谓**着的东西"（先刚译《小逻辑》，第 53 页）。——译者注

[12] 黑格尔这句话中 meine 是动词 meinen 的第一人称单数现在时变位。mein 则是第一人称单数的物主代词（我的），当 mein 修饰阴性单数及复数名词时，其一、四格词尾均为 e，因此就会变成 meine，与 meinen 的第一人称单数现在时形态在发音和词形上都完全一样。所以德曼会认为"so kann ich nicht sagen, was ich nur meine"这句话中的 meine，既可以理解为动词"意谓"，也能理解为物主代词"我的"，进而又可以将其动词化为"变成我的"、"我化"。——译者注

　　为了避免这段经由能指 meinen 的行程因显得过于随性而不被认真对待，这段话的后半部分随即便明确地指出，人们确实可以选择性地去听原话中的内容。黑格尔接着讨论了语言的指示或指代功能固有的逻辑难题，该难题展现在这样一个悖论之中：诸如"现在"、"这里"或"这个"之类的最特殊的指称，它们同时也是普遍化的最有力的实施者，是语言这座普遍性纪念碑的基石。这个悖论或许是希腊词 deiktikos 所固有的，它既能表示"指向"，也能表示"证明"（就像法语词 démontrer 一样）。如果时间和地点副词或代词是这样的话，那么人称代词中最具有人称性的"我"就更是如此了。"所有他者与我的共通之处都在于'我'，正如**我的**全部感受、表象等等的共通之处在于它们都是特属于**我的**。""我"这个词拥有最具体的指示性、自我指向性，但同时它又意味着"完全抽象的普遍性"。黑格尔由此才能写出下面这句相当惊人的话："当我说'我'时，我所**意谓**的'我'是将所有他者都排除在外的**这一个**我，但是每一个人又都是我所说的'我'，即一个将所有他者都排除在外的我。"(Ebenso, wenn ich sage: „ Ich", *meine ich mich als* diesen alle anderen Ausschließenden; aber was ich sage, Ich, ist eben jeder; Ich, der alle anderen von sich ausschließt.)（《哲学全书》第 1 卷，第 20 节，第 74 页）在这句话中，jeder（每一个人）的他者性（otherness）并不以任何方式指向某个镜像主体，即"我"的镜像，而恰恰指向与我没有任何共通之处的主体；jeder 在法语中不应该译为 autrui（他人），甚至也不应该译为 chacun（每个人），而应该译为 n'importe qui（无论是谁）乃至 n'importe quoi（无论什么）。sagen 和 meinen 之间的矛盾，也就是"说"和"意谓"、dire（说）和 vouloir dire（意谓）

之间的矛盾，进一步明确了前面那句"Ich kann nicht sagen was ich (nur) meine"的含义，并确认了这句话除了其通常含义之外，还必须在"**我**不能说'**我**'"的意义上来读解它。

因此，在整个体系的初始阶段，在对逻辑学的初步考量中，出现了一个无法规避的障碍，这个障碍对随后的整个建筑构成了威胁。哲学上的"我"不仅像亚里士多德要求的那样，在低调谦虚的意义上是自我消除的，它还在更为激进的意义上是自我消除的，即作为思维条件的"我"的设定意味着"我"的消除，它不像在费希特那里是对"我"的否定的对称设定，而是对"我是什么"和"我说我是什么"之间的关系的取消、消除，无论这样的关系是逻辑的抑或其他。思维的事业似乎从一开始就陷入了瘫痪。只有使该事业变得不可能的知识，即对"我"在语言上的设定只有在"我"忘记了"我是谁"的时候才是可能的知识，只有在这种知识本身被遗忘了的时候，思维的事业方能重新上路。

我们正在研读的这段话（即《哲学全书》第 20 节），忘记了其自我陈述的方式就是描述其所陈述的困境，这是没有任何现象或经验维度的逻辑难题，它俨然时间中的一个事件，一段叙事，或者一段历史。在这段话的开头，黑格尔在无可置疑地断言了思维活动述谓着（predicates）普遍性之后，又好像是在提醒我们似的补充道，这些断言在这一点上是无法证明的。然而他又说，我们不应该把它们视作他的个人**意见**（meine *Meinungen*），而应该把它们当作**事实**（*Facta*）。我们可以凭借自己的思维经验，通过将它们应用在自己身上来检验、验证这些事实。但是这样的试验只在那些"已经获得了某种注意力和抽象力"的人——其实也就是有思维能力的人——身上才行得通。只有当我们假设有待证明的

99

东西（即思维是可能的）确实存在时，思维的证明才是可能的。这一循环的形象（figure）就是时间。思维是前瞻性的：它将其可能性的假设投射到未来，在被抛的（hyperbolic）[13] 期待中，让思维得以可能的过程最终会赶上这种投射。被抛的"我"将自己投射为思维，希望能在走完全程后重新认识自己。这就是黑格尔最终将思维（denken）称作 Erkenntnis（认识），并认为思维高于知识（wissen）的原因。在其自身展开的渐进过程的尽头，当它从直观行进到表象最终再到思维时，理智最终重新发现和认识了自己。这个构成黑格尔的精神史的情节和悬念的发现（anagnorisis）[14]，其中大有文章。因为如果在一种无所不包的意义上"作为精神的理智的行为被称为认识"[15]，并且如果精神将所有的机会都投入到了这种未来的可能性，那么到时候是否还会有什么东西在那里被认识，就极其重要了。黑格尔说："现代的主要问题取决于此，即真正的认识，也就是对真理的认识，是否可能。"（《哲学全书》第 3 卷，第 445 节，第 242 页）真理在我们左右；对黑格

---

[13]　hyperbolic 出自希腊语 ὑπερβάλλω 一词。ὑπερβάλλω 在构词上由 ὑπερ（above、over）+ βάλλω（throw）构成，因此，ὑπερβάλλω 的字面意义便是 throw over，即"扔过去"、"抛掷"，由此引申出"胜过"、"超越"、"越过"等含义。经由 ὑπερβάλλω 变化而来 ὑπερβολή（hyperbole）后来便被用作修辞学术语表示"夸张"。有一位活跃在伯罗奔尼撒战争前期的雅典政治家 Ὑπέρβολος（Hyperbolos）即以该词为名，他是一位善于煽动人心的演说家，最后被流放而死于谋杀。该词在数学上还被用来指双曲线（hyperbola）。德曼在这里对这个词的用法俨然是与"前瞻性的"（proleptic）、"投射"（project）等词互文的语言游戏，因此是倾向于在这个词的本义层面使用它的，故将其译作"被抛的"而非"夸张的"相对更贴合语境。——译者注

[14]　亚里士多德在《诗学》中提出的术语。亚里士多德认为悲剧的情节主要由三种成分构成，即突转（peripeteia）、发现（anagnorisis）和苦难（pathos），前两者是悲剧中最能打动人心的成分。发现指"从不知到知的转变，即使置身于顺达之境或败逆之境中的人物认识到对方原来是自己的亲人或仇敌"（亚里士多德：《诗学》，陈中梅译注，商务印书馆 1996 年版，第 89 页）。——译者注

[15]　这句话的原话是："Das Tun der Intelligenz als theoretischen Geistes ist *Erkennen* genannt worden"，直译的话应该是："作为理论精神的理智的行为被称作**认识**"。——译者注

尔而言——他在这方面和洛克或休谟一样是个经验论者——真理就是发生的事情，但是我们怎么确定在真理发生时就能认识到它？精神必须在其轨迹的尽头——在这里，就是在这篇文本的末尾——认识到它在开始时所设定的东西。精神必须将自己认作自己，也就是认作"我"。但是，根据定义，既然"我"是**我**永远无法说出的东西，那么我们如何认识那些必然被抹除和遗忘的东西呢？

100　　　我们了解到，精神有必要保护自己免于自我消除（self-erasure），要用理智的全部力量来抵抗它。这种抵抗有多种形式，其中美学并非最无效的。因为不难看出，可以用符号和象征之间的差异性来重新表述这个问题。诚如我们所见，不受感性规定约束的"我"原本与符号相似。然而，由于"我"把自己表述为自己所不是的东西，这就把自己与世界之间本来是任意的关系表现为规定性的，亦即，"我"将自己表述为象征。就"我"指向自身而言，它是符号，但是就它谈论除了自己之外的一切东西而言，它是象征。然而，符号与象征之间是一种相互抹除（mutual obliteration）的关系；因此便会有一种混淆和忘记它们之间区别的诱惑。这种诱惑是如此之强大，就连十分清楚这种区别之必要性的黑格尔也无法抗拒，进而陷入了他所谴责的那种混淆之中，同时还提出了一种象征艺术理论，这种理论除了有些举棋不定，还相当传统。但是用黑格尔自己的话来说，这并不妨碍象征成为一种意识形态建构而非理论建构，以及成为对理论揭示所固有的逻辑必然性的抵御。

在我们的文学史话语的老生常谈中，这种象征意识形态屡见不鲜。譬如，它主导了浪漫主义与其新古典主义先驱及其现代性遗产之间关系的讨论。它规定了塑造这些讨论所牵涉的价值判断的二极性（polarities）：诸如自然与艺术、有机的与机械的、牧歌与史诗、象征与讽寓这些熟悉的对立。这些范畴可以无限地细分下去，它们之间的相互作用可以经历无数的组合、变形、否定和扩张。将这整个体系组织起来的主导隐喻就是内在化（interiorization）的隐喻，它将感性之美（aesthetic beauty）理解为理念内容的外在显现，而理念内容本身就是一种内在化的经验，是对逝去的直观在情感上的回忆。艺术和文学的感性显现（sinnliches Scheinen）是内在内容的外显，而内在内容本身又是被内在化了的外在事件或实体。这种内在化的辩证法构成了一种强有力的修辞模式，足以克服诸种欧洲传统之间的民族差异和其他的经验性差异。譬如，试图在黑格尔和华兹华斯、柯勒律治、济慈等英国浪漫派之间进行调和的尝试，往往都围绕着内在化这个殊胜的论题而展开：譬如作为人的堕落和救赎的世俗化版本的意识**过程**，或者至少自康德以来与崇高问题密切相关的主观主义。在所有这些例子中，面对诗人们在发明比喻方面的奇思妙想，我们都可以援引黑格尔作为其哲学上的对应者。因为从相对早期的《精神现象学》到后期的《美学》，黑格尔确实是个卓越的内在化——即作为审美和历史意识之基础的 Er-innerung[16]——理论家。

---

[16] 德文中表示"回忆"的 Erinnerung 一词有时被黑格尔写作 Er-innerung，er 具有使动的意味，innerung 的词根为 Innere（内在、内部）、inner（内在的、内部的），黑格尔由此旨在强调回忆是一种内在化的行为。德曼在这里就用 interiorization 来翻译 Er-innerung。先刚将 Er-innerung 译为"深入内核"（先刚译《精神现象学》，第 463、502—503 页）。在《精神现象学》中，黑格尔说，"为我们提供那些艺术作品的命运的精神，不仅仅是那个民族的道德生活和现实性，因为它是那个仍然**外在于**（veräußerten）艺术作品之中的精神的**回忆 / 内在化**（*Er-Innerung*）"（《精神现象学》，第 548 页；先刚译《精神现象学》第 463 页），以及"但是**回忆 / 内在化**（*Er-Innerung*）把那些经验保留了下来，回忆 / 内在化就是内在之物（Innere），就是那个实际上具有更高形式的实体"（《精神现象学》，第 591 页；先刚译（转下页）

101　　Erinnerung，即回忆，作为经验的内在聚集和保存，在融贯的体系中将历史和美结合了起来。Erinnerung 也是黑格尔既拥护又消解的象征意识形态的一个组成部分。然而问题在于，当理念的外在显现出现在黑格尔的思维的连续发展中时，是否确实是作为一种易于理解和阐明的内外辩证法，以回忆的方式发生的。在黑格尔的体系中，在哪里可以说理智、精神或理念在世界上留下了物质性的踪迹，这种感性显现又是如何发生的？

　　我们能从《哲学全书》临近结尾的讨论符号结构的那一节（第 458 节，第 271 页）——这也是我们开始的地方——找到解决这个问题的线索。在陈述了区分符号和象征的必要性，并指出将二者混为一谈的普遍倾向之后，黑格尔接下来提到了一种精神机能，他称之为 Gedächtnis，它"在［与哲学话语相对的］日常话语中，常常被与回忆（Erinnerung）、表象以及想象力混淆起来"（《哲学全书》第 3 卷，第 458 节，第 271 页），正如在文学评论或文学批评的日常用语模式中符号和象征往往是可以互换的。当然，Gedächtnis 的意思是记性（memory）[17]，我们说某个人

（接上页）《精神现象学》，第 502—503 页）；还可以参考黑格尔在《精神哲学》中对意识一般地认识对象的过程的解释："当最初在意识看来是独立地起作用的**非我**由于在非我那里活动着的概念的力量而被扬弃时，给予客体的就不是**直接性**、**外在性**和**个别性**的形式，而是一个**普遍东西**、一个**内在东西**（*Erinnerte*）的形式，而意识就把这个**内在化了的东西**（*Innerlichen*）接受到自己之内；这样在自我看来它刚由此而实现的**自己的**内在化就表现为一种使**客体**内在化（eine Innerlichmachung des *Objekts*）。"（杨祖陶译《精神哲学》，第 185 页，括号中德语原文为本书译者所加）——译者注

[17]　在这里德曼用 memory 来对译德文中的 Gedächtnis 一词，强调的是一种机械的记忆力、记性，比如黑格尔在《哲学全书》第 3 卷第 464 节提到的青年人比老年人拥有更好的记性，以及德曼在这里紧接着就会提到的死记硬背式的记诵，都指的是这层涵义。这两个词通常在汉语中都被译为"记忆"，但是在这里它们的涵义在某种程度上更倾向于"记"，而与之相关的 Erinnerung / recollection、remembrance 等词则相对更倾向于"忆"。因此，在本文中权且将 memory 译为"记性"或"记忆力"，将 memorization 译为"记忆化"；将 remembrance、remembering 等译为"记忆"。——译者注

有好记性，并不是说他有好的记忆（remembrance）或者好的回忆（recollection）。在德语中，如果要表达"他有个好记性"的意思，只会说"er hat ein gutes Gedächtnis"而非"eine gute Erinnerung"。法语词mémoire——如亨利·伯格森的书名 *Matière et mémoire*（《物质与记忆》）——则更加含混，但是 mémoire 和 souvenir 之间也有类似的区别，un bon souvenir（好回忆）和 une bonne mémoire（好记性）不是一回事。（普鲁斯特在试图区分类似于 Gedächtnis 的 mémoire volontaire 和更接近于 Erinnerung 的 mémoire involontaire 时，对这二者的区别着力甚多。[18]）在黑格尔看来，令人惊讶的是，从直观到思维的进程在根本上依赖于记忆化（memorization）的精神机能。正是 Gedächtnis，作为表象的一个亚种，促成了向思维理智的最高能力的过渡：萦绕在 Gedächtnis 这个词中的 denken 的回声表明，思维与通过记忆化而形成的记忆能力非常接近。为了

---

[18]　mémoire volontaire 和 mémoire involontaire，即意愿记忆和非意愿记忆，是普鲁斯特在《追忆似水年华》中对记忆作出的一个基本区分。前者是有意为之的回忆行为，它听命于理性，服从因果链条，但过去存在于理性所不能及的地方，意愿记忆"所提供的过去的信息里不包含一点过去的痕迹"；后者则是与潜意识中的始源性记忆的不期而遇，往往是以意想不到的方式被触发、激活的记忆，本雅明甚至认为它更接近于遗忘而非回忆，也就是说，非意愿记忆是从遗忘的无何有之乡返回的记忆。普鲁斯特正是通过非意愿记忆来揭示自身之存在的。"如果我们把灵韵制定为非意愿记忆之中自然地围绕其感知对象的联想的话，那么它在一个实用对象里的类似的东西便是留下富于实践的手的痕迹的经验。"本雅明认为机械复制技术强行扩大了意愿记忆的领域，摧毁了灵韵（aura）得以发生的稳定的经验（Erfahrung）基础，而普鲁斯特的伟大之处正在于他用非意愿记忆去克服意愿记忆，进而通过非意愿记忆重建经验、恢复灵韵的尝试。（本雅明：《发达资本主义时代的抒情诗人》，张旭东、魏文生译，生活·读书·新知三联书店 2014 年版，第 141—142、178 页）"在他的作品里，普鲁斯特并非按照生活本来的样子去描绘生活，而是把它作为经历过它的人的回忆描绘出来……对于回忆着的作者来说，重要的不是他所经历过的事情，而是如何把回忆编织出来……难道非意愿记忆，即普鲁斯特所说的 mémoire involontaire，不是更接近遗忘而非通常所谓的回忆吗？""普鲁斯特则是唯一能在我们体验过的生活中将它揭示出来的人。这便是 mémoire involontaire（非意愿记忆）的作用。这种让人重返青春的力量正与不可抵御的衰老对称。"（本雅明：《启迪：本雅明文选》，阿伦特编，张旭东、王斑译，生活·读书·新知三联书店 2008 年版，第 216、226 页）——译者注

理解思维，我们必须首先理解记忆力，但黑格尔说："理解记忆力在理智的体系研究中的地位和意义，并把握它与思维的有机联系，是精神研究中最容易被忽视、也是最困难的要点之一。"(《哲学全书》第 3 卷，第 464 节，第 283 页）记忆化必须要与回忆和想象截然区分开来，它完全是无图像的（bildlos）。黑格尔不无戏谑地谈到了这样一种教学法，即试图通过让孩子们把图片与特定的字眼联系起来，来教他们如何阅读和写作。但这并非完全没有物质性。只有在忘记了所有的意义，读字词就像读一串名字的时候，我们才能牢牢记住它们。黑格尔说："众所周知，一篇文章，只有当人们不再把意义跟语词联系起来的时候，才能真正牢记住［或曰死记硬背］它；在重述死记硬背而来的东西时，人们必然会丢掉所有重读。"(《哲学全书》第 3 卷，第 463 节，第 281 页［译者补注］）

　　在《哲学全书》论记忆力这一节，我们更接近于奥古斯丁关于如何记忆和吟诵《圣经》的建议，而与弗朗西斯·叶芝（Frances Yates）在《记忆的艺术》（*The Art of Memory*）中所描述的记忆术图像（mnemotechnic icons）相去甚远。对黑格尔来说，记忆力就是通过死记**名称**或被视为名称的语词的方式来学习的能力，因此它与这些名称的记号、铭写或书写密不可分。为了记住，就不得不把可能忘记的东西写下来。易言之，在黑格尔这里，理念使其感性显现变成了名称的物质性铭写。思维则完全依赖于彻头彻尾机械性的精神机能，并尽可能地远离了想象的声音和图像，以及语词和思维所无法触及的回忆的黑暗矿藏。

　　作为记忆力之特征的名称和意义之间的综合，是一种"虚无的纽带"（das leere Band），因此它完全不同于作为象征型艺术之特征的形式和内容之间的相互补充、相互渗透（《哲学全书》第3卷，第463节，第281页）。无论在通常意义上，还是在典型的黑格尔意义上，这样的综合都不是审美的。然而，既然记忆力的综合是唯一作为理念的感性显现而发生的理智活动，那么记忆力就是一种真理，审美则是对这种真理防御性的、意识形态的、审查性的翻译。为了获得记忆力，人们必须能够忘记记忆，达到机械式的外在性，即向外翻转，这一含义被保留在了德语中用来表示死记硬背的习语 aus-wendig lernen[19] 之中。黑格尔说，"我们正是用名称进行思维"（《哲学全书》第3卷，第462节，第278页）；然而，名称是象形文字式的无声铭写，在其中，人们所感知到的与人们所理解的之间的关系、书面字母与意义之间的关系，都只是外在的、表层的。黑格尔说："可见的、书面的语言对于有声音、能听闻的语言只是作为符号。"（《哲学全书》第3卷，第459节，第277页）在记忆化中，在思维中，以及推而言之在作为书写"艺术"的思维的感性显现中，"我们只同符号打交道"（wir haben es überhaupt nur mit Zeichen zu tun）（《哲学全书》第3卷，第458节，第271页［译者补注］）。记忆力抹去了记忆（或回忆），就像我抹去了自己。使得思维得以可能的能力，同样使得其保存变得不可能。无法同思维和记忆化分割开来的书写的艺术、技艺（techné），只能保存在象征的比喻模式中，但如果想要施展该技艺，就又必须摆脱这个模式。

　　职是之故，黑格尔的《美学》被证明是一篇双重的甚至可能

---

[19]　auswendig lernen 在德语中表示"背诵"、"死记硬背"等含义，德曼写作 aus-wendig lernen，旨在从构词上突出 auswendig 一词"向外翻转"的本义。aus 相当于英文中的 out，wendig 则出自 wenden，相当于英文中的 turn，因此德曼将 auswendig 对译为 outward turn。——译者注

是具有两面性的（duplicitous）文本，就不足为怪了。它致力于
保存古典艺术并将其纪念碑化，同时又蕴含着一切使得这样的保
存从一开始就不可能的因素。理论上的种种原因阻碍了这部作品
表面上的历史性成分和实际上的理论性成分的融合。这造就了时
常困扰着黑格尔的读者们的那些谜一般的论述，比如艺术对我们
而言是过去的事物这个论断。对这句话的各种解释和批判不绝如
缕，在一些罕见的情况中，甚至有人称赞它是被实际的历史所推
翻或证实了的历史性诊断。我们现在可以断言，"艺术对我们而
言是过去的事物"和"美是理念的感性显现"这两种表述实际上
是一回事。在某种程度上，如果说艺术的范式是思维而非直观、
是符号而非象征、是书写而非绘画或音乐的话，那么艺术也是记
忆化而非回忆。因此，艺术确实属于过去，用普鲁斯特的话来
说，艺术永远无法失而复得（retrouvé）。在根本的意义上，艺术
"是过去的"，因为它就像记忆化一样，把经验的内在化永远地抛
到了脑后。就艺术物质性地铭写并因此永远地忘记了其理念内容
而言，艺术属于过去。对《美学》的这两个主要命题的调和是以
牺牲美学作为稳固的哲学范畴为代价的。《美学》中所谓的美，
实际上与我们从象征形式中获得的启示相去甚远。

　　在把象征简单粗暴地视作某种丑陋之物进而将其弃若敝屣之
前，我们或许应该想一想普鲁斯特在《去斯万家那边》关于象
征——与隐喻不同，象征并不意味着它所说的——所说的话。"既
然象征化的思维是无法表达的，那么象征也就没有被象征地表现
出来（le symbole［n'est］pas représenté comme un symbole），而是
被表现为真实的东西、切身体验或亲手摆弄过的东西（puisque la
pensée symbolisée［n'est］pas exprimée, mais［le symbole représenté］

comme réel, comme effectivement subi ou matériellement manié)。"[20] 这种非象征性的象征就像一种——在黑格尔这里——不再是美学的美学理论，就像必须说"我"但却又永远说不出来这个我的那个主体，就像只有作为象征、意识（或潜意识）或表象才能维系其存在的符号。这里的意识（或潜意识）必须变得像机械记忆的机器一样，表象则实际上只是一种铭写或记号系统。普鲁斯特说，这样的符号可能具有一种特殊的美，"une étrangeté saisissante"（惊人的奇异），这种美只有在很久以后才能被欣赏，其审美和理论的间距是如此之大，以至于它永远只能属于"过去"而非属于我们。

我所引用的普鲁斯特的这段话，说的是乔托（Giotto）在帕多瓦竞技场礼拜堂（Arena Chapel at Padua）的湿壁画中关于善恶的讽寓。[21] 如果我们想知道，在黑格尔的《美学》中，符号理论

---

[20] 此处的引文和紧接着谈到的"特殊的美"、"惊人的奇异"都属于同一段话，为便于读者参照比较，将完整原文摘录如下："Mais plus tard j'ai compris que l'étrangeté saisissante, la beauté spéciale de ces fresques tenait à la grande place que le symbole y occupait, et que le fait qu'il fût présenté, non comme un symbole puisque la pensée symbolisée n'était pas exprimée, mais comme réel, comme effectivement subi ou matériellement manié, donnait à la signification de l'œuvre quelque chose de plus littéral et de plus précis, à son enseignement quelque chose de plus concret et de plus frappant."（Marcel Proust, À la recherche du temps perdu Tome 1 : du côté de chez Swann, Paris: Gaston Gallimard, 1946, p.115）徐和瑾译作："我到后来才知道，这些壁面奇得惊人、美得特殊，是因为象征在其中占有重要地位，但由于象征的思想并未表现出来，故象征没有作为象征来表现，而是作为真实的东西，作为真正体验过或亲手摆弄过的东西来表现，这样就使作品的含义更加实在和确切，使它的教诲更加具体和动人。"（普鲁斯特：《追忆似水年华（第一卷）：在斯万家这边》，徐和瑾译，译林出版社 2010 年版，第 83 页）正文中的译文同时参考了徐和瑾与周克希（普鲁斯特：《追寻逝去的时光·第 I 卷·去斯万家那边》，周克希译，人民文学出版社 2010 年版，第 84—85 页）的译文。——译者注
[21] 指侧壁底层的十四幅讽寓画，南墙和北墙各有七幅，每幅画都是用一个人物来呈现一种美德（Virtue）或恶德（Vice）。南墙上呈现的是七种美德：Prudentia（明智）、Fortitudo（勇敢）、Temperantia（节制）、Iustitia（正义）、Fides（信仰）、Karitas（慈爱）、Spes（希望），前四种即所谓的"四枢德"，后三种是神学德性。北墙是七种恶德（与"七宗罪"［Septem peccata mortalia］不尽相同），分别与七种美德相对应：Stultitia（愚蠢）、Inconstantia（轻浮）、Ira（愤怒）、Iniustitia（不义）、Infidelitas（背信）、Invidia（嫉妒）、Desperatio（绝望）。——译者注

的物质性显现究竟发生在何处，那么我们就势必诉诸那些黑格尔明确指出并非审美的或美的艺术形式的章节。象征型艺术末尾关于讽寓的这一小节，讨论的就是这样的艺术形式。讽寓被贬斥为空洞和枯燥的（kahl），这符合黑格尔时代的普遍观点，这样的观点并非毫无争议地与歌德联系在一起。讽寓是一种晚出的、自觉的象征模式（黑格尔将其称作"比喻的"［vergleichenden］艺术形式），它"不能根据充分的现实性来表现事物和意义，而**只是**给出其形象和比喻（Gleichnis）"，因此这是一种"次要体裁"（untergeordnete Gattungen）（《美学》，第 488 页）。在听任黑格尔的贬斥而对这个问题弃之不谈之前，我们应该记得，在黑格尔这样的真正的辩证体系中，看起来次要的和处于奴隶地位的东西（untergeordnet）实际上很可能是主人。与回忆的深度和美感相比，记忆力似乎只是一种工具，只是理智的奴隶，正如与象征的审美灵韵（aura）相比，符号显得浅薄和机械，正如与诗歌高超的手艺相比，散文俨然计件劳动的产物。我们还可以补充说，正如黑格尔的正典（canon）中被忽视的那些边角料也许是匠心独运的真知灼见，而非司空见惯的综合判断，这样的综合判断作为 19 世纪历史的老生常谈而被人们记住。

论讽寓的这一节，表面上看起来如此老套和令人失望，但很可能反倒是点睛之笔。黑格尔说，讽寓首先是为了清晰性而产生的人格化，因此它总是涉及一个主体，一个"我"。但这个"我"，作为讽寓的主体，被建构的方式却十分奇怪。既然这个"我"必须摒弃任何个体性或人的特殊性，那么它就必须尽可能地是普遍的，以至于可以将它称为"语法主词"。讽寓是最独特的语言（相对于现象）范畴即语法的讽寓。另一方面，如果人们无法辨认讽寓中的抽象事物，讽寓就完全没有达到其目的；用黑格尔的话来说，讽寓必须是 erkennbar（可辨识的）。因此，**必须阐明**（enunciate）语法主词的特殊谓词，尽管这种特殊性必然与"我"的普遍性、纯粹的语法性相冲突：我们对《哲学全书》第 20 节的读解威胁到了"我是我"这个述谓句的稳定性。因此，用黑格尔自己的话来说，讽寓叙述的是"主词与谓词的分离或脱节"（die Trennung von Subjekt und Prädikat）。话语要具有意义，这种分离就必须发生，然而这又与一切意义不可或缺的普遍性背道而驰。无论是从范畴上还是逻辑上来说，讽寓的功能都像整个体系的那个有缺陷的基石。

我们势必得出这样的结论：黑格尔的哲学——就像他的《美学》一样，既是历史（和美学）的哲学，也是哲学（和美学）的历史，黑格尔文集中的有些文本就有这样的对称标题——实际上是关于哲学和历史的脱节的讽寓，如果从我们更具体的关切来说，就是文学和美学之间的脱节，或者更狭义地来说，是文学经验和文学理论之间的脱节。对这种脱节的谴责和赞美一样徒劳。造成这种脱节的原因本身并不具有历史性，也无法通过历史来恢复。只要这种脱节内在于语言，内在于把主词及其谓词或者符号及其象征性的意指过程联系起来的必然性（这种必然性也是一种不可能性），那么，一旦经验淡入思维、历史淡入理论，这种脱节就一定会像在黑格尔那里那样显现出来。难怪文学理论如此声名狼藉。既然思维和理论的出现并非我们的思想所能阻止或控制的，那么这样的名声便在所难免。

黑格尔论崇高[*]

正如美学在黑格尔的正典（canon）及其接受史中的地位至今仍然没有定论一样，崇高在《美学》这一更为有限的文献中的具体地位同样是成问题的。稍加限定，这样的观察就能适用于康德。问题由此变得愈发棘手起来。由此而来的不确定性，在一定程度上解释了，当代文学理论话语的舞台上为何会充斥着无尽的混乱和游谈无根的争论。这种混乱的一个突出例子就是排斥性原则，它被认为在美学理论和认识论思辨之间发挥作用，或者以一种对称模式，在对美学的关切和对政治问题的关切之间发挥作用。

这种混乱造成了异乎寻常的后果。例如——举一个既应景又熟悉的例子——德里达这个名字俨然成了一众所谓的文学理论家们的噩梦，这倒不是因为德里达所主张的政治观点或立场，而是因为德里达通过专业哲学家的技能和旨趣来捍卫其立场；同样是

---

[*] 《黑格尔论崇高》是德曼在康奈尔大学的第三场"梅辛杰讲座"（1983 年 2 月 28 日），后收录于 Mark Krupnick ed., *Displacement, Derrida and After*（Bloomington: Indiana University Press, 1983），pp. 139—153。所有的注释都是德曼本人所加，略有修改。（这篇文章中，德曼运用了众多词汇在词形、语义、词性、词源等方面的相似性和亲缘性展开了大量的语言游戏，比如 word/world、dumb/dummy、posit/position、erhaben/erhoben、sign/signification/insignificant、Setzen / Gesetz 等等，这些词译成中文后很难保留其原本的尤其是构词上的相似性，因此这类词语都会标注原文。本文涉及黑格尔著作中译本时，体例与《黑格尔〈美学〉中的符号与象征》保持一致，参见本书第 148 页译者注中的说明。——译者注）

这群人，他们一边认为德里达影响恶劣，一边又对那些在政治上更加张扬激进但对哲学认知的技术术语敬而远之的作家或批评家们却相当宽容。另一方面，德里达招致了政客、马克思主义者等群体即使不能说是彻头彻尾的敌意，也至少是广泛的质疑，仅仅是因为德里达所研究的正典仍"局限于哲学和文学文本"，因此"局限于概念和语言，而是不是社会制度"。这些反动分子拒绝德里达进入美学领域，因为他太像个哲学家了；政治激进主义的拥趸们将德里达排斥在政治领域之外，又是因为他太关注美学问题了。在这两种情形下，美学都发挥了排斥性原则的作用：审美判断，或缺乏审美判断，使得这位哲学家被文学拒之门外；同样的审美判断，或过度的审美判断，使得他又被政治世界拒之门外。这些对称的姿态，即使不被认可，也已经成了常态，并且很容易理解。然而思想史，更不用说真正的哲学，却讲述了一个完全不同的故事。

在自康德以来的美学理论史中，美学远非一种排斥性原则，而是发挥一种必要的——尽管是成问题的——衔接作用。在康德那里，第一《批判》和第二《批判》的衔接，理论理性图型（schemata）和实践理性图型的衔接，无论成功与否，都必须通过审美的方式来实现。美学理论是高阶的批判哲学，是对批判的批判。美学理论批判性地考察政治话语和政治实践的可能性和模式，以及话语和行为之间的任何关联都不可推托的重担。康德对审美的处理当然远非不刊之论，但有一点是清楚的：它既是认识论的，又是彻头彻尾政治性的。美国和欧洲的一些思想史学家，反其道而行之，断言康德的审美问题"不受认知和伦理因素的影响"，这是他们的问题，不是康德的。

　　同样的问题在黑格尔身上体现得更加明显。黑格尔通过艺术
哲学或美学的方式，在自己的体系中建立起政治、艺术和哲学之
间的联系，不是在美学以政治为主题这一未经反思的意义上，而
是在如下更加深远的意义上：从政治现实到思想现实的轨迹，用
黑格尔的术语来说，就是从客观精神向绝对精神的过渡，这样的
过渡必然要通过艺术，通过作为对艺术批判性反思的美学才得以
可能。在《哲学百科全书》中，黑格尔把艺术摆在了政治思想的
最高阶段（试图将国家构想为历史行为）与哲学思想之间的枢纽
地位。如何理解这一点，显然不是一个简单的问题，无论是就其
本身而言，还是从流传下来的黑格尔的接受史，以及今天人们对
黑格尔的解读而言，这都不是一个简单的问题；这个问题取决
于如何解读黑格尔本人在后期的《美学讲演录》中处理美学的方
式。但有一件事从一开始就是可以确定的：基于黑格尔体系的结
构，对美学的考量只有在政治秩序和哲学秩序之间的关系这个更
大的问题语境中才有意义。这意味着，既然在黑格尔那里美学比
政治反思更高阶但又更接近思辨思维，那么真正富有成效的政治
思想只有通过批判性的美学理论才能获得。无论是用黑格尔的话
还是其他方式来说，这句话的最后一层意思都是指，政治智慧属
于我们通常所谓的审美主义（aestheticism）。回到我们最初的例
子，这句话可以说就是指，像德里达这样的人之所以具有政治上
的影响力，是因为——而非尽管——他专注于文学文本。如下历
史事实能为此提供佐证：政治思想和政治实践上最深刻的贡献往
往都来自"美学"思想家。马克思就是一个例子，他的《德意志
意识形态》是赓续康德第三《批判》之批判路线的典范，离我们
的时代更近的瓦尔特·本雅明、卢卡奇、阿尔都塞以及阿多诺的

作品亦是如此。但是，当时所谓的"美学思想家"的作品，与 19 世纪和 20 世纪文学史所认定的审美主义几乎没有相似之处，因为这些思想家的作品拒斥，比如说，任何以牺牲思想上的严格性或政治实践为代价的美学范畴的价值化（valorization），以及任何将审美经验的自主性视为自我封闭、自我反思的总体性的主张。

　　这些初步的评论引出了解释黑格尔的《美学讲演录》的任务。尽管为了这项任务为数众多的哲人和批评家前赴后继，但都收效甚微。对此书的解读始终无法达成一致，尤其是当——就像海德格尔和阿多诺那样——对《美学》的解读必须通过 Aufhebung（扬弃）或辩证法这样的关键概念而成为对黑格尔本身的一般批判性解读的一部分时。因为，乍看之下，《美学》似乎是黑格尔的晚期著作中最平实、正统和教条的一部作品，在这个时期，黑格尔对其体系的权威阐述已经来到了枯燥的机械说教的阶段。我们要么像海德格尔那样，将《美学》还原为关于黑格尔最高深莫测的宣言——艺术的终结、理念的感性显现——的微言大义（gnomic wisdom），并将其视作终结所有对话的沉默的斯芬克斯；要么像阿多诺及其追随者那样，将《美学》视作整个体系的阿喀琉斯之踵，因此在非常具体的意义上，《美学》将会是揭示黑格尔的语言理论的不足的地方。一种从未被明确提出来过的隐含的语言观流布在黑格尔的全部著述中，这对其事业产生了重大的影响，与此相关的段落和文本由此具有优先性：在这些段落和文本中，这种语言理论在最接近被表述出来的地方，也会是最能暴露其缺点的地方。彼得·宋迪，一位与阿多诺关系密切的文学史家，在《美学》中黑格尔关于讽寓和隐喻的讨论中，找到了这样的地方："［黑格尔］对这些诗性资源［讽寓和隐喻］屡见不鲜的贬斥，恰恰让我们明白了，为何它们会是黑格尔完全无法理解的。在追问其原因的过程中，黑格尔美学的限度也变得清晰可见……正是黑格尔对语言本质有限的理解应该为［他的失败］负责。"[1] 这段话清晰地揭示出了《美学》作为辩证法批判的可能切入点的重要性。因为如果《美学》的不足源于其语言理论的不足，那么这样的不足注定会腐蚀认知的逻辑学和现象学，并最终将危及整个体系所有的基本主张。该方法最大的优点在于，它把我们的注意力引向了对《美学》的阐释真正具有决定性影响的问题甚至段落。

这样一种对语言术语和语言问题保持敏感的解读，有望取代那些人们习焉不察的观念，这些观念或玄奥或教条，使得《美学》的阐释工作陷入了停滞。这样的解读还能让黑格尔的文本意义上的身体（textual corpus）获得一种延伸，让对语言的考量从《美学》一直延伸到其他著作，比如《哲学全书》、《逻辑学》和《精神现象学》。语言理论、主体理论以及感性直观理论之间由此得以建立起一种关联。最后，这种解读还能澄清艺术及文学，与过去性维度（the dimension of pastness）之间的关系，过去性维度是任何历史话语不可或缺的组成部分。如果诚如《美学》所断言的那样，艺术——理念的感性或者毋宁说现象性显现——对我们而言是属于过去的，那么艺术的这种过去性（pastness）就将会是其现象性以及显现方式的一种功能。那么，在黑格尔的整个著作体系中，这种理念是在哪里以及如何显现的？为什么这个殊胜的审美时刻必然属于过去？

[1] Peter Szondi, *Poetik und Geschichtsphilosophie I* (Frankfurt am Main: Suhrkamp, 1974), pp. 390, 396; 英文是由我本人翻译的。

关于这些问题，《美学》似乎只给出了平庸的经验性回答。继温克尔曼和席勒之后，《美学》将现代的意识形态谱系中的问题历史化，认为这样的问题滥觞于古典的、希腊的（Hellenic）过去，由此造成了一种错位的具体性幻觉，这种幻觉对从19世纪早期直至今日的大量糟糕的历史编纂学负有不可推卸的责任。这些历史谬误与一种语言概念密不可分，在这种语言概念中，语言的象征性和符号性之间至关重要的区别被淡化了。既然这种淡化在《美学》中最为显豁，那么我们不妨绕过这部作品，从黑格尔的其他文本入手，在这些文本中，对同一问题的讨论较少浪漫主义意识形态的色彩。

这让我们得以更准确地回答关于理念显现的问题。理念在人类思想的精神舞台上显现的确切时刻，就是我们对世界的意识——诸如直观或想象力这样的机能通过回忆（Erinnerung）将这种意识内在化——不再能被经验到，而只能停留在记忆化（Gedächtnis）[2]中的时刻，这在《哲学全书》中最为明显，在《逻辑学》中同样如此。只有在这个时刻，而非其他什么时刻，我们才能说理念在世界上留下了感官可及的物质痕迹。我们能够在世界的外观没有发生任何变化的情况下，感知转瞬即逝的事物、想象天马行空的事物，但是从记忆形成的那一刻起，我们再做同样的事情时，就无法不着痕迹了，痕迹可以是手帕上的结、购物清单、乘法表、吟诵赞美诗或单声圣歌，或者其他任何承载记忆的事物（memorandum）。一旦出现了这样的**记号**（*notation*），就可

---

[2]　德曼通常用 memory、memorization 来对译德文中的 Gedächtnis，关于记忆、回忆的讨论，可对参《黑格尔〈美学〉中的符号与象征》一文中的相关论述。关于该译名的解释，参见本书第165页注释16。——译者注

以忘记经验和意指的内—外隐喻了，这是思维（Denken）发轫的
必要条件（如果不是充分条件的话）。在黑格尔那里，这个审美
时刻发生在对意识有意识的遗忘之时，这样的遗忘是通过物质性
的记号或铭写（inscription）系统而实现的。

　　这一结论来自《哲学全书》中题为"心理学"的一节，该节
位于"意识"一节之后。在《美学》中公开的论点或论据中似乎
没有哪怕是类似的表述。我们难免会觉得，后期教授派头更足的
黑格尔忙于沉思，以至于"忘记"了他之前的那个更为思辨的自
我，这种假设让我对自己的谋生手段有了不切实际的自信；然而
在一个体系哲学家身上，不大可能出现这种不一致，他们对自己
的作品都是了然于心的。情况更有可能是这样的：在《美学》中
实际上出现了类似的或同等的主张，但是由于种种原因，出现这
些主张的段落被忽视、误解或者受到了审查。如果黑格尔的记忆
化理论有可取之处的话，那么无论是以多么迂回或隐晦的方式，
我们都一定能在《美学》中感受到其影响力。"象征型艺术"的
第二章"崇高的象征方式"[3]——即紧挨着"比喻的艺术形式"的
前一章，"比喻的艺术形式"这一章被彼得·宋迪拎出来作为黑
格尔的审美鉴赏力的下限——就是该记忆理论在《美学》中浮出
水面的位置之一。

　　我们首先发现，黑格尔在这一章开头对康德的处理相当有失
公允。黑格尔告诉我们，虽然康德对崇高的处理过于冗长，但还
是很有趣的——黑格尔给出的理由相当令人信服。但是，由于过

---

[3]　G. W. F. Hegel, *Vorlesungen über die Ästhetik I*, vol. 13, *Werke* (Frankfurt am Main: Suhrkamp, 1970), pp. 466—546. 后文同一出处的引用均在正文中标示页码。

于强调心灵[4]——康德正确地将崇高定位于心灵中——的特殊性，康德将崇高平庸化了。黑格尔在这里对待康德的心灵（Gemüt）概念的方式是否有失公允，仍有待商榷，但是我们能推测出，他对康德在心灵和情绪上的执著感到不耐烦的原因。因为在黑格尔这里，如果审美确实以这样或那样的方式与记忆化相似，那么它就无涉特殊的情感，最好从一开始就对任何自觉的感性化加以克制。

更能说明问题的，或许是黑格尔在各种艺术形式的辩证连续体中分配给崇高的位置，尽管这仍只是形式上的。"我们首先在希伯来人的心灵状态和犹太人的神圣文本中，发现了崇高，这是其最初的原始形式。"（第 480 页）将崇高与《旧约》中的诗歌联系起来，已经是一件司空见惯的事情，尤其是在赫尔德之后的德国，但黑格尔的理由令人耳目一新。希伯来诗歌是崇高的，是因为它反对偶像崇拜（iconoclastic）；它拒斥以造型或建筑的方式来再现的艺术，无论是神庙还是雕像。"既然不可能为神构想出一种十全十美的形象，那么在犹太人崇高的神圣艺术中就没有造型艺术的位置。只有通过**言词**（*word*）[5]来显现自身的再现之诗才

---

[4] 英文原文为 affect，紧接着下一句德曼即指出这个词对应的是德文 Gemüt，这个词在汉语中一般译为"心灵"（李秋零）或"内心"（邓晓芒）。康德认为 Gemüt 的两大能力，"第一个是接受诸表象的能力（印象的接受力），第二个能力是通过这些表象来认识一个对象（概念的自发性）"（《纯粹理性批判》，邓晓芒译，人民出版社 2004 年版，第 51 页），是知识的基本来源。——译者注

[5] 这里的 word 对应德语中的 Wort，皆是指《圣经》中上帝的启示语言。这个词尤涉对《约翰福音》中的第一句经文 "ἐν ἀρχῇ ἦν ὁ λόγος" 中 λόγος 的翻译。*ESV*、*NIV*、*NRSV* 等英译本《圣经》中均将此句译为 "In the beginning was the Word"，也就是用 word 对译 λόγος；中译本《圣经》中，思高本将 λόγος 译为"言"，和合本则译为"道"；在朱光潜先生的《美学》译本中，此处的 Wort 被译为"文词"。为了兼顾文句的流畅，本书姑且将这里的 word/Wort 译为"言词"，特此说明。——译者注

是可以接受的。"（第 480 页；强调处是我加的）在明显脱离了任何可感的或想象的事物的情况下，言词在这里实际上是作为铭写而出现的，根据《哲学全书》，铭写就是理念最初的也是唯一的现象性显现。石头和金属制成的纪念碑的雕像只是前审美的。没错，它们是感性显现，但是它们不是，或者说还不是**理念的**显现。理念只显现为书写的铭文。只有书写的言词才能是崇高的，确切地说，书写的言词既不像感知那样是再现性的，也不像幻想那样是想象性的。

《美学》中论崇高的这部分内容，确认了这种在形式上对崇高的肯定，并深化了其影响和后果。在这个过程中，我们很快就会发现，黑格尔的崇高明显有别于其前辈们的后朗吉努斯式（post-Longinian）崇高。在《镜与灯》中，有一部分论及崇高的内容[6] 可资借鉴，艾布拉姆斯在其中列举出了一份颇具启发性的名单，其中包括约翰·邓尼斯[7]、洛斯主教[8] 以及赫尔德，[9] 这一传统在维姆塞特[10]、艾布拉姆斯、布鲁姆、哈特曼和韦斯凯尔[11] 的美

---

[6]　即第 4 章 "诗歌和艺术的表现理论的发展" 的第 2 节 "朗吉努斯及其信仰者"。——译者注

[7]　约翰·邓尼斯（John Dennis，1657—1734），英国文学批评家、剧作家。——译者注

[8]　指罗伯特·洛斯（Robert Lowth，1710—1783），英国主教、牛津大学诗学教授。洛斯于 1754 年凭《论希伯来圣诗》被牛津大学授予神学博士学位。洛斯还因对英语语法研究的贡献而被铭记，其《英语语法简介》是最有影响力的英语语法书之一。——译者注

[9]　M. H. Abrams, *The Mirror and the Lamp* (New York: Oxford University Press, 1953), pp. 72—78.（中译参见 M. H. 艾布拉姆斯：《镜与灯：浪漫主义文论及批评传统》，郦稚牛、张照进、童庆生译，北京大学出版社 2004 年版，第 86—91 页。——译者注）

[10]　威廉·维姆塞特（William Wimsatt，1907—1975），新批评派代表人物之一，18 世纪英国文学的杰出研究者，自 1939 年起即在耶鲁大学任教直至去世。维姆塞特的代表作有与比厄兹利（Monroe Beardsley）合写的《意图谬误》(*The Intentional Fallacy*) 和《感受谬误》(*The Affective Fallacy*)，以及与布鲁克斯（Cleanth Brooks）合著的《文学批评简史》(*Literary Criticism: A Short History*) 等。——译者注

[11]　托马斯·韦斯凯尔（Thomas Weiskel，1945—1974），代表作为《浪漫的崇高：超越性的结构与心理学研究》(*The Romantic Sublime: Studies in the Structure and Psychology of Transcendence*)，29 岁时因意外溺亡，去世时为耶鲁大学英语系助理教授。——译者注

国浪漫主义阐释中不绝如缕；在尼尔·赫兹的宏文《解读朗吉努斯》[12]（该文之所以能轻易地在该传统中销声匿迹，是因为它首先出现在巴黎，在巴黎没有人会在意这种亲密的家族浪漫史［familial romance］中的肯綮之处）中，该传统最终被反讽化了，尽管不一定是被祛除了。黑格尔的崇高与其前辈们的崇高之间最明显的——虽然不是最具决定性的——差异在于诗和散文或者美与崇高之间熟悉的对立的消失。对黑格尔而言，崇高**是**绝对的美。然而，就我们现在对这个词的用法而言，没有什么比黑格尔的崇高听起来更不崇高了。这标志着，与弥漫于整个《美学》的象征的语言模式的公开决裂，从一开始就跃然纸上了；在关于康德的介绍性章节中，黑格尔就已经说过，在崇高中，艺术作品"真正的**象征性**"消失了（第 468 页）。然而，只有当这段话内在的逻辑展开之时，方能明白其中的况味。

黑格尔所谓的崇高时刻，是话语秩序和神圣秩序彻底分离的时刻。作为象征的语言的概念——《美学》坚定地投身于该概念，没有它，就不可能出现诸如审美之类的论题——迫使黑格尔必须将这个时刻分离出来。语言符号的现象性（phenomenality），可以通过无限多的手段或转变，与其所指的现象性——作为知识（意义）或感性经验——保持一致。正是符号的现象化（phenomenalization）构成了意指过程，无论意指过程是通过约定的还是自然的方式发生的。现象性这个词在这里不多不少地意味着，就其本身而言，意指过程是可知的，就像自然法和约定法能

111

---

[12] Neil Hertz, "Lecture de Longin", *Poétique* 15 (1973): 292—306. 该文的英译发表于 1983 年 3 月的 *Critical Inquiry*，后收录于 Neil Hertz, *The End of the Line* (New York: Columbia University Press, 1985)。

够通过某种形式的知识而得到理解一样。

　　对黑格尔而言，放弃这一主张的阻力来自古典传统，在这种情况下就是康德的批判过程，即区分认知的各种模式，将关于自然界的知识与关于知识何以可能的知识分离开来，也就是将数学和认识论分离开来。在艺术史上，康德的这种立场对应于黑格尔所谓的"单一实体"（die eine Substanz）——该"单一实体"超越了光和无形之物的二律背反——在无限扩散和传播的过程中将自身单一化的那个环节，具体来说，这种单一化是通过把绝对的普遍性设定为神或上帝来实现的。[13] 这就是从泛神论艺术向一神论艺术的过渡，从印度诗到伊斯兰诗的过渡，在黑格尔的图卷中，这段历史绝非无可指摘。在艺术和宗教（目前尚无法对它们作出区分）的历史中，泛神论和一神论之间的关系，就像自然科学和认识论之间的关系：哲学是统一知识的单一领域，心灵的概念（无论是洛克的理解力［understanding］，还是康德的理性［Vernunft］，抑或是黑格尔的精神［Spirit］）则是这种哲学的一神论原则。一神论环节（在黑格尔这里不是，或者说还不是崇高）本质上是语词性的，并且与想象性概念相吻合，也就是说单一实

---

[13] 这段话对应"崇高的象征"一章中的这段话："但是只有当作全体宇宙的真正意义来理解的单一实体（die eine Substanz）才是真理，只有它已摆脱于幻变的现象世界中的实际存在作为纯然内在的实体性力量而返回到精神本身，因此摆脱有限世界而**获得独立**，它才能被看作真正的实体。只有在认识到神在本质上纯粹是精神性的，无形的和自然界**对立**的情况下，精神才能完全从感性事物和自然状态中解脱出来，也就是从有限存在中解脱出来。"以及德曼接下来就要提及的关于希伯来诗的这段话："'神说要有光，于是就有了光'，朗吉努斯早已举这句话作为崇高最突出的例子。世界主宰这个单一实体（die eine Substanz）当然也要达到外现，但是这种外现是最纯粹的，无形体的，精神性的：它是言词（Wort），作为理念力量的思想外观，凭借其对定在的命令，现在真正地将定在者直接置于无声的服从之中。"参见朱光潜译《美学》（第二卷），第90、93页，译文有所调整，强调为原文所加，括号中德语原文为译者所加。——译者注

体可以被赋予一个名字，譬如 die eine Substanz、the One、Being、Allah（安拉）、Yahweh（耶和华）、我，而且这个名字以象征的方式发挥作用，产生知识和话语。从这个环节开始，语言就成了述谓和规定的指示系统，我们或多或少在大地上诗意地栖居于其中。根据他自己的传统，以及他在当时的哲学话语中的地位，黑格尔将这个环节理解为由否定构成的心灵与自然之间的关系。但是在这个熟悉的、在历史上有迹可循的辩证模式背后，却站着一个全然不同的现实。因为，断言绝对知识通过否定的方式来完成其任务是一回事，通过让绝对——就像在这种过渡中一样——进入一种与他者无中介的关系来断言否定绝对的可能性，则完全是另一回事。如果"心灵"和"自然"实际上代表着绝对及其他者，那么黑格尔的叙事就只在知性（understanding）的第一个层面上与辩证法的扬弃（Aufhebung）有相似性。

从"崇高的艺术"向随后的"比喻的艺术形式自觉的象征表现"（第479—539页）的过渡的困难，源于辩证法与另一种未必兼容的叙事模式的干扰。当我们读到一个隐匿的神"作为纯然内在的实体性力量，隐退到自身之内，从而在有限世界面前伸张自身的独立性"，或者听到在崇高中神圣实体超越其造物的脆弱和无常，从而"真正地显现出来"（第479页）时，我们很容易把这种奴役的情志（pathos）理解为对神圣力量的赞美。那么否定性的语言就是一个辩证的和恢复的环节，类似于尼尔·赫兹的在朗吉努斯的《论崇高》中发现的类似转变。黑格尔的崇高可能要比朗吉努斯更加强调诗人的人性话语和神圣的声音之间的距离，但是黑格尔又说，只要这种距离仍是一种**关系**（第478、481页），那么无论这种关系多么具有否定性，诗性创造和神性创造

112

之间的基本类比都能被保留下来。然而，辩证法层面的叙事并不符合"崇高的艺术"中的隐含叙事。erhaben（崇高的）似乎与erhoben（拔高的）或 aufgehoben（被扬弃的）并不一样，[14] 尽管这个两个词[15] 读音相近，尽管黑格尔偶尔会用一个替代另一个（参见 483 页末）[16]。考虑到黑格尔和朗吉努斯运用了同一个崇高的范例，即《创世记》中的 fiat lux（要有光），这个过渡的复杂性就开始显现出来（第 481、484 页）。黑格尔引用"神说要有光，于是就有了光"这句话来说明，神和人之间的关系不再是自然的、遗传性的（genetic）[17]，神不能被视作先祖（progenitor），黑格尔希望用 schaffen（创造）来代替 zeugen（产生），但这样一来，相较于其日常用法，创造这个词由此就有了更加强烈的否定性涵义；老 / 少、男 / 女的二极性（polarity）不应该意味着家庭等级制度。等级制度要严酷得多。创造纯粹是语词性的，是言词的命令性、指向性、设定性力量。言词（word）言说，世界（world）是言词之话语（utterance）的及物客体，但这意味着，如此被说出来的

---

[14]　erhoben 是 erheben 的过去分词，erheben 的本义指"提升"、"拔高"，进而引申出了"反抗"、"赞扬"、"振奋"等含义，其现在分词 erhebend 和过去分词 erhoben 由此能够表示"崇高的"。aufgehoben 是 aufheben 的过去分词，其名词形式 Aufhebung 上文已多次出现过，在黑格尔的语境中，汉语学界目前对"扬弃"的译法基本已形成共识，因此这里不再赘述。需要补充的是，可以直观地看出 erhaben、aufheben、erheben 这几个词在构词上的相似性，尤其是后两者有着共同的词根 heben（提升，抬高）。——译者注

[15]　即 erhaben 与 erhoben。——译者注

[16]　原文是这样说的："Wenn wir daher in der Phantasie der Substantialität und ihrem Pantheismus eine unendliche *Ausweitung* fanden, so haben wir hier die Kraft der *Erhebung* des Gemüts zu bewundern, die alles fallenläßt, um die alleinige Macht Gottes zu verkündigen."（因此，如果我们在对实体的想象及其泛神论中发现了无限的**延伸**，那么在这里，我们不得不惊赞心灵的**崇高**的力量，它抛开一切来宣扬神的唯一的威能。）黑格尔在此用"Erhebung"替换了"Erhabene"。——译者注

[17]　此处黑格尔原文作 "Zeugens und bloßen natürlichen Hervorgehens der Dinge aus Gott"（第 481 页），朱光潜译作"生产以及万物都以自然生育的方式从神脱胎而来"（朱光潜译《美学》[第二卷]，第 92 页）。——译者注

东西，包括我们在内，并非其言语行为的主体。我们对言词的服从是无声的："言词……凭借其对定在的命令，现在真正地将定在者直接置于**无声的**服从之中。"（第 480 页，强调处是我加的）[18] 如果言词通过我们言说，那么我们就只是会说腹语的假人，尤其是当我们假装回话的时候。如果我们说，语言言说，而且命题在语法上的主词是语言而非一个自我，那么我们并非错误地将语言拟人化，而是严格地将自我语法化。自我被剥夺了任何语谓能力（locutionary power）[19]；在其所有的意图和目的面前，自我只能保持沉默。

　　然而，语言所产生的 das Daseiende（定在者），在黑格尔那里以各种有趣的方式说了很多，乃至写了很多。首先是其引言。《圣经》引用摩西的话，摩西引用上帝的话，《创世记》中的经文运用了再现的基本修辞模式：在柏拉图的意义上，作为经历性引语（erlebte Rede）[20] 的模仿（mimesis）——比如"神说'要有光'"这句话；以及与经历性引语密切相关的叙事（diegesis）或曰间接引语（erzählte Rede）——比如"神称光为昼"这句话。在

113

---

[18]　这句话德语原文为："das Wort ... mit deren Befehl des Daseins nun auch das Daseiende wirklich in stummem Gehorsam unmittelbar gesetzt ist"，德曼将其译作 "the word ... whose command to be also and actually posits what is without mediation and in *mute* obedience"，也就是用 "to be" 来翻译 "Dasein"，用 "what is" 来翻译 "Daseiende"，本文权且将这两个词分别译为 "定在" 和 "定在者"。——译者注

[19]　奥斯汀的言语行为理论区分出了三类言语行为：locutionary act（语谓行为）、illocutionary act（语用行为）、perlocutionary act（语效行为）。locutionary act 指最基本的表意行为，即通过语词的字面意义、语法结构等进行表意的行为。——译者注

[20]　erlebte Rede（经历性引语）一般又被称为 freie indirekte Rede（自由间接引语），德曼将其译为 "reported speech"，据考最早由索绪尔的学生、瑞士语言学家查理·巴利（Charles Bally）提出。经历性引语在某程度上是直接引语和间接引语的特殊融合，在其中叙述对象的话语和叙述者的话语融合在一起，叙述者以第三人称将自己带入叙述对象的视角、置于叙述对象的经历中。——译者注

这个层面，这两种语谓（locution）模式之间的区别并不重要，因为模仿和叙事是同一个再现系统的不同部分；模仿总是可以被视为蕴含在第三人称叙事中（他说"……"）。但这两种话语没有一种会因为是被动的抑或缺乏反思性知识而变成无声的。引言具有可观的述行力；事实上，可以说只有引言才具有这样的能力。即使是默念的引言也不是无声的：一个被抓获的剽窃者可能是个哑巴（dumb），但不会是个只会说腹语的假人（dummy）。然而，这两种话语缺乏设定能力：在婚礼上引用誓词的行为让婚礼得以进行，但却并没有把婚礼设定为一种制度。引言无疑具有举足轻重的认知分量：如果像朗吉努斯所暗示的那样，摩西在这里就是崇高的诗人，那么必然会出现摩西证言的真实性问题，也就是说，认知上的批判性探究不可避免地与语言的设定力量的断言联系在一起。这就说明，在像"要有……"这样的陈述中，具有优先性的述谓对象确实是光，而不是生命（要有生命）或者人类（要有男人和女人）。"光"命名了一切设定（setzen）不可避免的现象性。话语和神圣者的合流——在范例的选择以及黑格尔的评论中，都不会不构成问题——是通过现象性认知的方式发生的。无论多么强烈地否定语言的自主性，只要语言还能宣称知道自己的弱点，并声称自己是无声的，那么我们就仍处在朗吉努斯的模式中。诚如帕斯卡的悖论所言："总而言之，人知道自己是可悲的。正因为人知道自己是可悲的，所以人是可悲的。但人是伟大的，就因为人知道自己是可悲的。"一种辩证化的崇高，就像在朗吉努斯那里一样，仍然默示着诗性的伟大与不朽。

在稍后的位置，黑格尔提到了另一个关于崇高的范例，这个例子同样取自《圣经》，但这次是出自《诗篇》。这里的修辞模式不是再现的模仿—叙事系统，而是直接的呼语（apostrophe）。呼语的内容与再现中所展示和讲述的内容有着不同寻常的差别，尽管——或者毋宁说是因为——它也与光有关："光就是你的外袍，你披着光，如披外袍；你铺张苍穹，如铺帷幔……"[21] 将这两段引文并置在一起——无论黑格尔通过神和人的对称位置（von Seiten Gottes her［在神的方面］［第 481 页］和 von Seiten des Merschen［在人的方面］［第 484 页］）来标记该并置的行为多么的不起眼——是一件相当令人惊异的事。衣服就是表面（ein äußeres Gewand），是隐藏着内部的外部。我们可以像黑格尔那样，将其理解为这样的宣言：相较于精神，感性世界是微不足道的。与逻各斯不同的是，感性世界没有能力去设定任何事情；它的能力，或者说它唯一的话语，就是关于自身弱点的知识。但是既然这同一个精神也——无中介地——**是**光（第 481 页），那么这两处引文的结合说明，精神将自身设定为无法设定的东西，而且这则宣言要么毫无意义，要么就是具有两面性的。一个人可以在强大的时候假装软弱，但假装的能力就是其力量最有力的证明。人能认识自己——人通常也是这么做的——就像人能认识不可认识之物一样，但是经过从知识到设定的转变，一切都变了。设定犹如月映万川，而且，不像思维那样，设定现实地发生。在"要有光"和"光是你的外袍"这两句引文中，不可能找到共同的基础。像黑格尔那样，声称"要有光"——可以被称为朗吉努斯式的——对应于从神的视角或侧面（von Seiten Gottes［在神的方面］）看到的崇高，"光是你的外袍"则对应于从人的视角看到的

114

　黑格尔引用的是路德版《圣经》。在詹姆士国王版《圣经》中这句话就少了许多断言意味："你披着光，如披外袍……"（《诗篇》，104:2）

崇高，这其中的不相容性当然无法缓和或消除。在单一实体（die eine Substanz）的一神论领域，人的视角无法独立于神而存在，也没有人能够谈论神的某一"面"（就像人们谈论"去斯万家那边"[22] 一样），因为神的临在（parousia）不会呈现为任何部分、轮廓、形状。双面世界（two-sided world）这一误导性的隐喻所完成的唯一一件事，就是以任何一种辩证法都无法扬弃的方式，激化了神与人之间的分离。这就是这一章所主张的论点，但是只有当人们消除了掩饰其实际力量的否定情志时，才能读懂它。

只有将这两种修辞模式（再现和呼语）结合起来，才能得出这样的解读，这并非无足轻重。矛盾的地方在于，《诗篇》中呈现的赞颂，消解了《创世记》为赞颂所奠定的基础。呼语是赞颂的绝佳模式，是颂诗（ode）的修辞。黑格尔选择范例的力度清楚地表明，颂诗赞颂的不是它所称呼的对象（《攻陷那慕尔颂》[23]，灵性或上帝）——因为让被称呼的实体得以现身的光总是一种面纱——它一直以来赞颂的都是面纱，让称呼的幻觉得以可能的呼语装置。颂诗与史诗（史诗属于再现）不同，颂诗清楚地知道自己在做什么，它压根不赞颂什么，因为没有任何修辞格本身是值得赞颂的。这段话揭示了朗吉努斯那种作为再现的崇高模式的不足。呼语不是再现，它的发生独立于任何转述，无论是引文还是叙述；当呼语被搬上舞台上时，它会显得既滑稽又笨拙。再

---

[22]　原文为法语：Du côté de chez Swann，是普鲁斯特《追忆似水年华》第一卷的标题。côté 类似于英语中的 side，均表示"面"、"侧"、"旁"等。因此本段中的"侧面"、"方面"、"面"、"那边"都可以理解为同一个词。——译者注

[23]　指布瓦洛（Nicolas Boileau-Despréaux，1636—1711）为赞颂路易十四攻陷那慕尔所写的《攻陷那慕尔颂》（"Ode sur la prise de Namur"）。在文艺复兴时期，朗吉努斯《论崇高》的希腊文稿本被重新发现，随后正是由布瓦洛最早翻译介绍给欧洲学界的。——译者注

现可以被证明是呼语的一种形式，但反过来就不是了。呼语是一种修辞或转义，这在黑格尔接下来对《诗篇》的引用中看得很清楚，在其中，衣服变成了面容："你掩面，他们便惊惶"（Verbirgst du dein Angesicht, so erschrecken sie［《诗篇》，104:29］）。"Licht ist dein Kleid"（光是你的外袍）中的光被保留在了德语词 Angesicht[24] 之中。"赋予面容"（prosopon poiein）[25] 这个转义相当行之有效，通过它我们能一窥转义的整个转换体系。当语言不再仅仅作为再现，而是作为转义发挥作用时，朗吉努斯的崇高及其强大的恢复（recuperation）能力——包括自我反讽的能力 [26]——就达到了极限。随着这一节的展开，黑格尔和朗吉努斯之间的分歧几乎变得近乎绝对，就像黑格尔称之为崇高的人与神之间的分歧一样。然

115

---

[24]　德曼在此是指 Angesicht 中的 Sicht 与光（Licht）有关，因为 Sicht 表示"视线"、"眼光"等含义。——译者注

[25]　prosopon poiein，希腊语，直译即"制作面具"。prosopon 最初指希腊戏剧中的演员或歌队成员等所佩戴的"面具"，在斯多亚学派那里这个词被赋予了"主体"意味，拉丁语中用 persona 来对译这个词，进而有了"面容"、"位格"等含义，后来的基督教神学家便用这个词讨论三位一体的教义问题。后来 prosopon 和 poiein 合成了 prosopopeia 一词，表一种修辞格，指将无生命的事物或抽象的观念等拟人化（personnification），或在言词中让不在场者在场等，钱锺书先生将其译为"揣度拟代之法"。德曼在多篇文章中都谈及过这个词，比如在 "Hypogram and Inscription" 一文中，德曼说："prosopopeia，即呼语的转义……prosopon-poiein 表示着赋予面容，这就意味着原来的面容是缺失的或不存在。这个转义为未命名的实体创造了一个名称，赋予无面容者以面容。"（Paul de Man, "Hypogram and Inscription: Michael Riffaterre's Poetics of Reading", *Diacritics*, vol. 11, no. 4, 1981, pp. 17—35）；以及 "Autobiography As De-Facement" 一文中类似的讨论："prosopopeia 的修辞，是对不在场者、死者、无声音的实体的呼语的虚构，它为后者设定了回答的可能性，并赋予其以言说的权利。声音以嘴、眼睛、最后是面容的形式出现，这一链条体现在转义之名的词源中：prosopon poien，赋予面具或面容（prosopon）。prosopopeia 是自传的转义，通过它，一个人的名字，如同弥尔顿的诗，变得像面容一样容易理解和令人难忘。"（Paul de Man, *The Rhetoric of Romanticism*, New York: Columbia University Press, 1984, pp. 75—76）；本书中的《隐喻认识论》一文也提到了这个词："在狭义上，prosopopeia 指使感官（在这里是耳朵）听到已经消逝的声音。在广义上以及词源学意义上，prosopopeia 指的是赋予无面容者以面容的比喻化过程。"（参见本书第 76 页）——译者注

[26]　Hertz, "Lecture de Longin", pp. 305—306.

而，这两种话语仍然像一个无法解开的结一样缠绕在一起。艺术
和神圣者的异质性，最初是作为认识论辩证法中的一个环节被引
入的，它植根于辩证法本身所铭写的语言结构之中。

　　在黑格尔那里，似乎也有一种对所谓神圣的他者性的恢复性
推论（recuperative corollary）。它在形式上表现为，重申人的自律
（autonomy），即人在伦理上的自我规定，"关于善恶的判断、在
二者之间的抉择，现在被设置在了主体自身之内"（第 485 页）。
由此产生了"与神的积极关系"，其形式表现为法律的奖惩制度。
在指责或称赞黑格尔这种保守的个人主义之前，我们应该尝试去
理解，在从崇高的美学理论到法律的政治世界的过渡中所涉及的
内容。恢复是一个经济概念，它允许在积极或消极的价值化之间
有一个中间的过渡或缓冲地带；刚才引用的帕斯卡关于人的伟大
和可悲的"思想"（Pensée），就是一个关于绝对的匮乏如何转化为
绝对的盈余的很好的例子。但是，在崇高中体验到的绝对性的彻
底丧失，终结了这样一种价值的经济，其替代者我们可以称为批
判的经济：法律（das Gesetz）永远是差异化（Unterscheidung）的
法律，它并非权威的基础，而是对非法的权威的不安。黑格尔的
政治思想源于对信仰的批判性消解，现行神正论的终结，信仰的
捍卫者被驱逐出国家事务，以及神学被转化为权利的批判哲学。
那个应该被废黜和祛魅的君王就是语言，它是所有价值体系的
母体，声称拥有绝对的权力地位 / 设定 [27]。Setzen（设定）变成了
das Gesetz（法律），后者作为批判性的力量，旨在消解对权力的

---

[27]　此处的原文是"absolute power of position"，在此出于行文流畅的考虑将 position 译为"地
位"，但需要说明的是，根据上下文语境，position 在这里既有"设置"、"设定"的含义，又
有"地位"、"位置"的意味。这种一词多义的情况几不可译。——译者注

主张，但不是以绝对正义或相对正义的名义，而是基于其自身的无名和庸常。基于这样的诉求，我们要进入黑格尔的另外两部著作，《法哲学原理》和《宗教哲学讲演录》，它们必须紧接着《美学》一并纳入考量。对我们的论题而言重要的是，处理这两种异质的政治力量——法律和宗教——的必要性是在《美学》中，尤其是在崇高的美学中得以确立的。这俨然是要论述与其题中之义背道而驰的内容，但反而确认了黑格尔的分析的分量；克尔凯郭尔、马克思以及与我们同时代的瓦尔特·本雅明的类似论断，很快也会遭受同样的命运。

关于《法哲学原理》和《宗教哲学讲演录》的批判性阅读，没有比直接从黑格尔隐晦地称为"比喻的"[28]艺术形式入手更好的准备工作了，这部分内容是崇高理论的续篇。分离——仍旧高悬于崇高中有意为之的两可（ambivalence）之中——如今将其发生规律贯彻到了下一个阶段。作为象征的语言被一种新的语言模式所取代，这种模式更接近于符号和转义的模式，但却又区别于这二者，因为它允许符号和转义特性的连结。这种复杂性反映在构成这一章的各种艺术形式奇特的组合中：它们中的一些，[29]比如隐喻（die Metapher）、讽寓（die Allegorie）以及被称作意象比譬（Bild）的东西，或多或少都是直截了当的转义；另外一些，比如寓言（Fabel）、格言（Sprichwort）、隐射语（Parabel），这些次要的文学体裁似乎属于完全不同的序列。在每一个例子中，在它们层累而成的相继中，被消解的并非意指的双重结构，即象征

---

116

[28]　德文作"vergleichen Kunstform"，德曼译作"comparative art forms"。——译者注
[29]　下面这些"艺术形式"的译名，除了 die Allegorie 之外，均采用朱光潜先生的译法，详参朱光潜译《美学》（第二卷），第102—148页。——译者注

所要克服的那种符号和意义的结合。毋宁说,在每个特殊类型的转义结构中,被消解的是定义它们的结构与定义象征的结构之间的同源性。黑格尔首先通过传统的内/外的二极性来阐述这一点。甚至象征也不是简单地与它所象征的实体相一致;象征需要一种知性(understanding)的中介来跨越那个将它排斥在实体之"外"的边界。然而,在象征中,符号和意义之间的关系是辩证的。但现在,"这种外在性,既然它**自在地**(*an sich*)存在于象征中,那么它就必须被设定"(Diese Äußerlichkeit aber, da sie *an sich* im Symbolischen vorhanden ist, muß auch gesetzt werden)(第486页)。这种 Gesetz der Äußerlichkeit(外在性的设定)意味着,意指的原则现在不再被其两级之间的张力所激活,而是被还原为其自身设定/位置的既定运动。因此,意指不再具备生产符号的功能(这是黑格尔在《哲学全书》中赋予符号的价值),而是对之前建立的符号过程(semiosis)的引用或复述。意指也不是转义,因为它无法被其还原状态的知识所闭合或取代。就像口吃或者破损的唱片一样,它让不断重复的东西变得毫无价值、毫无意义。这个段落本身就是最好的证明。它完全没有灵韵(aura)或光辉(éclat),无法取悦任何人:它深深地困扰着像彼得·宋迪这样的象征主义者的审美情感,还破坏了戏谑的符号学家们的兴致,并让刻板的符号学家们的矫饰以及修辞分析的情志化为乌有。当然,在像黑格尔这样满载情志的正典之中,这样的段落是值得注意的。

外在性(Äußerlichkeit)的空间隐喻还不足以描述来自崇高经验的知识。事实证明,崇高是自我毁灭的,其自我毁灭的方式在辩证法的任何其他阶段都没有先例可循。"现阶段(比喻的艺术形式的阶段）与崇高之间的区别……在于崇高的关系完全消失了（vollständig fortfällt）。"没有任何东西可以被提升或拔高。在黑格尔词汇体系的关键词中，无论是在《美学》中还是在别的地方，鲜有这样的情况出现。如果用时间术语来说明这个过程，我们或许能更清楚地看到其中的隐微之处。或许还能建立起象征理论和符号理论、主体理论和记忆化理论之间的关联，这源于对《哲学全书》第 20 节的读解。

　　在比喻化（figuration）中，字面话语和比喻话语的一致——（比如）在隐喻中通过相似性（达成这种一致）——在这里被黑格尔称作**比喻**[30]。重点在于这种姿态的刻意和自觉。比喻的两个方面的并置并非一种真正的关系，也不是约定俗成，而是武断的设置（Nebeneinander-gestelltsein，第 487 页）。艺术的功能在于让这种设置看起来像是一项发现，但实际上它是由声称发现它的人预先建构的。发现的幻觉是通过一种被黑格尔称作巧智（Witz）[31] 的能力有意识地、巧妙地营造出来的，这种能力与康德与席勒的天才相去甚远。巧智没有发现任何新的或被隐藏起来的东西，它所发明的实际上只是冗余和重复的东西。用时间术语来说，巧智把自己过去的发明投射到未来，并不断重复已知东西，就好像是新的发现一样。这种过去和现在表面上的反转（metalepsis）[32] 实际上根本不是反转，因为被牺牲的未来的对称等

117

---

[30]　"象征型艺术"中第三章的标题，我们译作"比喻的艺术形式自觉的象征表现"，德文原文作 Die bewußte Symbolik der vergleichenden Kunstform，其中 vergleichen 通常表示"比较、对比"，还可以表示"比喻"。德曼将该词译作 comparative，以及此处名词形式作 comparision。在其他地方的"比喻"均指 figure。——译者注

[31]　参见本书第 56 页注释 5。——译者注

[32]　在古典修辞学中，metalepsis（μετάληψις）指把已经用作比喻的词进一步用于另一个比喻之中，或基于同义词、同音异义词进行的语义转换。昆体良是这样定义 metalepsis（转下页）

价物不是被理解的过去，而是被庸常化了的过去。然而，这个凄凉和失落的环节，反倒因其难得的清醒而成为《美学》中最接近思辨哲学之根本任务的那个环节。诚如《哲学全书》第 20 节所告诉我们的那样，哲学的起点——"实存着的主体作为能思维者的简称"[33]（第 72 页）——同样是武断的，它自诩要在其未来的连续展开中验证自身的正当性，直到达到自我承认的地步。跟艺术

（接上页）的："在修饰意指的转义中，值得注意的还有 μετάληψις（metalepsis），或曰 transumptio，它为从一个事物到另一个事物的转换供了一种方式……metalepsis 本质上是一种通往已被隐喻表达出来的事物的中间步骤，它本身并不意味着什么，但却提供了一个通往其他事物的通道。"(Quintilian, *Quintilian's Institutes of Oratory, Or, Education of an Orator: In Twelve Books,* London: George Bell and Sons, 1905, pp. 133—134) 在古希腊语中，μετάληψις 作名词最初表示"参与"、"介入"等意思，从词源上来看，μετάληψις 由 μετά 和 λῆψις 构成，λῆψις 为 λαμβάνω 的现在分词形式，λαμβάνω 最主要的含义是 take，因此 μετάληψις 可以对译为 meta-taking，其居间转换的意味与 μεταφέρω（metaphor）如出一辙。德曼认为 metalepsis 以及隐喻、转喻等所有的修辞结构都基于"替代性的反转"（Paul de Man, *Allegories of Reading: Figural Language In Rousseau, Nietzsche, Rilke, and Proust,* New Haven: Yale University Press, 1979, p. 113），"修辞学家们将过去和现在的转喻式的反转称作 metalepsis"（Paul de Man, et al., *Romanticism and Contemporary Criticism: the Gauss Seminar and Other Papers,* Baltimore: Johns Hopkins University Press, 1993, p.201）。在此意义上，德曼与哈罗德·布鲁姆对 metalepsis 的界定颇为接近。布鲁姆认为 metalepsis 与诗歌中"早与迟"（Early and Late）的意象相对应，是"用一个词来代替之前比喻中的另一个词"，因此可以将其称为"转义反转的转义"（trope-reversing trope）（Harold Bloom, *Poetry and Repression: Revisionism from Blake to Stevens,* New Haven: Yale University Press, 1976, p.20）；布鲁姆还将 metalepsis 视为与反讽（irony）、提喻（synecdoche）、转喻（metonymy）、夸张（hyperbole）、隐喻（metaphor）并列的第六种转义："我们可以将 metalepsis 定义为转义的转义，即用一个词来转喻式地替代之前的比喻中的词。更广泛地说，metalepsis 或 transumption 是一种图型，这种图型往往是暗示性的，它将读者带回到以前的比喻图型中。"(Harold Bloom, *A Map of Misreading,* New York: Oxford University Press, 1975, pp. 73—74) 另外值得补充的是，热奈特将 metalepsis 用作一个叙事学的术语，用来表示叙事层——即叙述者的世界和被叙述的世界——之间的转换、对叙事界限的逾越，具体呈现为故事外的叙述者或者被叙述者进入故事内，或者故事内的人物进入元故事的空间。——译者注

[33] 这句话完整的原文为："Das Denken als *Subjekt* vorgestellt ist *Denkendes*, und der einfache Ausdruck des existierenden Subjekts als Denkenden ist *Ich*." 先刚译作："当思维被看作**主体**，就是**思维者**，亦即实存着的主体，而它的最简单的表述就是**自我**。"（先刚译《小逻辑》，第 52 页）贺麟译作："就思维被认作**主体**而言，便是**能思者**，存在着的能思的主体的简称就叫做我。"（贺麟译《小逻辑》，第 68 页）梁志学译作："思维作为**主体**来看是**能思维者**，并且现实存在的主体作为能思维者的简称就是**自我**。"（梁志学译《小逻辑》，第 60 页）——译者注

作品一样，哲学的主体同样是后天的重新建构。诗人和哲学家对自己的事业都有这样的清醒认识。

与其用一些具有欺骗意味的两面性的语词来描述这样的事业，不如说，为了膺服其所投身于其中的话语，诗人必须——像哲学家一样——**忘记**对自己事业的了解。作家们总是为了让自己灵光乍现的引譬连类变成不朽之盛事，乃至于将它们深藏在记忆的棺椁中（或者置于真正的木匣里），直到有一天妙手偶得、缀词成章，宣告自己发现了自己所埋葬的东西；跟这些作家一样，诗人们同样只有通过死记硬背来了解他们的比喻，并且只有在他们不再记得或理解这些比喻时才能运用它们。当然，这个过程并不存在欺世盗名的嫌疑，除非有人为自己关于生存伦理而非英雄追求的举动主张先验的功绩。在《美学》关于象征的形式那一部分的最后，[34] 经过了崇高的反转，书写组织结构的方式就像记忆化，或者用黑格尔式的术语来说，就像思维。深思熟虑地阅读诗人或哲人——在他们的思维层面，而非在自己或他们的欲望层面——就是死记硬背地阅读他们。每一首诗（Gedicht）都是 Lehrgedicht（说教诗）（第541页），从中获得的知识随读随忘。

我们还可以换一种方式来说明这一点，与本文开头提到的政治主题形成松散的呼应。黑格尔描述了由崇高的修辞到比喻的修辞的不可阻挡的发展，即从能够涵盖整部作品的批判语言的范畴（比如体裁），收缩到只命名话语的不连续片段的术语（比如隐喻或其他的转义）。黑格尔自己的语言变得越来越蔑视美学纪念碑的这些部件。他将它们称作次要体裁（untergeordnete Gattungen），

118

---

[34]　即"比较艺术形式自觉的象征表现"的最后一节"象征型艺术的消逝"，这一节也是整个关于象征型艺术的最后一节。——译者注

只是（nur）一些"被剥夺了精神的活力、见识的深度以及对实体的见解，缺乏诗意和哲思"（第 497 页）的形象或符号。换句话说，它们完全是散文性的。然而，它们之所以如此，并不是因为选择这些艺术形式而非主要的再现体裁——史诗、悲剧——的诗人有什么先天缺陷，而是因为它们就是一种内在语言结构必然要显现出来的结果。在这整个发展过程中，没有任何环节能够被归结为可以避免的意外事件或偶发事件，尤其是诗歌技巧本身被证明是偶然的和意外的那个环节。语言的基础结构（如语法和转义）将诗歌的上层建筑（如体裁）的出现解释为用来压迫它们的必要手段。在《美学》中，辩证法的无情推动揭示了艺术的散文本质；就艺术是审美的而言，它也是散文性的——就像与深刻的回忆相比，死记硬背是散文性的；就像与荷马相比，伊索是散文性的；就像与朗吉努斯的崇高相比，黑格尔的崇高是散文性的。然而，不应该从诗和散文的对立来理解散文性。当小说——就像卢卡奇对 19 世纪现实主义的阐释一样——被设想为史诗的后裔时，无论这后裔已经成了多么年深岁久的挽歌，在黑格尔的意义上，小说都绝非散文性的。波德莱尔的《恶之花》中的某些诗的散文版本与其原作中富有韵律感的辞藻相比，也并非散文性的；我们只能说，这些散文版突显了最初形塑这些诗歌的散文性要素。黑格尔这样总结他的散文性概念："散文始于奴隶"（Im Sklaven fängt die Prosa an［第 497 页］）。黑格尔的《美学》，本质上是关于艺术的散文性话语，是奴隶的话语，因为它是比喻的话语而非体裁的话语，是转义的话语而非表现的话语。因此，《美学》在政治上也是合法的且有效力的，因为它是被篡夺的权威的颠覆者。《美学》中论崇高的部分受奴役的地位和状况，以及《美学》在黑格尔著作集中受奴役的地位，都是其力量的表现。诗人、哲人，以及他们的读者，只有在反过来僭越成为主人时，才会失去其政治上的影响力。僭越的方法之一就是，无论如何都要避免审美判断的批判锋芒。

康德的唯物论[*]

对康德第三《批判》即《判断力批判》（1790）的接受，是19 世纪和 20 世纪思想史中一段疑窦重重的插曲，这段插曲尚未终结，甚至还没有被完整地勾勒出来。理查德·克莱恩（Richard Klein）以弗兰克·伦特里奇亚（Frank Lentricchia）[1] 的评论为出发点，但是康德关于审美领域"不受认知和道德因素的影响"[2] 以及审美经验"被排除在现象世界的真理之外"[3] 的观念，却很难安在伦特里奇亚头上。克莱恩的这种做法，与研究启蒙运动、浪漫主义以及二者之过渡的美国历史学家们的某些陈词滥调不谋而合。从启蒙运动到浪漫主义的谱系始于康德，经由席勒和柯勒律

---

[*] 《康德的唯物论》系德曼在美国现代语言协会第 96 届年会上所作的发言。此次年会于1981 年在纽约召开，德曼参加了分会议"文学批评与理论"中的一场主题为"康德和美学问题"的小组会议，主持人是乔纳森·卡勒（Jonathan Culler）（康奈尔大学）。该小组会议的参与者除了德曼之外，还有康奈尔大学的理查德·克莱恩（Richard Klein）、加州大学伯克利分校的弗朗西斯·弗格森（Frances Ferguson），详参 "Program of the Ninety-Sixth Annual Convention of the Modern Language Association of America", *PMLA*, Vol. 96, No. 6, Program (Nov. 1981), pp. 1030—1031. 注释由英文版编者所加。（严格地讲，将本文题目中的 materialism 译作"唯物论"是有欠妥当的，最明显的原因在于，这个字眼并不能直接解析出"唯"这一层意思，更何况德曼在此所谓的 materialism 是一种激进的形式主义。"物质论"、"物质主义"等译法或许相对更加准确一些，但我们仍然选择使用旧译，因为这个译法就像柏拉图的"理想国"一样，已经成了一个符号性的译名。——译者注）

[1] 伦特里奇亚在《新批评之后》这本书中多次谈到保罗·德曼，并辟专章"保罗·德曼：权威的修辞学"讨论德曼。——译者注

[2] Frank Lentricchia, *After the New Criticism* (Chicago: University of Chicago Press, 1980), p. 19.

[3] Ibid., p. 41.

治，最终通往颓废的形式主义和审美主义（aestheticism）。该谱系的一种近乎漫画的极端版本，即康德和奥斯卡·王尔德的并置，已经成了文学史上的老生常谈，在梅耶·艾布拉姆斯的《镜与灯》[4] 等许多地方都俯拾即是。稍不留神，这样的做法就会造成对美学范畴以及当今的语言和诗歌形式的误解。它导致了对美学理论在当代思想中所扮演的角色的误判，夸大了美学在表面上的轻浮以及由之而来的在道德谴责面前的脆弱性，低估了美学的认知能力及其与实在论（realism）的现象学认识论（phenomenalist epistemology）同心勠力的合谋。由此可见，无论如何，这样的做法都是对第三《批判》草率和肤浅的解读。

　　这种不足不能简单地归咎于阐释者在技巧、知识抑或意识形态上的偏见。《判断力批判》是一个分外艰深、异乎寻常的文本，这不仅仅是因为，在任何特定的点上，在它所提出的每个例子、每个命题中，它都极具启示性，这些悬而未决的局部诱惑令读者应接不暇，它们是如此诱人，让人欲罢不能又欲说还休，近乎一种精神虐待。《判断力批判》在总体上专注于既定主题的同时，又向许多不同的方向旁逸斜出，以至于其主题不断地面临着被遗忘的危险。但我们怎能对那些信手拈来的论述置若罔闻呢？比如说，我们应该在某一天注意到，哲学话语中比比皆是的"根据"（grounding）隐喻（第 59 节）[5]，再比如，我们应该沉思一种树在另

---

[4]　M. H. Abrams, *The Mirror and the Lamp* (New York: Oxford University Press, 1953), p. 328.（中译参见 M. H. 艾布拉姆斯：《镜与灯：浪漫主义文论及批评传统》，郦稚牛、张照进、童庆生译，北京大学出版社 2004 年版，第 406 页。——译者注）

[5]　在第 59 节，康德指出了哲学中众多重要概念和术语的隐喻性："这样，**根据**（支撑、基础）、**依赖**（由上面把持住）、从中**流出**（而不是跟随）、**实体**（如**洛克**所表述：偶性的承载者）这些词语以及无数其他词语，都不是图型的，而是象征的生动描绘。"（《判断力批判》，李秋零译，中国人民大学出版社 2011 年版，第 173 页［以下简称李秋零译本］）——译者注

一种树上的寄生性嫁接，并研究由此所产生的病态的但具有药用价值的赘生物（第64节）[6]。我们当然清楚，为什么这么多的阐释者都只见树木不见森林——譬如，专注于无目的的合目的性，但却忽视了由此得以可能的目的论判断力，抑或聚焦于作为自由游戏的审美概念，而牺牲了作为纯粹理性的审美概念。

所有康德研究者似乎都认为，第三《批判》构成了统一三大批判的枢纽，其批判力更甚于纯粹理性和实践理性，甚至威胁到了这些范畴的稳定性。米歇尔·福柯亦持此见，他在康德与德斯蒂·德·特拉西（Destutt de Tracy）、批判哲学与意识形态之间进行对比，由此来诊断批判的症结。[7]有别于前马克思的意识形态家（他们基于一种从单一到杂多的分析判断的天真图型来按图索骥），康德标志着"认知和知识从表象空间中的隐退"[8]。但是随后便有人指出，康德对表象的批判，使得消极认识的先验秩序和经验世界的特殊性之间产生了新的张力，前者需要高度的形式化，后者则一方面为了认识的目的要求形式化，另一方面又拒绝形式化，因为正是这种特殊性使得对古典认知模式的批判变得必要。比如，在提到埃德蒙·博克（Edmund Burke）时，康德确实发现了经验论方法论的错误：鉴赏判断"必须以某个（不论是客观的还是主观的）先天原则作为基础，这个先天原则是人们通过探查心灵变化的经验性法则永远也达不到的"；相反，人们应该接受"一种更高的研究……对这种机能的一种先验的讨论

---

6   在第64节，康德以树为例，讨论了作为自然目的之物的有机物的三种性质。参见李秋零译本，第191—192页。——译者注

7   参见《词与物》第7章第5节"意识形态与批判"。中译参见米歇尔·福柯：《词与物——人文科学考古学》，莫伟民译，上海三联书店2016年版，第245—248页。——译者注

8   Michel Foucault, *Les Mots et les chases* (Paris: Gallimard, 1966), p. 255.

（Erörterung）"[9]。

　　我们如何理解这些段落中的对表象的批判，以及对其持续的必要性的肯定呢？是否诚如福柯以及许多其他研究者所暗示的那样，在我们今天所说的被压抑者的回归的意义上，这种肯定是经验之物的回归？我们是否可以在忽略这篇文本中同时活跃着的唯物论（materialism）的情况下，去谈论康德的观念论（idealism）？唯物论在康德的文本中远比"实在论"或"经验论"等术语所传达的内容更为激进。这会给如今作为康德美学直系后裔而受到攻击的形式主义方法论带来怎样的影响？兹事体大，断不能以任何方式将其简单化。

　　寻找答案的最佳地点之一位于第三《批判》中论述崇高的部分。这个选择兼具充足的理论理性和实践理性，因为有别于属于知性（Verstand）秩序的美者，崇高者确实是审美与纯粹理性秩序的适合性（Angemessenheit，第 195 页）得以确立的地方。之所以选择第 28 节和 29 节作为本次演讲所依据的主要文本，主要是因为它们是黑格尔在《美学讲演录》中思考崇高问题的起点。

　　黑格尔发现，尽管康德相当啰嗦（黑格尔原话如此），但他区分美者与崇高者的方式颇值得玩味。在黑格尔如此盛气凌人的表述中，仍能引起我们兴趣的地方在于，他作出了这样的论断（从中将发展出十分有趣的黑格尔版的崇高）：对于崇高者的经验以及关于崇高者话语，不再是象征性的，"［in der Erhabenheit］

---

[9]　Immanuel Kant, *Kritik der Urteilskraft*, vol. 10 of *Werkausgabe*, ed. Wilhelm Weischedel (Frankfurt am Main: Suhrkamp, 1978), p. 203.（中译援引李秋零译本，第 104—105 页，略有调整。后文出自此书的引文，均在正文中随文标注页码，前一个页码为德文版页码，后一个页码为李秋零译本页码。只有一个页码的地方，为译者补标，均指中译本页码。涉及的康德其他作品，均出自该德文版，同样在正文中随文标注卷号和页码。——译者注）

verschwindet der eigentlich symbolische Charakter［der Kunst］"（［在崇高中］［艺术］真正的象征性消失了）[10]。象征建基于形式结构和思想内容之间一定程度的一致性；黑格尔认为康德的问题在于，他把这种对崇高的归纳理解为向主观情绪、情感和心灵机能的庸常状态（triviality）的回归，却未能将这些东西纳入认知的辩证进程中。在某种程度上，黑格尔重申了康德对博克的经验主义的责难。象征性的丧失，符号与意义之间的契合的丧失，是一个必然的否定时刻；在这方面，康德和黑格尔是一致的。但这种丧失所带来的威胁，也足以促使他们为其恢复（recuperation）模式赋予重要意义。在这里，康德和黑格尔讲的不是同一个故事，康德的版本以一种比黑格尔的版本更为扭曲的方式，在传统中流传了下来。

对崇高者的分析需要划分为两部分，对美者的分析则不必如此。除了要在量上考虑到无限宏大的数学的崇高，对崇高者的分析还必须考虑到运动。因此，崇高者与康德从莱布尼茨那里继承过来的古典哲学学说重新建立了联系，在这种哲学传统中，空间与数、几何学与微积分之间的同质性，要通过无穷小的运动来建立。在康德这里，这一理性目标是由主体的心灵情调（affectivity）[11] 来实现的。

---

[10] G. W. F. Hegel, *Werke in zwanzig Bänden* (Frankfurt am Main: Suhrkamp, 1970), vol. 13, *Vorlesungen über die Ästhetik I*, p. 468.

[11] 在这里以及下文中，德曼对 affectivity 以及与之相关的 affect、affective 等词的使用似乎有些随意。因为在康德的文本中，affect 一般用来对译德文中的 Affekt，中文通常译作"激情"，在涉及康德所谓的"激情（Affekten）和热情（Leidenschaften）"以及其他类似的语境时，德曼就是基于该涵义使用该词的。但是在更多的时候，德曼是在经验性的情感——有别于"知情意"之中的情感（Gefühl）——的意义上使用这个词，比如"affective judgments"、"language of the affections"、"affective cogito"等表述，并且与 emotion、feeling 等词语相互替换。由于这里主要谈论的是心灵在自然里面的崇高者的表象中生发的种种情感，所以权且将（转下页）

"数学的崇高者"一节确立了象征性的丧失，因为象征无法通过感性手段来表现心灵的创造性衔接的无穷力量。**想象力**（*imagination*）意在象（image）外；想象力（Einbildungskraft）实则无象（bildlos），[12] 这个名称内在的悖论记录了其失败。那么，如何克服这种失败，就是下一部分"自然的力学的崇高者"（第 28 和 29 节）的主题。

多少有些令人惊讶的是，崇高者的动力学（kinetics）随即被视为**威力**（*power*）的问题：第 28 节的第一个词是 Macht（威力），紧接着又是 Gewalt（强制力），随之而来的是这样一个论断：强制力是克服威力之间的相互抵抗的唯一手段。[13] 从数到运动的转换的经典方法是物体的动力学方法，例如开普勒对天体在重力加速度作用下的运动的研究。但是重力也可以被视为一种力，从动力学到康德所谓的力学（dynamics）的过渡，也可以用数学或物理学的概念来论证。基于文本层面目的论的考量，康德没有继续这一思路，转而在攻伐、斗争以及恐惧等经验性（但这还是经验性的吗?）意义上引入了威力（power）的概念。审美的崇高和自然的崇高之间的关系，被视为敌对者之间的斗争，而非科学家之间的论争，在这种斗争中，心灵的机能必须以某种方式压倒自然之力，要胜过（überlegen）自然之力。在从象征语言到

（接上页）affectivity 与 Gemütsstimung 对应起来，译作"心灵情调"，affect、affective 等词则根据具体语境译作"情感"或"激情"等，并在正文中标注原文。——译者注

[12] 德语表示"想象力"的 Einbildungskraft 一词的词根是表示"图象"的 Bild，就像英文中的 imagination 和 image 的关系一样。——译者注

[13] 第 28 节开头两句话原文如是：*Macht ist ein Vermögen, welches großen Hindernissen überlegen ist. Eben dieselbe heißt eine Gewalt, wenn sie auch dem Widerstande dessen, was selbst Macht besitzt, überlegen ist.*（**威力**是一种胜过大的障碍的能力。正是这种威力，当它也胜过那本身就具有威力的东西的抵抗时，就叫做**强制力**。[李秋零译本第 87 页]）——译者注

崇高语言的过渡中，黑格尔也保留了这种优越性（Überlegenheit）的观念。[14]

　　因此，如果在同一段话中还出现了对统帅而非政客多少有些令人不安的赞美——这种论调听起来更像出自尼采之口——当然并非前后不一。"人们尽可以在把政治家和统帅作比较时，对于谁比谁更值得崇高的敬重有如此之多的争执；审美判断裁定的是后者。"（第187页；第90页）对待康德切勿急于下结论；从其政治著述中我们得知，康德绝非认为战争胜于和平，抑或主张军事政府而非文官政府。相反，他**是**在说一种自发的**情感**（*affect*），人们出于这种情感而敬重战斗中的英雄，这样的冲动让人们最多只是喜爱埃涅阿斯，但却敬重阿喀琉斯，因此政客们往往对那些戎装加身之人心生羡慕。这个例子的意义在于，它将情感判断（affective judgments）与理性判断区分了开来。因为崇高对自然的胜利是一种情感（敬重、钦佩等）对另一种情感（恐惧等）的胜利。这类情感语言（language of the affections）使康德的话语在一些特别的地方呈现出一种庸常状态，这种庸常状态在他的那些大巧若拙的例子和说明中屡见不鲜，尽管他的论证从来不会如此。这种索然无味（blandness）难以言诠，但是有可能乃至有必要培养一种关于它的品味。

---

[14]　这段话跟《康德的现象性与物质性》中的一段内容基本一致，参见本书第127—128页。此外，在第27、28节，康德多次用到überlegen/ Überlegenheit，比如："对自然中的崇高者的情感就是我们对自己的使命的敬重，我们通过某种偷换……对一个自然客体表现出的这种敬重，这就仿佛把我们的认识能力的理性使命对感性的最大能力的优越性（Überlegenheit）对我们直观化了"；"**威力**是一种胜过（überlegen）大的障碍的能力。正是这种威力，当它也胜过（überlegen）那本身就具有威力的东西的抵抗时，就叫做**强制力**"；"在我们的心灵中发现了对处于不可测度性之中的自然的一种优越性（Überlegenheit）……同时也揭示出一种能力，能把我们评判为不依赖于自然的，并揭示出对自然的一种优越性，在此之上建立起一种性质完全不同的自我保存"，等等。参见李秋零译本第85、87—89页。——译者注

但康德的心灵情调（affectivity）究竟指的是什么？或许说它不是什么更为容易：它当然不是沙夫茨伯里的热忱（enthusiasm），也不是对某种内在性的价值化（valorization）。在奥古斯丁和虔信派的传统中，这种内在性将意识（在这个词的所有意义上）的声音和感受的话语结合了起来，俨然一种卢梭和前浪漫主义的格调。康德仔细区分了激情（Affekten）和热情（Leidenschaften），对他来说，热情属于任性和欲求的序列："在激情中心灵的自由虽然受到**阻碍**，但在热情中却被取消了（aufgehoben）[15]。"（第 198 页；第 99 页）康德对激情的探讨不是从主体的内在体验开始的，也不是从蒙田、马勒伯朗士或浪漫派那里捕捉到的可解释的感知（sensitivity）、情感性的我思（affective cogito）开始的。康德从来不会像在讨论情感时这么索然无味过。他似乎常常以字典而非自己的经验为出发点，常常以词语之间外部的相似性而非情感的内在共鸣为导向。因此，惊异（Verwunderung）和赞赏（Bewunderung）之间的重要区别（第 199 页；第 99 页）——前者是转瞬即逝的，后者是绵延不绝的——显然更多的是基于这两个词外部的相似性，而非基于一种内在体验的现象学。从象征性情感向空洞的语词如此这般的退化，情志（pathos）、戏剧性和自省如此这般的丧失，不容易解释，但很容易误判。

在解释这一肯綮之处——此处之所以**是**至关重要的，是因为理性与实践道德，进而与政治、法律智慧的衔接，是通过崇高的心灵情调（affectivity）得以实现的——的尝试中，我们不妨求助

---

[15] 该词原型即在黑格尔那里常被译作"扬弃"的 aufheben，另可参见本书第 186 页注释 14。——译者注

于康德在前批判时期关于同一主题的早期文本，即早于《判断力批判》至少 25 年的《关于美感和崇高感的考察》[16]。这篇文本虽然读起来充斥着 18 世纪那种迂腐的陈词滥调，但切不能因此就轻易放过它，尤其是不能简单地把它当作解读《判断力批判》中我们在此所关注的部分的辅助材料。康德以一种近乎荒诞的绝对自信阐述了崇高和美的心灵状态、价值和特征的比较类型学。我们从中了解到，蓝色的眼睛、金色的头发是美的，棕色的头发、黑色的眼睛则是崇高的；意大利人是美的，英国人则是崇高的；又或者，不出所料，男人是崇高的，女人则是美的，尽管有些女人有着棕色的头发、黑色的眼睛，而且康德还坚称，肤色白的人多少能够给人留下崇高的印象，大概这是就男人而言。我就不再赘述康德关于非欧洲国家的论述了，在今天看来，这一部分有些难以卒读，尽管它跟布干维尔[17]——不是狄德罗——在同一时期的论调相差无几。这些恼人的陈词滥调并不能归咎于表述方式和方法的问题，人们自始至终都对这些方式、方法葆有极大的兴趣。这篇文本字里行间充斥着高度脸谱化、漫画式的人物形象（康德提到了荷加斯［Hogarth，第 215 页］），这有点像拉・波吕尔（la

---

[16]　*Beobachtungen über das Gefühl des Schönen und Erhaben*，1764，下文简称作《考察》。中译援引李秋零的翻译：《康德著作全集　第 2 卷》，李秋零主编，中国人民大学出版社 2004 年版，第 207—257 页。后文均随页文标注页码，前者为德文版页码，后者为该中译本全集中的页码。只有一个页码的地方，为译者补标，均指中译本页码。——译者注

[17]　指 Louis-Antoine de Bougainville（1729—1811），法国海军军官，指挥法国军舰参加过美国独立战争，但后来更因其探险家的身份为人所熟知。布干维尔被认为是第一个完成环球航行的法国人，其《世界环游记》最早描述了阿根廷、巴塔哥尼亚、大溪地和印度尼西亚等地的地理、生物和人类学，出版后一度引起巨大轰动，尤其是对大溪地的原始社会的描写。布干维尔将大溪地描绘为远离文明的腐败的人间天堂，提出了"高贵的原始人"的概念，对卢梭等法国启蒙思想家颇有影响。狄德罗后来以对话体的形式为其创作了《世界环游记补遗》。——译者注

Bruyère）的风格（尽管没有他的巧智和妙想），康德提到了他的
名字（第212页的注释），并且借鉴了其运用人物典故来引譬连
类的手法。然而，这种类型学并不以实际的观察为依据，而是完
全基于语词的定义。康德从普通德语的词汇库出发，建立起了详
尽的分类，这些分类无需进一步的证明，只要能在日常语言的
词汇表、辞典（Wortschatz）中找到它们即可。康德在**语言** [18] 层面
一页接一页地罗列词汇，这些情感（affect）领域的词汇，通过
细微但决定性的差异而被区分开来。随手翻开一页，我们就能
看到一段话在寥寥数语间便给出了诸如 Fratzen（怪诞）、Phantast
（幻想家）、Grillenfänger（古怪的人）、läppisch（愚昧可笑的）、
Laffe（纨绔子弟）、Geck（花花公子）、abgeschmackt（乏味的）、
aufgeblasen（自吹自擂）、Narr（愚人）、Pedant（迂夫子）、Dunse
（邓思）[19]（第214—215页）等一系列密切相关的语词的简要定义。
康德完全是就这些语词本身来谈论它们的，无涉其内涵、词源，
抑或其比喻义、象征义。用黑格尔的话来说，在这些段落中，语
言的象征性完全消失了。

　　象征性的丧失伴随着对主题的强调，这在以四种性情或体
液来区分美感和崇高感的部分变得尤为明显。在这部分内容中，
康德告诉我们，崇高是忧郁的，美则是欢快的。但忧郁的情绪
绝非纳西索斯式的（narcissistic）自我迷恋。在第三《批判》关

---

[18]　原文为 langue，在此是在索绪尔所谓的 langue（语言）与 parole（言语）相区分的意义上
使用。——译者注
[19]　关于 Dunse，可参何兆武先生译本的译注："邓思原文为 Dunse（亦作 Duns 或 Dunsman），
此字原为反对苏格兰哲学家邓思（John Duns Scotus，约1265—1308年）的人为该学派所取的
名字，指责他们专门研究诡辩和玄理。16世纪以后，由于该派反对各种新学，故此词被当时
的人文主义者与改革派用以指不学无术的顽固分子。"（《论优美感和崇高感》，何兆武译，商
务印书馆2001年版，第11页）——译者注

于"力学的崇高者"的部分，康德再次提到了忧郁的情绪，他在末节用褪去稚气的语言，不吝笔墨地对其进行了描述和说明（第 102—103 页）。当康德明确地指出，过度的忧郁就是一种冒险性（Abenteuerlichkeit）时，很明显其中便不再有什么孱弱的成分了。[20] 崇高的忧郁也并非与属于胆汁质性情的崇高的愤怒水火不容。但在四种性情中，有一种性情既不是美的，也不是崇高的。在一小段话中，康德对黏液质的问题轻蔑地一笔带过："由于在**黏液质**的合成中，通常没有加入特别引人注目程度的崇高或者美的成分，所以这种心灵品性就不属于我们考虑的范围了。"（2:845；第 225 页）在民族特性的领域，康德将荷兰人与情感的零度（degré zéro）画上了等号，他认为，荷兰人属于黏液质的德意志人，他们只对金钱感兴趣，对美或崇高则完全没有任何感觉。我从未对安特卫普和鹿特丹之间一百多公里的距离感到如此庆幸过。

125

在第三《批判》中，事情往往不像表面上看起来那么简单，在美者和崇高者的分析论结尾的"总附释"中亦是如此。这两个文本之间的这些相似性足以让它们之间任何明显的差异都格外醒目。作为激情的丧失或者缺失（Affektlosigkeit）而被提及的黏液质就属于这样一种差异，在第三《批判》中，它被证明与崇高者的最高形式相关（第 98 页），这与早期的《考察》中的观点截然相反。康德说，热忱在审美而非理性上可以是崇高的；它有力量，但却是盲目的。"这看起来令人奇怪，"他继续说道，但是"就连一个顽强地执著于自己那些不变原理的心灵的**无激情**

---

[20]　康德提到"冒险性"的相关内容大致有**可怖的崇高**这种品性如果是完全不自然的，那就是**冒险性的**"；"出自一种合情合理的厌倦而忧郁地离开世界的喧嚣是高贵的。古代隐士离群索居的虔诚是冒险性的"；"严肃倾向于忧郁……如果他的情感颠倒错乱，并且缺乏一种清醒的理性，他就会陷入**冒险性**"（《全集》第 214、215、222 页）。——译者注

（apatheia, phlegma in significatu bono［冷漠、褒义的迟钝］），也是崇高的，确切地说以高级得多的方式是崇高的，因为它同时在自己那方面拥有纯粹理性的愉悦。惟有这样一类的心灵性质才叫作高贵的；这一表述后来也被用在这样的事物上，例如建筑、一件衣服、行文风格、仪表等"（第 199 页；第 98—99 页）。正是因为崇高者独立于感性经验，是超感性的（übersinnlich），它才能与理性相容。这就是使认知与道德的结合成为可能的原因。在第三《批判》的第一版中，有一个吊诡的印刷错误，把 Sinnlichkeit（感性）拼成了 Sittlichkeit（道德）（第 202 页；第 101 页）[21]，排字工人的轻轻一击便使得康德三十年的哲学修行毁于一旦。这个讹误在第二版中得到了纠正，但是许多对第三《批判》的阐释读起来就像这个纠正从未发生过一样。康德说："**自由理念的不可探究性**完全切断了一切积极展示的道路。"（第 202 页；第 101 页）

这段话在另一方面同样引人瞩目。审美的力学中的超感性契机并没有将崇高者孤悬于彼岸世界。诚如康德所言，崇高**适用于**各种对象；艺术是崇高者的技艺（techné），我们只能在未经加工的自然[22]中找到崇高者的纯粹形式。如以建筑为例，那么艺术的技艺就是建筑术。早期的《考察》和后期的第三《批判》使用了同一对例子来界定崇高的艺术作品：埃及的金字塔和罗马的圣彼得

---

[21]　即"狂热是一种**想要超出感性的一切界限看到某种东西**"中的"感性"。——译者注

[22]　原文为 der rohen Natur，语出第 26 节最后一段："如果审美判断应当**纯粹地**……给出，而且就此应当给出一个完全适合审美判断力批判的实例，那么，人们就必须不是去指明艺术产品（例如建筑、柱子等）上的崇高者……也不去指明自然事物上的崇高者……而是去指明未经加工的自然……上的崇高者，这仅仅是就它包含着大小而言的"，随后又提到，未经加工的自然上的这种崇高者所包含的大小，既不是"过大的"（Ungeheuer），也不是"庞大的"（Kolossalisch）。埃及金字塔和圣彼得大教堂的例子出自这一节的倒数第二段话。详参李秋零中译本第 80—81 页。——译者注

大教堂。我们已经从最初的问题——康德所谓的心灵情调（affect）是什么？——被引向了一个新的问题：康德的建筑术是什么？如我们所知，在德里达解读第三《批判》的"庞大者"（现载于《绘画中的真理》）[23] 一文中，这个问题同样困扰着他。

上文引述的那段关于建筑潜在的高贵性的话 [24]，出现在对相互关联但又相互对立的形形色色的心灵情调（affectivity）所作的字典词条式的区分之中：热忱和无激情、赞赏和惊异、热忱和狂热（Schwärmerei）、狂想（Wahnsinn）和荒唐（Wahnwitz）。这些区分又隶属于一组更大的分殊：机警、好斗的精神（**英勇**性质的激情［Affekte von der *wackern* Art］），和孱弱、臣服的状态（**软化**性质的激情［Affekte von der *schmelzenden* Art］）；前者被视为崇高的，后者充其量只能称作美的。康德用相当长的篇幅来阐述这一区分，俨然一篇赞颂英雄气概的布道文。这种德性与后来在歌德、席勒以及黑格尔那里与美丽心灵有关的品质形成了鲜明的对比。康德说，小说和哭哭啼啼的（weinerlich）戏剧中那种孱弱的情绪，不可与高贵、与（用温克尔曼的话来说）墓室和神庙的"高贵的单纯"（edle Einfalt）以及"静穆的伟大"（stille Größe）同日而语。

尤其是如果将这段话与《考察》中"论两性相对关系中美与崇高的区别"这一章放在一起来看的话，那么将建筑术解释为男性阳刚之气的原则，或者纯粹德意志式的男性气概（无论是何名称，皆是同出而异名），似乎就是不可避免的了。但是，用

---

[23] "庞大者"（Le colossal）为《边饰》（*Parergon*）一文的第四节，《边饰》后被收录于1978年出版的《绘画中的真理》（*La Vérité en peinture*）一书中。——译者注

[24] 指上一段中引用的出自"反思性的审美判断力之说明的总附释"中的那段话（"……惟有这样一类的心灵情质才叫作高贵的；这一表述后来也被用在这样的事物上，例如建筑、一件衣服、行文风格、仪表等"）。——译者注

德里达的话来说，"如果勃起遇到了问题，那就不应该操之过急——要让那个东西顺其自然（il faut laisser la chose sefaire）"[25]。就康德和德里达的文本而言，除了那个"东西"之外，这条建议同样相当中听。如果勃起的确是"那个东西"（la chose），那么它很可能不是人们——或者我应该说男人？——所认为的那样。[26]

对康德来说，那个"东西"是什么？我们在如下这段话中找到了线索，它告诉我们应该如何看待崇高，如何像诗人一样（"wie die Dichter es tun"）审慎地阅读："因此，人们如果把繁星密布的天空称为**崇高的**，那么，就不得把这样一些世界的概念作为对它的评判的基础，这些世界被有理性的存在者居住着，而现在我们看到布满我们头上的空间的那些亮点，作为它们的太阳在对它们来说安排得很合目的的圆周上运动着；而是仅仅像人们看到它的那样（wie man ihn sieht），把它视为一个包容一切的穹隆；我们必须仅仅在这个表象下来设定一个纯粹的审美判断赋予这个对象的那种崇高。同样，海洋的景象也不像我们在充实了各种各样的知识（但这些知识并不包含在直接的直观中）的时候所**设想**的那样；例如把它设想成一个辽阔的水生物王国，或者是一个巨大的水库，为的是蒸发水分，让空中充满云雾以利于田地，或者也是一种契机，它虽然把各大陆相互隔离开来，但仍使它们之间的最大的共联性成为可能，因为这所提供的全然是目的论的判断；相反，人们必须仅仅像诗人们所做的那样，按照亲眼目睹所显示的（nach dem was der Augenschein zeigt），在海洋平静地被观赏时把

[25] Jacques Derrida, *La Vérité en peinture* (Paris: Flammarion, 1978), p. 144.

[26] 以下四段与《康德的现象性与物质性》中的部分内容多有重合，参见本书第130—136页。——译者注

它视为一面仅仅与天际相连的清澈水镜，但在它不平静时则把它视为一个威胁着要吞噬一切的深渊。"（第 196 页；第 96—97 页）

康德的建筑术视野（vision）在这里以最纯粹的形式显现了出来。但是被浪漫意象的遐想所扭曲和误导的想象力，有可能使得这段话误入歧途。这段话看起来说的是一个无所不包、至大无外的自然，但实际上根本没有将自然视作自然，而是将其视作建筑、房屋。天空被视为穹庐、屋顶，地平线则是屋檐，笼盖、包裹着我们所栖居的地面。对康德而言，就像在亚里士多德那里那样，审美空间就是我们栖居于其中的房子，这个房子安全与否，取决于时代的气候。在华兹华斯那里，我们能获得类似的直观：《序曲》中摸鸟巢的那一节——"天空不像是大地的 / 天空"[27]，以及《廷腾寺》中更加平和的心境——"栖居于日落的光辉，浑圆的碧海，/ 蓝天，大气……"[28] 但引用华兹华斯或许会招致误解，因为康德所唤起的绝对**不是** "洞察物象（things）的生命"（《诗选》，第 129 页）的视野，不是一种"在场"抑或"感到 / 仿佛有某种流贯深远的素质，/ 栖居于日落的光辉……也栖居于人类的心灵"（《诗选》，第 131 页）。华兹华斯内在化的崇高不是建筑术，充其量只是 "**心灵**的图像"（《诗选》，第 129 页）。在康德的场景中，我们找不到心灵，也找不到与外在相应的内在。就任何心灵或判断都完全是在场的而言，把天空视作屋顶，或者把天空的地

---

[27]　中译转引自威廉·华兹华斯：《序曲或一位诗人心灵的成长》，丁宏译，中国对外翻译出版公司 1999 年版，第 13 页。译文略有调整，下文均简称作《序曲》，并随文标注页码。——译者注

[28]　中译转引自华兹华斯、科尔律治：《华兹华斯、科尔律治诗选》，杨德豫译，人民文学出版社 2001 年版，第 131 页。译文略有调整，下文均简称作《诗选》，并随文标注页码。——译者注

平线视为海洋的边界，都是错误的。

视觉（vision）也不是一种洛克意义上的感觉或一种主要或次要的理解力（understanding）：眼睛自顾不暇，完全忽视了理解；它只注意到外观（Augenschein），而没有意识到幻觉与现实之间的二分——这种二分属于目的论判断力而非审美判断力。换句话说，将自然转化为建筑，将天空和海洋转化为穹顶和地面，均非转义。这段话完全没有自然与心灵之间任何的替代交易和谈判经济；它既没有美化（facing）也没有丑化（defacing）自然界。康德尽可能地远离华兹华斯凝视着"天与地栩栩如生的**容颜**（*face*）"（《序曲》，第 101 页）的心灵，或者波德莱尔《旅行》中"在那有限的海上驰骋无限的遐想"[29] 的心灵；绝不能将这种石化的凝视（stony gaze）视为一种呼叫或呼语。崇高的力学标志着无限凝结为石头的物质性的时刻，此时任何情志（pathos）、焦虑或同情都是无法想象的；的确，伴随着象征性的完全丧失，这成了一个无–情志（a-pathos）或者说无激情（apathy）的时刻。

有人可能会反对说，对大海、大海之镜、深渊的恐惧的召唤，反映出来的正是心灵的形象，以及关于恐惧和死亡的意识，这种意识缓解了恐惧带来的冲击。但这又是在把康德的这段话当作华兹华斯的《序曲》、雪莱的《生命的胜利》、波德莱尔的《人与海》（"海是你的镜子"[30]），甚至马拉美的《海洛狄亚德》[31] 来读

---

[29]　原文为法文："berçant notre infini sur le fini des mers"，中译转引自波德莱尔：《恶之花　巴黎的忧郁》，钱春绮译，人民文学出版社 1991 年版，第 311 页。——译者注

[30]　原文为法文："La mer est son miroir..."，中译转引自波德莱尔：《恶之花　巴黎的忧郁》，钱春绮译，人民文学出版社 1991 年版，第 10 页。——译者注

[31]　参见马拉美：《马拉美诗全集》，葛雷、梁栋译，浙江文艺出版社 1997 年版，第 34—50 页。——译者注

了，所有这些诗，都是围绕着关于深渊恐惧的变体的转义而组织起来的，有面渊而立的眩晕和逡巡，有坠入旋涡的沉沦，还有不惧倒影之坚硬（hardness of reflection）的坠落。但康德的这段话并非任何这样一种变体，而只是两个信手拈来的随机事件。根据康德行文的逻辑，将海洋视作有限空间的一部分的视野，绝不依赖于镜子和深渊之间的对立。这种对深度的知觉在话语的平面性中完全无迹可寻。既然观察者始终安全地站在陆地上，那么被汹涌的大海吞噬的恐惧，就像（站在陆地上）把天空当成大海边界的幻觉一样，对他而言就完全是无稽之谈。在康德看来，诗人不会踏上深海。

128　　　　因此，诗人的语言中毫无模仿（mimesis）、反思（reflection）乃至知觉的成分，就此而言，感性经验和知性、知觉和统觉之间存在着联系。实在论悬设了一种经验的现象论（phenomenalism），这种现象论在这里被否认或忽视了。康德"像人们看到它的那样"（wie man ihn sieht）去看世界，这种看世界的方式是一种绝对的、激进的形式主义，它告别了任何有关指称行为、符号活动的观念。然而，正是这种完全非-指称（a-referential）、非-现象（a-phenomenal）、非-情志（a-pathetic）的形式主义，将在与情感（affect）的斗争中大获全胜，并找到通往实践理性、实践法律、理性政治的道德世界的门径。用康德字典定义式的口吻来说，在崇高的力学中激活审美判断力的激进形式主义，就是所谓的唯物论。文学理论家们担心自己会因过于形式主义而抛弃或背离这个世界，实际上这完全是多此一虑：根据康德第三《批判》的精神，他们还远远不够形式主义。

康德与席勒[*]

今天的讲座会有一些节奏的变化，因为这次我没有准备讲稿，实际上也没有必要准备，因为这次涉及的文本比之前容易得多。关于康德，我自然没有勇气即兴发挥，但是对于席勒我还是了然于胸的，所以就没有必要再像之前那样，展开过于详细的文本分析了。所以接下来我要做的工作，将更多地是阐述性的而非严格论证性的，更多地是课程性的而非讲座性的。因此，作为一门课程来讲述或许效果会更好，相较于念讲稿，形式更加自由的讲述显然更加入耳。

通过对席勒和康德的并置、对观，我所试图提出的观点和解决的问题相当复杂，而且想必也是重要的。我试图一窥康德与席勒之间究竟发生了什么——当席勒非常具体而微地评论康德时，发生了什么？那个事件，那次相遇，以及那次相遇的结构本身是很复杂的，但解释起来却并不困难。这里的观点、问题、尝试关乎两件事情，其一是普遍的历史意义，其二是对于当前这几次讲座的直接意义。

第一件事与对康德及其《批判》的接受有关，尤其是对《判

* 《康德与席勒》系德曼在康奈尔大学所做的第五场"梅辛杰讲座"（1983 年 3 月 3 日），由威廉·朱厄特（William Jewett）和托马斯·佩珀（Thomas Pepper）根据录音带转录而来，由本书编者进行校订。注释为转录者和编者所提供。

断力批判》的接受。这本书在整个 19 世纪和 20 世纪极其重要，至今仍被直接或间接地不断提及。最近你们会注意到，当沃尔特·杰克逊·贝特就人文学科发表见解时，他首先诉诸的权威就是康德。你们还会注意到，当弗兰克·伦特里奇亚想让某些榜上无名的当代批评得到应有的惩罚时，他同样诉诸康德，回到康德。[1] 所以，所谓的"回到康德"，俨然一个笑话。

但是，第三《批判》在批评话语中的在场，总是要经过其他形形色色的名字的中介，因此人们首先遇到的往往不是康德本人，而是一系列作为中介的名字，在美国是如此，在德国和法国亦是如此（尽管是以一种不同的方式）。对康德的接受（对第三《批判》的接受）盘根错节且迷雾重重。相关的谈论大都顾左右而言他，鲜能切中肯綮。勒内·韦勒克的《康德在英国》[2] 即是其一，我最近刚读过这本书。从这本言之凿凿的小书中可以得出结论，英国浪漫派实际上压根就没有弄懂康德。但是韦勒克在书中讲的是《纯粹理性批判》而非《判断力批判》。确实，像往常一样，这整个领域还有大量工作有待完成。事情很复杂。但存在着一个模式，我在这里试图在某种程度上唤起这个模式。

似乎总有一种远离原作之深刻、力度以及批判性的倒退（regression）。有这样一种倾向——如果我在两天前向你们提出的

---

[1]　参见 Walter Jackson Bate, "The Crisis in English Studies", *Harvard Magazine* 85:1 (September—October 1982): 46—53，以及 Frank Lentricchia, *After the New Criticism* (Chicago: University of Chicago Press, 1980)。参校德曼在 *The Resistance to Theory* (Minneapolis: University of Minnesota Press, 1986) 中的 "The Return to Philology" 一文中对贝特的评论，以及在本书中的《康德的唯物论》一文中对伦特里奇亚的评论。

[2]　René Wellek, *Immanuel Kant in England 1793—1838* (Princeton, N.J.: Princeton University Press, 1931).

解读康德的方案[3]言之成理的话，那么，康德的论述就是极具威胁性的，无论是对于哲学而言，还是对于艺术与哲学之间的一般关系而言。一种具体而微的威胁由此而来，让人们感到有必要去跨越康德所敞开的困难和障碍。因此就有了一种倒退，这种倒退是一种解释的尝试，试图去驯化原作批判性的深刻。席勒一类的文本便是这样的尝试的产物，它们以此作为自己的使命。从席勒的《审美教育书简》，或者席勒其他与康德直接相关的文本中，诞生了德国和其他地方的一整套传统：一种强化、重新价值化（revalorizing）审美的方式，一种将审美树立为典范、典范范畴、统一范畴、教育模式乃至国家模式的方式。席勒的这种标志性的基调，在整个 19 世纪的德国不绝于耳。首先你们会在席勒本人那里听到它，然后又会在叔本华那里听到它，还会在早期尼采那里——《悲剧的诞生》的基调完全是席勒式的——听到它，如此种种，后来你们甚至还会在海德格尔那里以某种方式听到它。这种基调——艺术的某种价值化（valorization），艺术先天的（a prior）价值化，是贯穿该传统的主旋律——总是与一种批判性的方法成双成对地出现，这种批判性的方法更接近于康德原本的方法，并且与更加积极的价值化艺术的方法一脉相承。我们看到了将席勒与克莱斯特并置的作用，看到了克莱斯特如何把我们带回到对席勒而言更具威胁性的康德的洞见。[4]或者你们会发现，在叔本华和尼采之间上演了这样一出戏码：尼采——不仅是《悲剧的诞生》时期的尼采，还有后期的尼采——对叔本华持批判态

131

---

[3]　指 1983 年 3 月 1 日的第四场 "梅辛杰讲座"，《康德的现象性与物质性》。——译者注

[4]　参见德曼的 "Aesthetic Formalization: Kleist's *Über das Marionettentheater*"，这是德曼的第二场 "梅辛杰讲座"，收录于 *The Rhetoric of Romanticism* (New York: Columbia University Press, 1984) 一书中。

度，在我看来，尼采对叔本华一直以来所讲的东西进行了"去席勒化"（de-Schillerizes）和"再康德化"（re-Kantizes）。或者，我甚至可以说——举一个不全是德国人的例子——在海德格尔和德里达之间发生着类似的事情；在德里达对海德格尔的解读中，海德格尔扮演了席勒的角色，德里达则更接近于康德，并且以类似的方式批判性地考察了对审美自律和审美力量的主张，这样的主张步席勒之后尘，但却未必继康德之遗绪。这是一个非常复杂的问题，我无意对此做出多大贡献，我只是更仔细地审视那个原初的模式，即康德与席勒之间的关系。因为设定这样一个会反复出现的模式，就能把整个 19 世纪的康德接受问题串连起来，至少在德国是这样的，尽管你们也会在英国发现类似的要素。比如，马修·阿诺德（Matthew Arnold）就颇具席勒的风范。那么与阿诺德相应的人是谁，谁是阿诺德的康德？罗斯金（Ruskin）吗？我不知道。但肯定不是佩特 [5]。这颇值得玩味，但在其他传统中，你们也会发现类似有趣的要素。

　　不错，这个论题也与我们在此所关注、讨论的问题密切相关；因为就像经常发生的那样，它似乎……既然我现在了解到了你们的问题，既然我感受到了一些抵触情绪……你们在刚开始是如此友好、热情、仁慈，以至于让我感到……但是我知道情况并非如此，在这样的系列讲座中总会有一些有趣的插曲，我有过这样的经验。我们自然不必像这里的景色一样，总是以一种田园牧歌式的情绪开场。但是用不了多久，你们就会发现自己是多么的

———————

5　指瓦尔特·佩特（Walter Pater, 1839—1894），英国艺术和文学评论家、散文家、小说家、被视为主张"为艺术而艺术"的审美主义的代表理论家之一，主要著作有《文艺复兴：艺术与诗的研究》（The Renaissance: Studies in Art and Poetry）、《想象的肖像》（Imaginary Portraits）、《柏拉图和柏拉图主义》（Plato and Platonism）、《希腊研究》（Greek Studies）等。——译者注

恼人。况且某些反应是不可避免的，某些问题也是势必要被提出来的，这是个值得玩味的时刻，在这样的时刻，必然会涌现出某些问题。

好吧，这里出现的这个论题——实际上它并非我有意为之的结果，在某种意义上，我甚至对此一无所知——其实就是可逆性（reversibility）问题的疑难，这里的可逆性属于我基于文本发展出来的那一类模式。这个论题与可逆性问题有关，与历史性问题有关。我觉得这相当有意思，对我而言，我从这些讲座中收获的，就是这样妙趣横生、卓有成效的东西（抛开我不得不为另外三个讲座准备讲稿的烦恼而言，当然我现在已经都写完了）。这个论题原本并非我的题中之义。它是自己涌现出来的，是由一个问题带出来的，因此对我而言，它比其他任何问题都更有意思。

关于这一点，我不会说太多，但多少还是要说一点。我谈到了不可逆性（irreversibility），并坚持不可逆性，这是因为在所有这些文本以及这些文本的并置中，我们已经意识到了某种可以称之为进步（progression）——尽管不应该如此称呼它——的东西，它是一种运动，是从认知、认知行为、认知状态到非认知之物的运动，在某种意义上，非认知之物是一种**发生**（*occurrence*），它具有实际发生之事的物质性。在这里，物质性的发生（material occurrence），就是指物质性地发生的、在世界上留下了踪迹的、对世界产生了影响的东西，这样的发生概念在任何意义上都不会与书写概念相龃龉。但它在一定程度上与认知概念相龃龉。这让我想起了荷尔德林——如果不引用帕斯卡，那么你总是可以代之以荷尔德林，他同样可资借鉴——的一句话："Lang ist die Zeit, es ereignet sich aber das Wahre"（时间漫长，但真实的事情正在发生）。

132

时间漫长，但将要发生、将会出现、最终会出现的事物，不是真理，不是 Wahrheit，而是 das Wahre，是真实的事物。[6] 真理的特点就在于，"它发生了"这一事实，发生的不是真理，而是真实的事物。发生是真实的，是因为它发生了；就"它发生了"这一事实而言，它有真理，真理有价值，它是真实的。

这个模式，即我所描述的这个过程的语言模式，是不可逆的，是从转义（认知模式）到述行的**过渡**。不是述行本身——因为述行本身独立于转义而存在，并且独立于批判性的审查或转义的认识论审查而存在——而是这个过渡，即从作为系统乃至封闭系统的语言概念、从转义概念向述行的过渡，把自己总体化为一系列可以还原为转义系统的变体，然后你就能从这种语言概念**过渡**到**另一种**语言概念，在后者那里，语言不再是认知性的，而是述行性的。

如果这样的过渡被设想为从转义向述行的过渡——我坚持这样做的必要性，所以我说的那个模式不是述行性的，而是从转义向述行的过渡——那么它就总是通过，也只有通过对转义的认识论批判才能发生。转义、转义的认识论，允许批判话语、先验的批判话语的出现，这将把转义概念推向极致，使得转义充满了整个语言领域。但是某些语言要素仍得以保留下来，转义概念无法染指它们，这样的语言要素可以是——尽管还有其他的可能性——述行。我们反复遇到的这个过程是不可逆的。这个过程朝着那个方向发展，你无法再由后往前进行回溯。但这并不意味着

133

---

[6] 德曼对这句诗（出自荷尔德林《摩涅莫辛涅》["Mnemosyne"] 一诗的初版）的评论，可以参见他为这本书所写的前言：Carol Jacobs, *The Dissimulating Harmony: The Image of Interpretation in Nietzsche, Proust, Rilke and Benjamin* (Baltimore: Johns Hopkins University Press, 1978), p. xi。

语言的述行功能会因此而被接受和承认，因为从另一方面来看，述行模式、从转义向述行的过渡又是有用的。述行总是会在认知系统中得到重新铭写（reinscribed），它总会**复原**（*recuperated*），又总会复发（relapse），也就是说，由于再次将述行重新铭写进认知的转义系统而复发。然而，这样的复发并不能等同于逆转（reversal）。因为这反过来又向批判话语——类似于那种把人们从转义概念带到述行概念的话语——敞开了大门。所以述行不是转义概念和认知概念的回归，它在这两者之间不偏不倚，保持绝对的平衡，因此它不是逆转，而是复发。在这个意义上，复发也是不尽相同的，必须对它加以区分，我在这里只是点出了区分的方式，但还需要更精细的表述。复原、复发必须与逆转区分开来。

注意，我们在此思考的是**历史**。几天前有人问我是否把历史视为先天的，我必须给予肯定的回答。当时我不太清楚自己掉进了什么样的陷阱，或者我是否掉进了陷阱，以及在陷阱背后还有什么，现在我仍然不清楚。在我所提出的那种文本模式的先天历史性的历史概念的意义上，历史不被视为进步抑或倒退，而是被视为事件（event）、发生（occurrence）。从"力量"（power）、"战斗"（battle）这样的词语出现的那一刻起，就有了历史。[7] 在那一刻，事情**发生**了，有了**发生**，有了**事件**。因此，历史不是一个时间概念，它与时间性无关，历史是从认知的语言中显现出来的力量的语言。然而，这里的显现——无论在多大程度上被设想为一种否定，就像在黑格尔的辩证法那里一样——本身既不是辩证的

---

[7]　要理解这句话，需要联系《康德的现象性与物质性》中关于数学的崇高者向力学的崇高者的转换的相关表述，参见本书第127—129页。德曼在本文中将这种转换与从转义向述行的过渡对应了起来，这里的"力量"与语言的"述行力"有关。——译者注

运动，也不是任何能够认知的连续体。述行不是对转义的否定。在转义和述行之间有一种无法调和的分歧。但在这二者之间有一种单向的运动，它不能被表述为时间进程。它是历史性的，并且不允许将历史重新铭写进任何形式的认知之中。我们谈到了一种明显的倒退，今天我们会看到这种倒退的一个例子，它是从事件的倒退，从康德那里被铭写的能指的物质性的倒退，或者从我们在转义的认知话语中或多或少精确地识别出来的其他几种中断的倒退——这种倒退不再是历史性的，因为既然它在时间模式中发生，那么它本身就不是历史。比如，人们可以说，在康德的接受中，在阅读康德的种种方式中，在从以前到现在的整个对康德的接受中，关于第三《批判》——它是一种发生，在那里确实有什么事情发生了，有什么东西出现了——什么都没有发生，除了倒退之外，压根什么都没有发生。这是说没有历史的另一种方式，是说——我的好友姚斯会对此喜闻乐见——接受不是历史性的，在接受和历史之间存在着绝对的分殊，以及把接受当作历史事件的模式是谬误（error）和错误（mistake）。[8] 我不应该交替使用这些术语，让我们姑且将其称作……谬误吧。我不会认为姚斯犯过任何错误。然而，有一件事是肯定的。以通过将事件、发生重新铭写进转义的认知中的方式来抵制事件、发生，这本身就是一种转义性的、认知性的而非历史性的行为。

现在，通过观察席勒将康德重新铭写进审美的转义系统的方式，我们看到了这种行为的一个例子，正如我们看到的，在某种

---

[8]　参见德曼给汉斯·罗伯特·姚斯的这本书写的导论：Hans Robert Jauss, *Toward an Aesthetic of Reception*, trans. Timothy Bahti (Minneapolis: University of Minnesota Press, 1982)；该导论现以 "Reading and History" 为题收录于德曼的 *The Resistance to Theory* 一书中。

意义上，康德已经瓦解（disarticulated）、拆解了这个系统。我不知道应该如何更好地表达，不能说"超越"，但或许可以说康德中断、破坏、瓦解了审美的衔接（articulation）工程，他揽下了这个工程，但发现自己的话语的严格性在自己的批判性认识论话语的力量下土崩瓦解了。这对康德来说是个可怕的时刻，因为他的整个哲学事业都被卷入其中，并且受到了严重的威胁。康德自己没有注意到这个时刻……我不认为康德在第三《批判》中写到天空和海洋[9]时内心有什么波澜。任何字面主义（literalism）在那里都是多余的。其中的可怕之处我们不得而知。我们对伊曼努尔·康德的梦魇了解多少？我敢肯定，它们……颇值得玩味……冬天的柯尼斯堡，想想就让人感到不寒而栗。

　　现在，席勒接过了崇高的概念，尤其是在一篇相对早期的文章"Vom Erhabenen"，即《关于崇高》中（注意勿将其与席勒后来的另一篇文章"Über das Erhabene"，即《论崇高》相混淆），这篇文章的副标题是"weitere Ausführung einiger Kantischen Ideen"，即"对康德某些思想的进一步发挥"。[10]这是席勒为数不多的真正细读并引用了康德的文本。席勒引用和细读的是第三《批判》第

135

----

[9]　指康德在《判断力批判》中论及崇高时的一段话，参见《判断力批判》，李秋零译，中国人民大学出版社 2011 年版，第 96—97 页。德曼在《康德的现象性与物质性》和《康德的唯物论》中讨论过这段话，参见本书第 130—136，213—216 页。——译者注

[10]　这里所引席勒的"Vom Erhabenen"，以及后面要引到的"Über die notwendigen Grenzen beim Gebrauch schöner Formen"，均出自 Nationalausgabe 的《席勒文集》（Werke, Weimar: Hermann Bohlaus Nachfolger, 1963），后文的引用只标明卷数和页码。"Vom Erhabenen"的英译题为"On the Sublime (Toward the Further Development of Some Kantian Ideas)"，Daniel O. Dahlstrom 译，收录于 Friedrich Schiller, Essays, ed. Walter Hinderer (New York: Continuum, 1993), pp. 22—44。（中译参见《席勒美学文集》，张玉能编译，人民文学出版社 2011 年版，第 167—183 页。——译者注）

29 节中关于崇高的段落，我们在两天前讨论过这段话。[11]

　　现在，就转义系统而言，我们首先观察到，有别于康德，席勒的风格是转义性的，它从头到尾都是转义，并且是一种特别的、十分重要的、特点鲜明的转义，即交错配列[12]。席勒没有一句话意在戏仿（parody），他意在图型化（schematization），戏仿是因为写不出两个不对称地围绕着交叉点的句子。我们将会发现，我下面要引用的所有句子，都是这样被组织、构造起来的，恕我无法给你们一一指出。当我说这些句子被交错地构造起来时，我想表达什么？其实很简单。比如说，席勒的作品调性鲜明，你们哪怕只读一段话，我可以随机指定，无论我指定哪段话，你们只要一读就会发现这一点。无论你们从哪里入手读席勒，都大差不差，至少就其独特的风格和转义的结构而言是这样的。你们从中会得到一种二极性（polarity），得到各种二极性，它们每种都自成一格，并且相互之间截然对立；比如，自然和理性[13]的二极性。在康德论崇高的那一节，这种二极性的一极是惊恐（Terror）、害怕、惊恐不安，与惊恐相对的另一极则是平静（Tranquillity）。在席勒那里，表示平静的准确的术语是 Gemütsfreiheit，这个词指自由的心灵，所以你是"自由的"，从而是平静的。注意，在这些崇高的场景中，自然是危险的，是具有威胁性的，自然中的山脉等亦是如此。因此自然与惊恐联系在一起；另一方面，理性，即

---

[11]　指在康奈尔大学的第四场"梅辛杰讲座"《康德的现象性与物质性》，收录于本书。

[12]　即 chiasmus，一种类似于汉语中的"回文"的修辞格，譬如 "Pleasure's a sin, and sometimes sin's a pleasure"（拜伦《唐璜》）。从其词源的含义中更能直观地把握该修辞格的要义：chiasmus，也会写作 chiasm，出自希腊语 χίασμα（交叉），其动词形式为 χιάζω，表示"形似字母 X 一样（交叉）"。——译者注

[13]　即 Nature and Reason，后文中出现的这两个词，以及 Terror 和 Tranquillity，亦即交错配列的结构中的四个要素，均是大写，不再逐一注明。——译者注

Vernunft 的自由运用，与一种特定的平静联系在一起。因此，你们总能发现一种二极性，然后是与这种二极性相反相成的另一种二极性，后者又是前者的一种属性。我们完全可以将它们图型化：

自然——惊恐

理性——平静

自然可以是可怕的，这是自然的一种属性；平静是理性的一种属性。自然并非总是可怕的，但我们会说，就崇高的自然而言，可怕是其属性，并且是必要的属性。席勒就提出了这样的论点，即崇高的自然必然是可怕的。可怕必然是自然的崇高性的要素之一。与之相对，理性，崇高的理性，崇高层面的理性，必然葆有某种沉思的自由，席勒称之为 Gemütsfreiheit，这就是平静。一般而言，席勒将自然唤作惊恐，将理性唤作平静，这就是我们由之启程的系统。

随后席勒开始论证说，崇高并非自然作用于惊恐，言下之意非常直白，即面对可怕的自然，面对深渊，即使是万丈深渊，你也是可以有所作为的。你可以通过自然手段来补救它，可以竖起栅栏，然后就不会再感到害怕了，因为与之打交道的仍然是自然物。席勒说，这就是自然应对惊恐的方式。栅栏是一种自然物，即使它是你制作出来的，但它仍属于自然领域——自然对象、自然实体、木材、工具等等。席勒说，这不是崇高。其中没有任何崇高之处。你可以敬佩能制作栅栏之人的聪明才智，但这并不是一件崇高的事，它压根不是什么崇高的举动。崇高的，能被称作崇高的，是理性对惊恐的作用。理性能作用于惊恐，并非是通过阻止它，通过使任何正在发生的事情变得不那么危险，而是通过造就一种超然的心境（detachment），通过造就一种心灵的自由，在一定条件下这是可能的。在这样的情况下，心灵发现自己能通过从身体中抽离开来——比如在身体受到威胁的时候——而获得极致的自由，这可谓不幸之大幸。比如，如果某个人生病了，他就会发现自己的内心变得异常自由、活跃。在这样的情况下，理性作用于惊恐，从中你会发现成对的变化。有一种属性的替换，因为通常与自然相关联的惊恐，现在与理性相关联。这些系统往往是联动的，当内部发生了变化时，相应地就会出现对称的逆转，对我们而言这就是一种可逆性。交错配列是一种可逆的结构，一种对称的以及可逆的结构。如果理性能作用于惊恐，如果理性能具有惊恐的属性，那么自然就能具有平静的属性，那么你就能平静地享受自然的崇高的暴力。如果能在平静中享受自然，那么就能享受崇高。

且看，我只是想把这个模式摆在你们面前，我不关心其内在价值，对其真假也没有任何想法、任何兴趣。就心理层面的逼真性（verisimilitude）而言，这个模式已经足够真实了。但它有一个十分特别的结构，并通过这个结构而得以发展、建立。这个结构可以在交错配列的转义中得以图型化，这样的转义在席勒的话语中难以抑制地反复出现。你们会发现它无处不在。

这种转义与康德的崇高理论有着怎样的关系呢？我提醒过你们，康德的崇高理论建基于从数学的崇高向力学的崇高的过渡。席勒明显且有意地改变了这一点，并且有充足的理由。他首先将康德二极化，因为正如我们在康德那里看到的那样，数学的崇高和力学的崇高之间的差异、区别或者过渡，绝非一种二极性。力学的崇高与数学的崇高并非对称的对立。它们之间不是对立关系，而是某种更加复杂的关系。我们发现——事实上，我们遇到了大麻烦——自己无法成功地确定这种关系的本质。为什么康德需要力学的崇高？有各种各样的解释。但我们最终还是要诉诸一种语言模式，一种恰恰从转义向述行过渡的语言模式，这样做不是为了解释（account for），而是为了说明（explain）为什么这样的并置、交替和明显的次序会出现在康德这里。它们肯定不是一种对立。人们认为，力学的崇高是转义话语尝试渗透语言领域之后留下的残余，认为它是从转义向述行、从认知向力量的过渡。但它们不是相互对立的。转义和述行并不相互对立而只是……互不相同，仅此而已；同样，认知和力量也不是相互对立的。我们可以说认知的力量，认知有它自己的力量。有些力量不受认知支配，所以它们不是互相对立的，一个压根不会排斥另一个。它们之间的关系要复杂得多，精微得多，诚如华兹华斯在《论墓志铭》（"Essay upon Epitaphs"）中所说的那种实体之间的关系，这种关系要比纯粹的对立关系精微得多。那么，数学的崇高和力学的崇高之间关系是不连贯的。它不是辩证法，不是进步或倒退，而是从转义向力量的转化，这样的转化本身并非转义运动，也无法用转义模式来解释。你无法解释从转义向述行的变化，无法解释康德从数学的崇高向力学的崇高的变化，至少我认为你无法根据转义模式来解释它。

　　现在，在席勒这里，我们转而从一种尖锐的二极性开始，从一种他所谓的两种"本能"（Triebe）之间的尖锐对立开始。Triebe——你们是从弗洛伊德那里知道它的——这个词在席勒这里反复出现，在康德那里却并不常见，康德会说法则（Gesetze），但几乎不会说 Triebe。有两种被席勒对立起来的本能，一种是求知的本能、表象的本能（他会说这是改变世界、改变自然的本能），另一种是维持、保存的本能，是让事物不被改变的本能。第二种本能的一个例子是人自我保存的欲望。人不想死，因此要通过自我保存来让自己远离死亡，人总是想让事物保持原样。另一方面，求知的本能则是一种涉及变化的本能。

　　自然可能会成为这些本能中的任何一个的障碍，但是席勒在它们之间作出了区分，并提出了他认为比康德的术语更妥帖的术语。康德所谓的数学的崇高和力学的崇高，在席勒这里被称为互相对立的理论的崇高和实践的崇高。让我以一种即兴的、不成熟的翻译向你们引述我所想到的这段话。你们会看到所有这些段落——我说过，我不会逐一给你们指出它们——都被设定为对立的、交错的、对称的句子，除了一些词语（因为它们是对立的，所以也是相互对应的）的替换之外，这些句子在句法上也是完全相互对应的。这段话是这样说的："在理论的崇高中，自然，作为认知的对象，与获取表象的欲望、与求知的欲望（Vorstellungstrieb）相对立。"这就是在理论的崇高中发生的事情。"在实践的崇高中，自然，作为情感的客体，与我们自我保存的欲望相对立。"（Werke, 20:174—175）你们看，这两句话其实是一

样的，对吧？在理论的崇高／实践的崇高中，自然／自然，认知
的客体／情感的客体，与欲望相对立。一方面是获取表象的欲望，
另一方面是自我保存的欲望。多么完美的对称：两句话有着完全
相同的句法结构，其中的变化则都是二极对立：理论的／实践的，
认知／情感，表象的欲望／自我保存的欲望，这些都是二极性。
"在第一种情况下，"——也就是说在理论的崇高中——"自然仅
仅被视为延伸、扩展我们的知识的实体。在第二种情况下，自然
被表象为能规定我们自身处境的威力（Macht）。"席勒说："因此
康德会把实践的崇高称为威力的崇高或力学的崇高，与数学的崇
高相对。但是因为数学的／力学的崇高的概念是否能完全涵盖崇
高的领域，是不可能有答案的，所以我宁愿用实践的／理论的崇
高这种划分来替代数学的／力学的崇高的划分。"

　　这样的论证其实很奇怪，尽管在某种意义上它能说得通。席
勒说——其实是他感觉，他没有明说——就数学的和力学的崇高
不是二极对立而是互相侵占而言，是很难把它们区分开来的，你
不能说它们涵盖了崇高的全部领域。如果你有真正的二极对立，
比如说黑和白，那么你就能涵盖整个领域并更容易实现总体化
（totalization）。席勒说"因此康德会把实践的崇高称为威力的崇
高"同样让人感觉奇怪。因为事实并非如此，反倒是他把力学的
崇高称为实践的崇高。"实践的"这个词在康德那里并没有在那
个时间点出现，也不应该在那个时刻出现。因此数学的崇高，或
理论的崇高，被席勒刻画为表象的失败——就康德而言这是正确
的，因为我们知道，数学的崇高就是通过广延的模式、空间的模
式把握大（magnitude）的无能，所以席勒的这个解释是正确的。
对康德而言，数学的崇高的特点在于表象的失败，而席勒所谓的

实践的崇高的特点则是身体处于危险中时的物理上的劣势。因为实践的崇高以自我保存为目的，其特点在于，自然可以威胁到我们，因为从实践上、经验上来说，它更加强大，无论是暴风雨、大火或其他任何类似的事物，自然都比我们更加强大。

　　注意，这种经验意义上——这是高度经验性的，我们具体而微地面临大火、暴风雨的威胁——的物理危险的概念、威胁性的物理自然的概念，在康德那里找不到任何痕迹。康德在处理崇高问题时不会提到这一点。在康德那里出现了危险概念，而且有时会引入暴力的自然的例子来作为不同的理性的例子。但是在康德那里出现的危险概念，并不是指自然力对我们人身安全的直接威胁，而首先是指在我们遇到极端巨大的事物时体验到的那种惊异（Verwunderung）所带来的冲击，之前我提到过这一点。[14] 我们感受到自己的能力——包括想象力在内——无法把握我们所遇到的事物的总体性。这种危险在康德那里作为表象的失败而出现，它与想象力的结构有关，康德对此作出了说明和解释。因此，康德对这种危险颇感兴趣，是因为它告诉了我们关于想象力的结构的事情。但它没有告诉我们任何关于自我保存的事情。它没有告诉我们如何实现自我保存，如何保护自己免受暴风雨的侵袭，如何在心理上保护自己免受危险。不是通过竖起栅栏，而是通过发展能让自己远离危险的心理活动。我们来看席勒是怎么说的："实践的崇高与理论的崇高的区别在于，实践的崇高与我们的生存需求相对立，而理论的崇高则只与我们的知识需求相对立。"生存与知识相对立。"一个实体或客体，如果它意味着想象力无法把

---

[14]　指《康德的现象性与物质性》，参见本书第 139 页。——译者注

握的无限者的表象，那么它就是理论的崇高。一个实体，如果它意味着人们的身体力量无法克服的危险的表象，那么它就是实践的崇高。当我们在第一种形式的崇高中试图去表象时，我们失败了；当我们在第二种形式的崇高中试图去反抗时，我们失败了。第一种崇高的例子是风平浪静的海洋，第二种崇高的例子是暴风雨中的海洋。"

你们听到这其中那遥远的回声了吗？席勒显然在某种程度上记得康德的那段话，康德那段谈论大海和天空的话，康德的那段谈论平静的大海和汹涌的海洋的话。但是席勒关于康德那些话的遥远记忆，如今已经有了全然不同的功能。它与康德所描述和运用的那两个阶段、两种状态的功能没有任何关系。席勒的这整段话，以及他对实践性、实用性——而非对康德所关注的哲学疑难，即想象力的结构——的强调，这段话所产生的全部影响，都全然不同于康德。这段话极其清晰，我们对它的理解毫无障碍。或许我的翻译有点别扭，或许我的读解值得商榷，但只要你们读过这段话就会明白它说了什么。任何人都会马上明白席勒在这种对立中说了什么。

席勒继续为两种崇高赋予价值（valorize）。他把实践的崇高置于理论的崇高之上。席勒用康德来背书，完全以牺牲理论的崇高为代价来为实践的崇高赋予价值，他在文章的后半部分也只谈论实践的崇高。席勒强加给康德本不属于康德东西，然后又认为他强加给康德东西要远比康德自己的东西有价值。这样的价值化（valorization）分几个阶段进行。且让我把席勒的话念给你们听："理论的崇高与表象的欲望、求知的欲望相矛盾，实践的崇高则与自我保存的欲望相矛盾。在第一种情况下，只有我们的认知力

140

量的单一显现受到了质疑。然而在第二种情况下，受到攻击的则是认知力量的所有显现的终极根据，即生存本身。"因此实践的崇高更加关系重大，因为我们的整个生存都受到了威胁，而理论的崇高只威胁到了我们的表象能力、求知能力。当暴风雨拍打着屋门时，谁还在乎求知呢？这样的关头不是你去求知的时候；此时你的第一要务是自我保存，你还要在心理上从经受的冲击中幸存下来。你的整个生存更加要紧，而一星半点的知识上的损失总是能在第二天弥补回来的，对吧？生存问题要远比知识问题沉重，因此它能引发真正的惊恐，而知识的损失，或者知识受到的威胁，最多只是引起不快而已。

　　席勒继续这样的价值化："因此，我们的感性远比无限的对象更直接地卷入到可怕的事物中来"——无限就是理论的崇高——"因为自我保存的欲望发出的声音远比求知的本能更加响亮。正是出于这个理由，因为惊恐的对象比无限的对象更加猛烈地侵袭我们的感性存在，我们就愈发生动地经验到了自己的感性力量和超感性力量之间的距离，理性和内在自由的优越性就变得愈发明显。既然崇高的本质建基于这种理性的自由意识，既然所有与崇高相关的愉快都建基于这种意识，那么由此可见（这也被经验所证实），在审美表象中，令人惊恐的对象一定能比无限之物更加生动、更加愉快地打动我们，因而就情感力量而言，实践的崇高要远胜于理论的崇高。"（*Werke*, 20:174—175）

　　这些段落引人注目的地方在于，它们都相当有说服力，并且在心理上和经验上都完全合理；如果你从席勒作为一个剧作家所应有的关切来考量，如果你不去问"想象力的结构是什么"这样的哲学问题，而是问"我怎样才能写出成功的剧作"（这是席勒部分的正当关切）这样的实践问题，那么这些段落同样是合理的。通过运用惊恐的对象或惊恐的场景，以及运用呈现自然直接威胁的场景，而非运用各种难以在舞台上呈现的抽象概念，譬如无限，你就愈发能引起观众的共鸣。因此，先验问题在席勒身上的缺失，是一种总体的、惊人的、天真的、幼稚的缺失，也是哲学问题的惊人缺失，席勒对这类问题毫无兴趣。只要他的剧院能塞满观众，知识是否可能的问题不会对他造成丝毫困扰。我不想苛责于他，因为他出于当务之急所做出的选择是实践的也是必要的，其他的都可以等。然而，在康德那里，整个惊恐的在场令人不安，它源于作为心灵机能的理性和想象力的无能，这是康德唯一操心的问题，也是艰深的哲学问题。席勒似乎更关心实践问题，更关心自己作为一个剧作家的成功——请容许我的讥讽——但他也更正当地关心惊恐的心理学：我该如何与惊恐作斗争，应该如何抵御惊恐？答案是通过这样的心理手段，它强调理性以及在恐惧面前保持理性的能力。这不失为一种克服恐惧的方式，即使你在肉体上已经被恐惧摧毁了。奇怪的是，这种对实践性、心理性、经验性的强调，反倒更突出了抽象力量，正如上述引文清楚地表明的那样，理性和自然之间的距离因此被扩大了，这些力量的抽象活动愈发加重了它们与自然的、具象的东西之间的分离，尽管这也是因为对实践性和实用性的强调。我们很快就会看到，对实践和理性之二分的强调，一方面导致了实践的观念化（idealization），另一方面导致了理论的某种庸常化（banalization）和心理化（psychologization）。一般说来，在数学和力学的崇高中，理论、理论问题是康德唯一关切的、压倒一切的问题，尽管这会让康德的文字变得艰深晦涩，某些段落甚至难以理解和解释，但在席勒这里，我们却看不到这样的困难，因为在这里我们谈论的是所有人都能感同身受的心理上的逼真性，我们所有人都能参与其中，而这恰恰是因为它是实用的、日常的、庸常的经验。我们都知道，在面临危险时，转念去想别的事情并关注自己的心灵活动和理性，才是明智之举。通过这种生成着的意识，让自己沉湎于心灵的游戏而非身体遭受的现实威胁，这就是我们应对危险的方式，这就是我们应对痛苦方式，如此种种，不一而足。如果你精于此道的话，甚至在身处险境的整个过程中都能这么做。但凡你经历过任何直接的危险，你就会有这样的经验。在观察自己处于危险中的这种状态时（如果你有足够的时间的话），你的内心会有一种兴奋感，并且还会在这种可能性中得到极大的慰藉。心灵的自主性和完整性由此得到了维系——这是席勒所进行的正确的心理观察。但这不是哲学观察，显然也不是康德所操心的问题。重要的是，这种明显的现实主义，这种明显的实践性，这种对实践对象的关切，都将会导致完全失去与现实的联系，导致一种完全的观念论。

　　或许你们会对此提出异议；或许你们对此没有异议而是表示赞同，并因此反对席勒；又或许你们认为我们现在已经克服了这些问题，在这个启蒙的时代，我们永远不会再这么做——你们永远不会幼稚地将实践性、实用性与康德的哲学事业相混淆。但在你们做出判定之前，还是不要轻易地认为自己已经完全超越了席勒。我不认为我们任何人有资格做出这样的论断。无论我们写了什么，无论我们以何种方式谈论艺术，无论我们接受了何种教育，无论我们赋予自己的教育以何种正当性，无论我们的教育的标准和价值是什么，它们都比以往任何时候更加深刻地是席勒式的。它们来自席勒而非康德。如果你们在其他方向进行一些尝试，并触及了这些问题，你们会看到将会发生什么。无论你们身在何处，最好都要先确保自己有个铁饭碗，以及你们所在的机构享有良好的声誉。然后你们才可以在不用真正承担风险的情况下冒一些风险。

就康德而言，我们会认为，这将会导致主要的关注对象变成想象力理论。席勒也提出了一种在本质上完全不同于康德的想象力理论——诚然我们可以毫不费力地发现这一点，但我仍然想把它形诸笔墨。想象力进入席勒的词汇中，与他对惊恐的那些思考有关。席勒说，惊恐一定是能让人真正感到害怕的东西。就像我们说过的，惊恐必须是技术手段所无法驯服的。但是，席勒补充道，惊恐不应该是当即的威胁。因为如果它是当即的威胁，你肯定就没有时间施展自己的能力了。诚然你可以想象你依然能在这种情况下有所施展，但最好还是没有受到当即的威胁。如果你想经验到崇高的话，最好不是身处在上下颠簸的船上，而是站在岸边观望上下颠簸的船。这看上去相当有道理，我们对此表示赞同。席勒说："我们应对的只是这样一种情况，惊恐的对象真正地展示了其力量，但却没有对准我们的方向发力，因而在一定的条件下我们知道自己是安全的。"而康德也曾以某种方式坚持这一点，你们可以引用康德的话来表达同样的意思，尽管在康德那里，安全的状态——与平静有关，与平静的情感有关——完全不同于我们这里所说的状态，因为这里席勒谈论的是非常实践、具体的事情，这与康德的做法大异其趣。是的，我们知道自己是安全的。"我们只是想象这一点"——想象——"我们只是想象自己身处这样的处境中：这种力量可以触及我们，任何抵抗都是徒劳

143

的。"因此我们可以设身处地想象自己身在那艘无法抵御海浪冲击的船上时，会是多么可怕。"那么，作为危险的表象，惊恐只存在于想象中。但是即使是想象中的危险的表象，如果它生动到足以唤醒我们的自我保存的意识，它就能产生类似于（analogous）真实经验所产生的东西。""类似于"是一个重要的词。"我们开始颤抖；一种恐惧的感觉侵袭着我们；我们的感官如临大敌。如果没有生发这种真切的痛苦感，没有对我们的生存发动真正的"——德语原文用的是 ernstlich，即严肃的、认真对待——"攻击，我们就只能与惊恐的对象游戏。如果理性要在其自由的理念中寻求慰藉的话，就必须要有，或者至少感受到有严肃的威胁（es muß Ernst seyn）。此外，只有在被严肃对待的情况下，我们内在的自由意识才有价值，才能提出真正的主张。如果我们只是以一种游戏心态介入到危险的表象中，那它就不可能被严肃对待。"（Werke, 20:181）

现在，如果你把这段话与我们上次读过的康德关于想象力的那段话[15]——想象力的牺牲，想象力和理性之间的迂回的经济，等等——相比，与我们在康德那里发现的关于理性和想象力、牺牲等古怪的论述相比，这段话显得是多么的容易理解和有说服力！确实如此，这很好理解。康德那段话显得怪异的原因在

---

[15]　指第四场"梅辛杰讲座"《康德的现象性与物质性》中的相关内容，参见本书第 140—143 页。这里"康德关于想象力的那段话"具体是指《判断力批判》第 26 节的"想象力在一方面所失去的就与它在另一方面所获得的一样多，而在总括中就有一个它不能超越的最大的东西"，以及"反思性的审美判断力之说明的总附释"中的"对自然的崇高者的愉悦也只是消极的……是想象力的自由被它自己剥夺的情感，因为想象力是按照另外的法则，而不是按照经验性应用的法则被合目的地规定的。由此，它获得了一种扩展和威力，这威力比它牺牲掉的威力更大"等内容。参见《判断力批判》，李秋零译，中国人民大学出版社 2011 年版，第 80、95—96 页。——译者注

于，康德处理的是严格的哲学问题，是严格意义上的哲学和认识论问题，但他却出于自己的原因，选择了用人际交往的、戏剧性的术语来陈述，从而模拟人物间的关系，以戏剧的方式讲述了一些纯粹是认识论的东西，它们与人际关系的事务无关。[16] 在席勒的情况中，解释完全是经验性的、心理学的，无涉任何认识论含义。出于这样的理由，席勒能够宣称，在这样的协商和安排中，对危险的类比替代了真正的危险，关于危险的想象替代了关于危险的经验，通过这种替代、这种转义的替代，崇高成功了，崇高做到了，崇高实现了自身，并带来了一种新的综合。我们会得到一种类似于之前提到的那个图型那样的模式，但有着与之前不同的要素。现在处在那种相互关系中的是知识，Erkenntnis，它像表象，像想象；自我保存则像实在（reality）。就像表象与实在相对待一样，知识以同样的方式、在同样的关系中与自我保存相对待——诚如我们已经看到的那样，Erkenntnis，即理论知识，与自我保存的实践性相对待。知识是表象、幻想，是想象出来的东西，而自我保存则是具体的物质对象，因而属于实在的序列。在这里的对立游戏中，这就是两极对立的起点。那么，在对立展开的过程中，在所谓的论证中——尽管它就像所有的转义一样，实际上是纯结构性的，是结构性的模式，是转义交换的纯结构性代码，是对称的，因此是可掌握的——发生的就是这种自我保存，诚如我们在席勒给出的分析中所看到的，它以表象的方式行事。我们通过用想象的情境替代实在的方式来实现自我保存。因此自我保存成了想象而非真正的实在，因此自我保存现在与表象

144

---

[16] 《康德的现象性与物质性》中有类似的相关论述，参见本书第142—143 页。——译者注

相关。结果是交错配列得以完成，使得知识与实在相关联——这其实是席勒如下说法的另一种表述：我们的知识是真实的，是Ernst，它并非纯粹的想象，而是真实的经验，在其中有真正的惊恐，而非纯粹的游戏。

知识——表象

自我保存——实在

席勒建立起了 Ernst 和 Spiel 之间简单的二极性，即严肃的东西和游戏的东西的对立，你们应该记得，在熊的故事中，克莱斯特对这种对立和这种简单的二极性做了什么，他不允许它们仍未受到挑战。[17] 因为严肃性和游戏性的概念现在已经不再纯粹了（它只有通过类比才是严肃的，它不是真正的恐惧而是恐惧的转义），人们就像在小说或戏剧中一样在危险中游戏，但实际上受到了危险的比喻状态（figurative status）的庇护。实际上，危险被塑造成了比喻，庇护你免受眼前危险的伤害。正是这种转义的比喻化（tropological figuration），这种向想象的过渡，让你得以应对危险。比喻化再次作为防御机制出现，我们用它来应对危险，用危险的比喻（figure）、相似物（analogon）、隐喻来替代危险。同样，这种应对危险的经验性时刻，这种经验性时刻，在康德那里

---

[17]　指克莱斯特的《论木偶戏》中提到的一则故事：一位正在学习击剑的贵族子弟与故事的讲述者"我"切磋剑术，大败而归，被"我"玩弄于股掌之间。于是这位贵族子弟怂恿"我"去与其父豢养的熊比试。同样的情节再次发生，只是"我"现在变成了那个被玩弄于股掌之间的对象，对"我"而言严肃的剑术在熊面前宛如儿戏。参见克莱斯特：《论木偶戏》，收录于《德语诗学文选》（上卷），刘小枫选编，华东师范大学出版社 2006 年版，第 306—307页。——译者注

是不存在的。在康德那里，在第三《批判》的那些段落中，比喻语言的出现，如我们所见，关系到完全不同的场景，它们是知性的场景，把握（apprehension）与总括（comprehension）并置的场景，还有想象力为了理性牺牲自己然后又在此过程中得以恢复的场景，等等。没有哪一个时刻能像我们在那里所经历的那样，会有如此简单的心理过程，因此无论康德说了什么，都不是在心理上可理解的或可领会的（understandable or comprehensible）。将康德移植到某种实用的、心理的、经验性的经验中，是无法理解康德的。这就是哲学家和席勒之间的区别，席勒不是哲学家。席勒需要的知性类型是共通知性（common understanding）。或许你们认为哲学家需要的那种知性也是共通知性，但它有着不同的性质，它不具有个人的和心理的性质。

145

　　同样的想象力理论随后就进入到了人们所谓的——在席勒那里，这是一个连贯的辩证发展的例子，并且是个罕见的例子——危险与安全的辩证法，在其中，有更明确地将自己命名为死亡的那种危险，还有对康德与席勒而言都如此重要的道德概念。席勒接受了康德的观念，认为道德即自由，但接下来他构想道德和自由的方式都完全是非康德的。无论如何，首先让我们从身体的安全和道德的安全的区别着手。席勒提出，有道德的安全这么一回事，但当且仅当危险在身体无法承受时，它才会出现。但凡能在身体上抵御的危险，都不是真正的危险，只有在身体真正无法承受时，某种别的东西才能开始发挥作用，这种东西被称为"道德的安全"。席勒如是说："我们之所以能无所畏惧地直面惊恐，是因为我们感觉自己可以克服惊恐施加于作为自然存在者的我们身上的强力，要么是通过意识到自己是无罪的，要么是通过自身存在的坚不可摧和常住不朽。由此可见，道德的安全意味着宗教的理念。因为只有宗教而非道德，才能为我们的感性存在提供庇护、厚植根基。"（Werke, 20:181）现在死亡的普遍性命名了具体的威胁，就这种威胁而言，人们在死亡面前所能获得的道德的安全，首先是不朽的理念、不朽的宗教理念。但值得称道的是，席勒没有止步于此，而是以辩证的方式将问题复杂化。因为我们不但在思想意义上，还总是在身体意义上解释不朽的概念——这有点像里尔克所说的那种死后仍然可以吃葡萄的观念。[18]这种关于不朽的想法颇能宽慰人心，因此总是令我备受触动，但恐怕它不是非常严肃的宗教信念。但是，就其除了思想意味之外还有身体意味而言，席勒还会说不朽的思想本身并不崇高。更加崇高、更能变得崇高的，是无罪的概念，该概念又建基于神圣正义和个体无罪的概念。只要我们是无罪的，只要上帝是正义的，我们就不会真正出什么事。因此，这就假定了一种神与人之间的相互关系，而这恰恰就是假定黑格尔所质疑的那种神与人、神与人性话语之间的关系。在这里，这种交流发生了，奇怪的是，它导致了我们的物质存在和思想存在之间的截然分离。席勒说："为了使神的表象在实践上是崇高的，我们就必须将我们的安全感不是与我们的生存，而是与我们的原则，Grundsätze，与我们的存在原则联系起来。只要我们感到在思想上受制于自然力量的影响，我们就必定对我们作为自然生物的命运漠不关心。"（Werke, 20:182）[19]事实证明，思想的这种独立性——为了获得真正的自

---

[18]　可参校德曼对里尔克 "Quai du rosaire" 一诗的引用，参见 *Allegories of Reading* (New Haven: Yale University Press, 1979), p. 42。

[19]　此处显示的德曼的翻译与原文差异较大，尤其在 "We must be indifferent to our fate as natural creatures, as long as we feel intellectually dependent on the effects of its power"（转下页）

由——必须包含神的意志和我们自己的理性法则之间的相似性乃至同一性，如此神和理性之间的联系才能生生不息。它导致了（这一点现在来看更加清楚了）我们的思想存在、道德存在二者与自然存在之间完全的断绝。席勒说："我们把这样的实体称作是在实践上崇高的：它们能使我们意识到自己作为自然生物的弱点，同时又在我们体内唤起一种全然不同的反抗，即对惊恐的反抗。这种反作用力绝不会将我们从危险的物理存在中解救出来，但更重要的是，它将我们的物理存在和我们的人格区分开来。因此它不是特殊的和个体的物质安全，而是理想的安全，并且延伸到了所有可能的和可想象的情境，我们一定会在对崇高的审美沉思中意识到它。它学会了把我们存在的感性部分，也就是我们唯一可能处于危险中的部分，视为与我们的人格、我们的道德自我毫不相关的外部自然对象。"（*Werke*, 20:185）[20]

（接上页）这句话中，dependent 对应的德文是 unabhängig，这个词应该译为 independent，但德曼却译为 dependent，不但与原义相反，而且与也德曼的下文相矛盾。鉴于本文是由讲座录音转录而来，此处可能是转录者的拼写错误，亦有可能是德曼演讲时的口误。正文中仍按原文译出，此处附上德曼的译文、席勒的原文和直译的中译，供读者参校。

For the representation of the sacred to be practically sublime, our feeling of security must not relate to our existence, but to our principles, *Grundsätze*, to the principles of our being. We must be indifferent to our fate as natural creatures, as long as we feel intellectually dependent on the effects of its power.

Soll die Vorstellung der Gottheit praktisch (dynamisch) erhaben werden, so dürfen wir das Gefühl unserer Sicherheit *nicht auf unser Dasein*, sondern *auf unsre Grundsätze* beziehen. Es muß uns gleichgültig sein, wie wir als Naturwesen dabei fahren, wenn wir uns nur als Intelligenzen von den Wirkungen ihrer Macht unabhängig fühlen.

如果神性的表象要在实践上（力学上）是崇高的，那么我们就必须将自己的安全感**不是与我们的存在**，而是**与我们的原则**联系起来。如我们觉得我们作为有思想的存在者不受自然生物的力量的影响的话，那么我们作为自然生物如何行事，对我们来说就一定是无关紧要的。——译者注

[20]　此处德曼的引用有所省略。这段话完整的原文如下。

Praktischerhaben ist also jedweder Gegenstand, der uns zwar unsre Ohnmacht als Naturwesen zu bemerken gibt-zugleich aber ein Widerstehungsvermögen von ganz andrer Art in uns aufdeckt, welches zwar von unsrer physischen Existenz die Gefahr *nicht* entfernt, aber (welches unendlich mehr ist)（转下页）

是之谓观念论（idealism）。如果你想搞清楚观念论的陈述有着什么样的模式——不是在德国观念论哲学的意义上，而是在作为意识形态的观念论的意义上——那么上面就是一则具体的意识形态观念论声明。因为它设定了纯粹智性（intellect）：在建立对理智的信仰的方向上，它走得太远了，因为它设定了一种完全脱离了物质世界、完全脱离了感性经验的纯粹理智的可能性，而这恰恰对康德而言是遥不可及的。你们应该还记得康德那段解释想象力的必要性的话，因为他说，我们不是纯粹智性，且永远无法成为纯粹智性。[21] 作为堕落的存在者——这是个神学概念——我们无法拥有纯粹智性。在这里纯粹智性的可能性卷土重来。所以席勒设定了纯粹智性，这在康德那里是遥不可及的，因为对康德

（接上页）unsre physische Existenz selbst von unsrer Persönlichkeit absondert. Es ist also keine *materiale* und bloß einen einzelnen Fall betreffende, sondern eine *idealische* und über alle möglichen Fälle sich erstreckende Sicherheit, deren wir uns bei Vorstellung des Erhabenen bewußt werden. Dieses gründet sich also ganz und gar nicht auf Überwindung oder Aufhebung einer uns drohenden Gefahr, sondern auf Wegräumung der letzten Bedingung, unter der es allein Gefahr für uns geben kann, indem es uns den sinnlichen Teil unsers Wesens, der allein der Gefahr unterworfen ist, als ein auswärtiges Naturding betrachten lehrt, das unsre wahre Person, unser moralisches Selbst, gar nichts angeht.

　　因此，实践上的崇高是任何这样的对象：虽然它使我们意识到自己作为自然生物的无力，但同时又在我们身上揭示出一种截然不同的反作用力，这种反作用力虽然**不会**消除我们身体存在上的危险，但却能（更加无限地）将我们的身体存在与我们的人格区分开来。因此，不是只涉及个别情境的**物质**的安全，而是延伸到所有可能情境的**理想**的安全，使我们能在拥有崇高的表象时意识到这一点。因此，这种崇高压根不是基于克服或扬弃对我们构成威胁的危险，而是基于消除能给我们带来危险的最后条件，由此它教导我们把自身存在的感性部分——唯一受制于危险的部分——视为与我们的真正人格、我们的道德自我无关的外部自然物。——译者注

[21]　康德认为，人的知性是一种推论性的、需要形象的知性，也就是需要在直观中被给予的杂多的知性，这是一种作为摹本的智性（intellectus ectypus），这种知性"单凭自己不认识任何东西，而只是对知识的材料、对必须由客体给予它的直观加以联结和整理而已"，想象力恰恰起到联结这种"不纯粹的智性"和感性直观的作用；而纯粹智性则是一种作为原型的智性（intellectus archetypus），它具有"智性直观"的能力，"不像各种被给予的对象，而是通过它的表象同时就给出或产生出这些对象本身"，康德在某种程度上将这种纯粹智性的可能性归于上帝，因此将其称作"神的知性"。参见《判断力批判》第 77 节，《纯粹理性批判》B145、B150—B152。——译者注

而言，想象力恰恰是这种无能的症候，是拥有纯粹智性的无能的症候，而非其病因抑或治疗的良药。在席勒这里，纯粹智性的出现，就像想象力的出现一样，是为了治疗我们的无能，而在康德那里，正是想象力的失败导致了审美的沉思。在这一点上，这两种话语完全脱节了，而这种观念化恰恰是康德那里所没有发生的事情。在席勒这里，纯粹智性在这一点上——我们将会看到，他在某种程度上改变了这一点——超越了审美，这在康德那里，在神学上和哲学上都是无法想象的。席勒对审美的这种超越完全不同于我们在康德那里发现的对审美的中断，即让审美回到铭写的物质性、回到字母。

所以，这就是我想让你们感受到的明显的悖论。这种对实践性的强调，这种对心理性、逼真性的强调，以及所有使得席勒变得可理解的东西，所有引起我们共鸣的、有说服力的东西，共同导致了身心的根本分离，导致了在席勒自己看来也站不住脚的观念论。因此这篇文章的起点（起点位于实践的崇高和理论的崇高——席勒用它们取代了康德的数学的崇高和力学的崇高的范畴——之间的实用对立中），以及终点（终点即纯粹智性对审美的观念论超越，因为我们在这一点上超越了审美，达到了纯粹智性的程度），也就是我们在席勒那里获得的东西，在起点和终点上都完全是非康德的。席勒的观念论与康德的先验—批判语言形成了鲜明的对比。席勒是作为康德批判哲学的意识形态而出现的。

在康德那里，转义系统（tropological system）、转义的系统（system of trope），是以纯形式原则、纯语言结构的方式运转的；而在席勒这里，转义系统是对转义的**运用**，是对作为**目的**

论、作为意识形态欲望（即克服惊恐的欲望）的目的的交错配列的**运用**——这样一来，转义系统就成了这样的系统：转义论（tropology）作为一种装置为 Trieb（本能）服务。转义系统不再是一种结构，它被招募来为特定的欲望服务。因此就在它声称自己游离于所有现实之外的那一刻，它便获得了经验性的和实用性的内容，这在康德那里是不存在的。因此在席勒的这篇早期文章中，存在着对如下两种事物的奇怪混合：一种是对实践的、经验性的、心理的有效性的主张，另一种是完全的观念性（ideality）。

　　注意，这是早期的席勒，下面我会简要提及，席勒后来在某种程度上修正了其中一些概念，尤其是心灵相较于身体的优越性。席勒完善和修正了其中一些概念，这似乎是对其早期观念论的自我批判，并代之以更加均衡的原则。这种转变主要体现在晚期的《审美教育书简》中，对此我只简单说几句，剩下的时间留给大家自由提问。

　　在《审美教育书简》中，我们同样从一种二极性开始，但这里的二极性要比实践和理论之间的简单对立复杂得多，也丰富得多，尤其是在时间方面。但这仍是一种以本能（Trieb）、推动力（pulsions）、内驱力（drives）的形式表述出来的二极性。席勒在此命名的两种本能分别是 sinnlicher Trieb——感性欲望，和 Formtrieb——形式欲望。[22] 这样的区分看起来相当平淡无奇，但是这二者被刻画、阐发的方式却很有意思。席勒主要是根据两种时间模式之间的对立来刻画、阐述这两种本能的，这很有启发性。感性欲望，被片刻之间当即的感触所俘获，因此它拥有片刻

---

[22]　在前文中，德曼将 Trieb 译作 drive（本能），在此又在区分两种 Trieb 时将其译作 desire（欲望）。——译者注

的特殊性，将其他一切都排除在外；而形式欲望、对形式的欲望，渴望普遍性、绝对性，渴望一种法则，它有一种时间结构，该结构想要尽可能地囊括更加广大的区域。

　　因此，这两种本能俨然完全互不相容。一种想要在片刻之间拥有一切，另一种想要将事物尽可能长久地绵延下去；一种完全是特殊的和个体的，另一种完全是普遍的和绝对的。这里的微妙之处在于，席勒承认这一点，他说它们完全互不相容，因此人将无可救药地陷入分裂之中，如果没有，那只是因为这两种本能还没有遇到彼此，是因为这两种对立的元素还没有相遇。席勒说，它们互不相容，因此必须防止它们进入一种辩证关系，在这种关系中，它们会互相否定。这句话不是引文，而是我的转述，但这是对意思十分清楚的引文的转述。人们应该注意到，这两种互不相容的倾向不会出现在同一个对象中，这二者既然互不相遇、互不相见，那么也就不会互相对立："Was nicht aufeinander trifft, kann nicht gegeneinander stoßen"（彼此不会相遇的东西，也就不会彼此冲突）（Letter XIII，第84—85页）[23]。因此只要你让它们彼此不相遇，它们之间就不会有斗争。Formtrieb，对形式的欲望；sinnlicher Trieb，及时行乐的欲望——现在是对愉快的欲望；只要这二者不相遇，就能留给我们相对的安宁。席勒说，它们互不相容，因此必须——实际上席勒本人并没有这么说，这是我说的——防止它们进入辩证关系，在这种关系中它们会互相否定。

---

[23]　参见 Schiller, *On the Aesthetic Education of Man*, ed. and trans. Elizabeth M. Wilkinson and L. A. Willoughby（Oxford: Oxford University Press, 1967），引文后括中给出的是该英译本中的书简编号和页码。德曼随后指出，他实际上参照的是德文版，因此他对席勒的英译与上述英译本并不完全一致。（中译参考了席勒：《审美教育书简》，冯至、范大灿译，北京大学出版社 1985 年版，第 67 页。——译者注）

　　做到这一点——为了不让它们由此进入彼此的辩证关系——的方法就是保持它们之间完美的可逆性。这就是可逆性概念的用武之地。如果在形式和席勒所谓的感性 Trieb 之间——如果它们是完全可逆的，如果它们是绝对对称的，那么它们将永远会不遇到彼此。这是用可逆性来避免辩证法的一个例子，更不用说用它来避免铭写或字母的更为彻底的中断，以及这种中断的其他任何形式（我们已经以各种方式遇到了它们）。令人奇怪的是，席勒下面的这段话，将他自己与当时的某些哲学家的名字串联起来了。这段引文出自一个脚注，但它是《书简》中至关重要的一段话："只要我们假设这两种本能有一种本源的从而也是必然的对抗性，那么除了让感性服从于理智之外，就没有任何其他方法可以维持人性的同一性了。"——这或多或少也是他自己在第一篇文章中所做的事情——"然而，这只能产生单一性，Einförmigkeit，而不是和谐，人性只能继续分裂下去。这种等级关系，这种支配和服从的模式，是必然要发生的，但它必须是交替进行的而非同时发生的。因为，诚然界限不能规定绝对，自由永远不能依赖于时间；但绝对也没有规定界限的力量，时间中的情境也无法依赖于自由。"

149

　　这又是一个例子。这些句子是绝对的；我可以一直这样继续下去，我可以继续以这样的方式再写五十个这样的句子，它们总是有意义的。时间中的情境无法依赖于自由。"因此，这两个原则的关系是相辅相成的。它们彼此处于一种可逆的相互作用关系中"，相互作用的德语原文是 Wechselwirkung，即交流。"没有无形式的物质，没有无物质的形式。"在这一点上，席勒将这种交流的可能性归功于费希特。费希特有一种反康德的倾向。在这整

个的发展过程中，费希特的名字极其重要。但我不打算在此深入
这个问题。我只想说，在我看来，这是对费希特真正的辩证运动
的严重歪曲。跟黑格尔一样，费希特同样有着真正的辩证思维，
用简单的可逆性来替代辩证的否定就是对费希特的歪曲。席勒继
续说道："在先验哲学中，一切都渴望把形式从内容中解放出来，
使必然性不受一切偶然和随机因素的污染，人们很快就习惯于将
物质视为障碍，并又将感性置于与理性的必然矛盾之中，因为感
性在这种情况下起阻碍作用。这种方法肯定不符合康德体系的精
神，但它完全可能符合该体系的字面意思。"

　　这明显将康德歪曲为二元论了。这样的歪曲并非基于康德，
而是脱胎于席勒自己在《论崇高》中的误读，在该文中，席勒假
定康德那里存在着感性和理念的二元论，随后他又说在费希特那
里并未出现这样的情况，在我看来，这完全歪曲了康德和费希特
的关系。我不打算深入这个问题的细部，在此我只想说，在康德
那里并不存在这样的二极性，并不存在这样尖锐的二律背反和二
极性。它们从未以这种方式存在过。即使康德那里存在着三元运
动（triadic movements），它们也并非如此强烈、简单的二极性。
而在费希特那里则存在着这样的对立，它们总是能实现辩证的替
代，这涉及巨大的否定力量。在席勒这里，我们找不到辩证法，
也找不到本能层面的交流。但是，席勒认为还是发生了交流，因
为我们无法既让两种本能比肩并立，又让它们互不相干。为了摆
脱这样的状况，席勒说交流不是发生于生存层面，而是发生于原
则和理念的层面。在原则和理念的层面能够发生形式和感性经验
之间的交流。"从两种对立本能的交替中，从两种对立原则的综
合、Verbindung（联结）中，我们看到了美是如何发端的，因此

美的最高理想在于实在与形式之间最完美的、可构想的平衡。"

我感兴趣的是，这种综合在原则层面是何以可能的。对这种综合的可能性和必然性的恳求是以经验性概念之名被提出来的，经验性概念是人性的概念、人的概念，随后又被用作一种闭合原则。人、人的需求、人的必需品都是绝对的，不容任何批判性的攻击。因为人的范畴是绝对的，因为如果构成人的两种本能之间的相遇没有发生的话，人就会陷入分裂或沦为虚无，所以必须找到一种综合。这种综合是被人的概念自身所宰制的，是由人的概念自身所强加给我们的。在《审美教育书简》中，人性发挥作用的方式，与自我保存在其早期文章中发挥作用的方式别无二致。二者都是实用的闭合原则，不接受任何批判性话语。

那么，人性本身就必定是这两种本能的综合体，由此又被等同于必然和自由之间的平衡关系，席勒称之为自由游戏，Spieltrieb（游戏本能），自由游戏进而又成为人的规定性原则。人被这种自由游戏的可能性所规定——"我游戏，故我在"，如此等等（Letter XV，第106—107页）。因此，随之而来的是对一种自由的、人性的——因为自由概念和人性概念相伴而生——教育的需求，这种教育被称为审美教育，此乃人文教育之自由体系的基础。审美教育亦是诸如"文化"等概念的基础，以及这样的思想的基础：从个体的艺术作品转向集体的、大众的艺术概念是可能的，集体的、大众的艺术概念可以成为一种民族特征，它就像民族文化一样，具有被称作"文化"的普遍的社会维度。因此，作为这样一种思想合乎逻辑的结论，席勒提出了审美国家的概念，它是作为审美教育之结果的政治秩序，也是基于审美教育构想的政治制度。

　　席勒因为这种开明的人文主义而声名远播，并且常常因为与康德相对立而受到称赞。譬如，席勒著作杰出的英译者和编者威尔金森和威洛比就有这样一段话："康德留给我们的印象是，一种秩序身着盛装华服突然出现，奉来自本体（noumenal）领域的理性之命，自上而下地向我们发号施令，向我们颁布严苛的敕令，席勒明确指出，他所关注的是一种秩序的渐进发展，它是自下而上的，也就是说，它源于心灵和意志的现象性假设（phenomenological assumptions）。"[24]

　　这段话听起来多少有些拗口，这是因为我引用的并非英文原文，而是从德文翻译转译过来的，我手头只有这个德译本，对此我表示抱歉。但这段话的意思还是很清楚的。与康德相反（康德是专制的，因为他自上而下地以先验的方式起作用），席勒更加人性化，并且在心理上是站得住脚的，所谓"现象性的"在此实际上是指经验性的和心理性的。在此使用"现象性的"一词显得非常可疑，因为席勒不是现象性的，而是经验性的；他在经验性的意义上是心理性的。席勒因此受到称赞，自然无可厚非。游戏概念是一个高度文明化（civilized）的概念，席勒的文明性文化（civilizing cultural）的作用，与游戏概念息息相关。

　　席勒《审美教育书简》中的游戏概念及其诸种含义值得大书特书，但在此我只能点到为止。首先，游戏的意思是 Spielraum，即游戏和空间，[25] 你之所以需要空间是为了防止辩证相遇的发生。在这两种事物之间你要"游刃有余"（a little play），也就是说你要

151

---

[24]　Wilkinson and Willoughby, "Introduction", *On the Aesthetic Education of Man,* p. xcii.
[25]　Spielraum 由 Spiel（游戏）和 Raum（空间）复合而成，直译过来即"游戏空间"。——译者注

在它们之间保持一定的距离，以防止它们相互龃龉。因此，游戏具有令人愉快、宽慰人心、启迪人心的功能。

在席勒那里，游戏（play）还意味着必然性、规则、Gesetz（法则）与偶然性、任意性，在原则层面的平衡、和谐。比赛（games）在这方面是一个很好的例子。一方面，比赛要有规则，比如踢足球你必须遵守特定的规则，尽管在康奈尔大学我们失败得一塌糊涂，但至少他们努力了；另一方面，规则又有非常任意的一面，比如谁说点球就一定要在距离球门10码的位置射出，为什么不能是11码或者9码？这是一个绝对任意的规定，但就其自身而言，它就是规则的原则，以规则的方式发挥作用。这也是人被定义的方式。人被定义为某种闭合原则，这种原则从此与理性的批判性分析无缘。我们从克莱斯特那里了解到了这种人与非人之间的平衡概念是如何失控的。比如，在语言中意指的先验原则的显象是如何让人感到不安的。说人是一种闭合原则，说盖棺之论、总结陈词统统属于人、属于人类，就是假定了语言与人之间的连续性，就是假定了人能掌控语言，这在方方面面都是非常成问题的。明天我们就会看到这样的例子：有人通过谈论本雅明来说明这种成问题的语言本质观。[26] 如果这种成问题的语言本质观没有什么言外之意的话，那么就可以断定，它完全忽略了这样一种语言的可能性：这种语言无法用人类的术语来定义，也完全是人类的意志所无法触及的，在某种程度上，在非常激进的意义上，这种语言是非人的语言。因此我们至少会遇到一种初始的复杂情况，其中的闭合原则不是人（因为语言总是能够撤销

---

[26] 参见 Conclusions: Walter Benjamin's "The Task of the Translator", in de Man, *The Resistance to Theory*. 这篇文章是德曼在康奈尔大学所做的第六场"梅辛杰讲座"。

这种闭合原则），也不是语言（因为语言不是固定概念），也不是
实体概念（因为实体概念不允许让自己以任何方式被概念化和具
体化）。

　　游戏首先被定义为 Spielraum，［其次］被定义为平衡，游戏
的第三个定义则是 Schein（显象）[27]，就像在 Trauerspiel（悲剧）或
Lustspiel（喜剧）中一样，游戏呈现出戏剧的表象（representation）、
显象（appearance）、戏剧性。[28] 席勒非常雄辩地赞美了 Schein，赞
美了与显象共处的能力——他说这就像一幅人类学的草图，勾勒
出原始社会和发达社会的共同特征。席勒说，当人们对 Putz 和
Schein，即装饰品和显象感兴趣时，社会就诞生了。在这个时刻，
审美是在场的，它作为一种强大的、规定性的社会力量而发挥作
用。就像 Schein 一样，艺术作为一种非实在的原则而受到赞美，
因为实在与显象之间保持着严格的对立，而艺术完全站在显象一
边。席勒说，只有那些非常愚蠢的人，或者那些极其聪明、过于
聪明的人，才不需要 Schein，不需要显象。那些十足的愚人不需
要显象，是因为他们没有能力构想显象；而那些完全理性的人则
不必再诉诸显象（Letter XXVI，第 190—193 页）。我们可以对这
两句话中的主语进行替换，比如，当康德把世界描述为完全不受
目的论影响，描述为没有显象只有实在时，就可以将那个十足的
愚人换成康德。那种聪明过头，聪明到能让自己的思想充斥整个
世界的智叟，就可以是，比如说，黑格尔，根据这个假设，黑格
尔就不再需要 Schein 了。

---

[27]　关于该词译名的讨论，参见本书第 137 页注释 27。——译者注
[28]　此处值得注意，用来对译德文 Spiel 的英文 play，作名词时同时兼有"游戏"和"戏剧"
的意思。——译者注

152

因此，当康德和黑格尔使用 Schein 时，他们的意思大不相同。在康德那里，我们谈到过 Augenschein 并看到了它是什么，[29]Augenschein 当然不与实在相对立，它恰恰就是指我们所看见的东西，因此要比其他任何东西都更真实，尽管它是存在于视觉层面的实在。当黑格尔谈到 das sinnliche Scheinen der Idee，并将美定义为理念的感性显现时，他至少——或许不止于此——想到了作为现象化的 Erscheinung（显象）[30]，作为对象在其自身的现象性之光中的显现的 Erscheinung。我们看到，在这两种情况中，即在康德和黑格尔的情况中，都有一条从 Schein 的概念通向物质性概念的路。在席勒那里是找不到这条路的，这也就是为什么对席勒而言，在那一刻被提及和强调的艺术概念，将永远毫无保留地成为一种作为模仿（imitation）的艺术概念，即 nachahmende Kunst（模仿的艺术）。席勒赞美模仿，模仿所带来的愉悦是非常真实的，这完全是因为，艺术是实在本身的显现，是对实在的模仿："gleich sowie der Spieltrieb sich regt, der abscheidige Pfaden findet, wird ihm auch der nachahmende Bildungstrieb folgen"，即"游戏一出现，因为游戏以显象为乐，模仿、mimesis、模仿的欲望就会在艺术中出现"[31]。因此，这就是作为 Schein 的游戏。

---

[29] 指《康德的现象性与物质性》中的对 Augenschein 的讨论，参见本书第130—136页。——译者注

[30] 该词的含义参见本书第137页注释27。——译者注

[31] 此处的引文与席勒的原文有出入，席勒的原文为"Gleich, sowie der Spieltrieb sich regt, der am Scheine Gefallen findet, wird ihm auch der nachahmende Bildungstrieb folgen, der den Schein als etwas Selbständiges behandelt"，这句话同样出自《审美教育书简》中的第二十六封信，直译过来即"一旦以显象为乐的游戏本能被唤醒，模仿的创作本能就随之而来，这种本能将显象视为某种独立自主的东西"。德曼的引文将原文中修饰 Spieltrieb 的 "der am Scheine Gefallen findet" 替换成了 "der abscheidige Pfaden findet"，因此德曼的引文直译过来即"一旦找到了分叉路的游戏本能被唤起，模仿的创作本能就随之而来"，但是德曼对这句话的（转下页）

最后，与其说是在《审美教育书简》中，不如说是在一篇与之相互补充的小文章《运用美的形式的必然界限》（"Über die notwendigen Grenzen beim Gebrauch schöner Formen"）中，我们明显地发现，在席勒那里，游戏还作为比喻概念、比喻化（figuration）概念发挥作用。比喻就是实现游戏的一种形式，并且又是通过一种二极性来实现的。席勒说："话语必须有一种有机的、感性的要素，这种要素是混乱的，但又是具体的"——这就像我们谈到的感性本能一样，既是片刻之间的，但又具有当即的吸引力，但又不是被组织起来的，没有被严格地组织起来，这是一方面——"另一方面，话语必须有一种统一的意义"——这种感性的，这种席勒称之为有机的、感性的要素，没有真正的意义，它们只是具体的时刻，没有连续性——"但在另一方面，话语必须有一种统一的意义，一种总体性，一种抽象但统一的总体意义，这种意义与那些具体的时刻相对立。"你们看，这就是 Formtrieb（形式本能）和 Erkenntnistrieb（认知本能）的对立的翻版。席勒说："秩序，Gesetzmäßigkeit（合规律性）让智性感到满足，而无序的混乱则让幻想、想象欣喜不已。"（*Werke*, 21:9）正如你们所料，通过 Spiel，紧接着就会在这二者之间发生属性的交错交换（chiasmic exchange），智性将会获得自由和任意性的某些属性，而想象、幻想将会获得秩序和系统的某些要素，秩序和系统是将语言定义为意义所不可或缺的。

（接上页）英译却是 "Precisely as the play comes into being, because it takes pleasure in appearance, the imitation, the mimesis, the desire for imitation will occur in art"，相对跟席勒的原文更加贴近。此处是德曼自己有意为之的改写（因为前文提到了"路"），还是录音转录时的讹误（"der am Scheine Gefallen findet" 和 "der abscheidige Pfaden findet" 在读音上非常相近），目前只能存疑待考。——译者注

　　在这里，与康德的比较实际上是与康德关于比喻化、关于他所谓的 hypotyposis（栩栩如生的描绘）[32] 的论述的比较，hypotyposis 就是通过感性要素来呈现纯粹智性概念时所遇到的困难。哲学所拥有的必然性是一种特殊的必然性，因为哲学术语并非源自纯粹智性概念，而是源自物质性的、感性的要素，哲学以隐喻的方式运用这些要素，却常常不自知。因此，当哲学说存在的**根据**，或者说某物从中**流出**，或者某物**依赖**于他物时，实际上使用的是物理学术语，但哲学却常常对此日用而不自知。[33] 自从《白色神话》[34] 之后，我们都意识到了这一点，并且我们再也不会做这不入流之事了！无论如何，对康德而言，hypotyposis 无疑属于知性的问题，而且它再次威胁到了哲学话语；而在这里，席勒再次以交错配列的方式为类似的对立提供了解决方案。于是，不像康德的 hypotyposis，在席勒这里，感性成了理性的隐喻。这样的情况延伸到了人性领域，事实证明，人性完全不是闭合原则，因为人性不是单一的，它有一种二极性，有男女的二极性，这就是席勒处理问题的方式。席勒说："另一种性别"——也就是女性——"不可能也不应该与男性分享科学知识，但通过比喻性表象[35] 的方式，她可以与他分享真理。男人倾向于为内容而牺牲形式。但女人无法容忍形式被忽视，即使内容再丰富也不行。女人

154

[32]　关于本段中涉及 hypotyposis 的讨论以及哲学术语的隐喻性的例子，参见康德《判断力批判》第 59 节。另参见本书第 75 页注释 33。——译者注

[33]　本书中的《隐喻认识论》一文集中讨论了该问题。关于康德的 hypotyposis，可参校本书第 75—80 页的相关内容。

[34]　参见本书第 81 页注释 40。——译者注

[35]　这里 "比喻性表象"（figural representation）在席勒的德语原文中即 Darstellung（展示），在《判断力批判》第 59 节，康德将该词解释为 "subjectio sub adspectum"（摆在眼前），并用它来翻译 / 解释 hypotyposis。——译者注

的存在的整个内在构型（configuration）使其有权提出这一严格要
求。然而，在这种功能中，女人所能了解的只有真理的材料，而
非真理本身。因此，如果男人希望在这个重要的方面，在其生存
的重要方面与女人平等，那么男人就要承担起双倍的任务，承担
起自然不允许女人即另一种性别承担的任务。因此男人将尽可能
地从其所支配的抽象领域，转移到想象力和情感的领域。品味蕴
含或隐藏了两种性别之间天生的精神差异。[审美趣味]以男性
的精神产品来滋养和修饰女性的心灵，并让这种美的性别能对
她没有想法的东西有所感受，能获得不劳而获的享受。"（Werke,
21:16—17）[36] 关于女性就说这么多了。或许席勒的人文主义在这里
就显现出了其局限性。无论如何，这段话的在理论上的结论是，
正如感性毫无张力地成了理性的隐喻，在席勒这里，女人毫无压

---

[36] 本段引文德曼多有省略，为阅读之便，兹将完整的引文摘录如下：

按照自己的本性和自己美的规定，女人不可能也不应该与男人分享科学；不过借助于生
动描绘的媒介她可以与他分享真理。男人即使在他的审美趣味受到伤害时也会愉快，只不过
内在的意蕴要使理智得到补偿。一般说来，规定性显现得越坚定，内在本质与现象区分得越
单纯，就会越使他愉快。然而女人却不把被忽视的形式转让给最丰富的内容，而且她的本质
的整个内在结构使她有权这样严格要求。这种性别，即使在它不借助美来支配的情况下，仍
然应该称为美的性别（即女性［译者注］），因为她被美支配着，把呈现在她面前的一切都带
到感情的裁判席前，而且对于女人来说，无论是伤害感情的东西，还是不充满感情的东西，
都消失了。当然，通过这种途径，她可能了解的仅仅是真理的内容，而不是与自己的论证牢
固相连的真理本身。不过，幸运的是，为了达到最高的完善，女人只需要真理的内容，而迄
今为止出现的一些例外现象并不引起要把它们变成规律的希望。

因此，如果男人要想以不同的方式在这存在的极其重要的方面与女人处于同一等级上，
他就必须使自己加倍承担工作，自然本性不只是减轻而是不允许女人进行工作。所以，他将
力求尽可能地从他所控制的抽象概念的王国，过渡到女人同时是典范和仲裁者的想象力和感
情的王国。因为他在女人的心灵中不可能建立起持续存在的种植园，所以将力图在自己的
原野上尽可能多地培育花朵和果实，以便使在另一方迅速枯竭的储备越来越频繁地得到恢
复更新，并且在得不到自然的收获的地方得以维持人工的收获。审美趣味改善——或者掩
盖——两种性别之间天生的精神差别：审美趣味以男性的精神产品滋养和修饰女性的精神，
并且使美的性别能够在不进行沉思冥想的地方获得感觉，而在不费力工作的地方获得享受。
（《席勒美学文集》，张玉能编译，人民文学出版社 2011 年版，第 216—217 页）

力地成了男人的隐喻。因为女人和男人的关系就是隐喻与隐喻对象的关系，或者是感性表象与理性的关系。

同样，席勒对教育的思考带来了作为隐喻的艺术概念，以及作为哲学的大众化的艺术概念。哲学，如你们所见，是男人的领域，艺术——泛而言之，也就是美——是女人的领域。它们之间是一种隐喻的关系。这种关系类似于一种不那么严格、不那么科学的知识，这样的知识反倒更受欢迎。因此，以同样的方式，教育带来了作为哲学的大众化的艺术概念。哲学是无法在审美教育中教授的，康德是不可教的。席勒大概是可教的，因为他是哲学的大众化、隐喻化。因此审美属于群众。如我们所知，审美——这是对我们组织这些事物之方式的正确描述——属于文化，因此也属于国家，属于审美国家，它赋予国家以合法性，诚如下面这段话（不是席勒所说）所言：

> 艺术是对感觉的表达。艺术家和非艺术家的区别在于，艺术家能**表达**自己的感觉。艺术家能通过各种形式表达自己的感觉。或者通过图像，或者通过声音，或者通过大理石——抑或以历史的形式。[37] 政治家也是艺术家。人民之于政治家，犹如石头之于雕塑家。领袖和群众对彼此而言不是问题，就像颜色和画家彼此不构成问题一样。政治是国家的造型艺术，就像绘画是颜色的造型艺术一样。因此，没有人民或者背离人民的政治是毫无意义的。将群众（mass）变成

155

---

[37] 这句话跟原文略有出入。原文如下："In irgendeiner Form, der eine im Bild, der andere im Ton, der dritte im Wort und der vierte im Marmor—oder auch in geschichtlichen Formen"（以诸种形式，一种是图像，另一种是声音，第三种是文字，第四种是大理石——抑或以历史的形式）。——译者注

人民（people），将人民变成国家——这始终是真正的政治活
动最深层的意义之所在。[38]

这段话——出自一部小说——的作者是约瑟夫·戈培尔，这
并非完全无关紧要，也并非完全无足轻重。威尔金森和威洛比引
用了这段话，并正确地指出，这段话是对席勒的审美国家的严重
误读。但是这种误读的原则与席勒对其前辈康德的误读并没有本
质上的区别。

谢谢你们。

讨　论

M.H. 艾布拉姆斯（M. H. ABRAMS）：我没有看到其他人
举手。我现在想要说的，绝对不是要反对你对席勒富有启发性的
分析，甚至也不是对你的补充。我想提供另一种视角，这是我最
喜欢的视角，即一种历史的（historical）视角，它不是你所谓的
历史性（historicity）的视角，而是一系列的思想事件。康德与席
勒所继承的是一个悠久的传统，当然，诚如你所指出的，是讨论
崇高的传统——我认为，尽管还有布瓦洛（Boileau）等人，但是
首先还是要回到英国传统。首先是英国传统。在英国经验论的意
义上，就洛克及其追随者爱迪生（Joseph Addison）等人的模式而
言，英国传统是心理性的。现在，在这些人身上——却找不到哪

---

[38]　Joseph Goebbels, *Michael, Ein deutsches Schicksal in Tagebuchblättem* (Munich: F. Eber, 1933), p. 21; 转引自 Wilkinson and Willoughby, "Introduction", p. cxlii。这本小说的英译本参见 *Michael*, trans. Joachim Neugroschel (New York: Amok Press, 1987), p. 14。

怕一个关于崇高者的实例或者范例，或者对崇高者的任何方面的分析，可以视作是心理性的，无论是康德意义上的，还是席勒意义上的，而这样的情况在以前是不会出现的。这绝不是要贬低他们。现在在我看来，康德所做的，就像他在美的审美论中所做的那样，是把构成崇高经验的心理事件，以及现象、崇高者，都视作经验，并把它们简单地接受下来。事情就是这样，就像对美者的经验所做的那样。现在，康德的事业就是解释这样的经验是何以可能的。这样的经验是何以能的，要通过心灵必然在其所有经验中都要运用的机能来解释。是的，康德在这里陷入了相当困难的境地，因为他在启动批判事业时，还没有写作审美判断力批判的打算。他之前所设定的诸种机能主要是为了解释真和善的判断力——道德和理性判断力——的可能性问题。现在，当他开始写第三《批判》时，他不得不继续与这些机能打交道。我认为，这既确立了他所谈论的东西的界限，也确立了其中非凡的启示性。因为在与知性、理性、判断力、想象力这些机能打交道时，还要将它们与其界限或运作方式紧密关联起来，这确实让康德处于一种非常困难的、有限的——他用一种有限的哲学习语来解释美者和崇高者的经验的判断力的各种模式的可能性。

　　现在，席勒没有受到这种限制。正如你很好地指出的那样，席勒全盘接受了对崇高的心理性和经验性描述。这与席勒的实践目的一拍即合，作为一名作家、剧作家，诚如你所说的，席勒能够——我认为他在心理性层面所说的一切都是在英国有先例的。例如，你最后在描述和分析席勒的那篇早期文章时所处理的事情，就是英国人在从崇高的可怕的危险中回归自我时，试图用其他术语所做的事情……直面这样的情境，通过确立后来英国心理学家所谓的审美距离，将这种审美距离设置在我们和它之间。但现在，席勒值得玩味的地方在于，他将这些心理性概念放在这种交错关系中的倾向。我想我已经从你的这种做法中学到了很多。这正是席勒所做的。

这里不寻常的反讽之处在于，虽然你指出这并非真正的辩证法，但我认为，像我们在《审美教育书简》中所看到的那样，在用这些术语表现或处理这些基本上是心理性的和经验性的材料时，席勒超越了康德，并且比他的任何前辈、任何先驱——比如黑格尔——都更好地确立了他自己的辩证过程。因为这种交错——你把它称作交错配列——很大程度上就是，康德从概念到概念显而易见的反面，再到概念依其自身的自我恢复的这种流转，即 übergehen。甚至在《审美教育书简》中，在康德的批判意义上的 Aufhebung[39] 这个术语，确实出现了。因此，我们得到的是心理性的材料，它被赋予了一种伪辩证、准辩证的形式，黑格尔能接受并改进这种形式，使之达到我们中的某些人可能视作归谬法（reductio ad absurdum）程度，或者某些人可能视作辩证过程的终极崇高的程度。所以你在这里得到了康德与席勒之间的另一种交叉。就这种交叉而言——我不得不说，这种历史方法的运用，会带来解构这些人的风险，这与你所表现出的那种倾向相去甚远，尽管你可能会继续公开地使用这种方法。在某种非常重要的意义上，这种历史方法带来的风险始终具有解构性，我对此表示同意。如果要为此进行辩护的话，我想说，无论历史是什么，作为这些理论的**使用者**，我们的终极问题在于使用这些理论时

---

[39]　参见第 186 页注释 14。——译者注

的收益率。无论这些人怎么做，无论康德是如何在他自己的思想史中陷入困境的，最终审美判断力对我们处理审美经验都是大有裨益的。我认为，席勒也以自己的方式对我们处理审美经验大有裨益。

德曼：我对你所说的几乎没有什么异议。你最终的结论是实用主义的。不是这些范畴在哲学上的真理或谬误之类的价值，而是对它们的使用，才是底线之所在，才有最终决定权，才大致是席勒所说的。在这一点上，你是一位忠实且正确的席勒读者。但是有一点我无法赞同你。我完全赞同历史的视角。或许这种视角最好的落脚点在于，所有这三个文本都回到博克，并根据博克论崇高的文章来定义自己。康德对博克的这篇文章提出了含蓄的批评，认为它过于经验性了。康德对英国经验论持一种理解之同情的态度，这正是康德伟大的变革。正是在这个时刻（这与你的评论有关），根本上仍是一种心理学的机能理论，将会成为一个导论（prolegomena），一项哲学问题的准备工作，而不是经验性使用的准备工作，在后一种情况下，机能、机能理论被用于心理效果、心理目的、实用目的。你说得不错，在康德那里，我们也能找到这样一种作为心理学的机能理论。但是这种心理学不是为了人类的使用或利益。它被用于探索某种利害攸关的哲学原则、哲学问题、哲学张力。

我认为至少在这一点上我与你有分歧：交错配列是辩证的，是前黑格尔式的概念。我觉得检验该观点的关键——我刚才顺便提到过这一点——在于费希特。此时席勒想必会说："我所做的就像费希特一样，我像费希特的方式，不像康德像费希特的方式。"我认为，此时席勒把自己放在了一个谱系之中。确实存在着一个从康德到费希特再到黑格尔的谱系——这是不可否认的。在康德那里有一种真正的辩证要素，在费希特那里也有一种真正的辩证要素，黑格尔当然也概莫能外。但是有一种辩证法，只有在遇到否定时才有辩证力量。也就是说，否定的劳动对于辩证概念而言是绝对必要的。在康德那里是这样的，在费希特那里情况虽然相对复杂一些，但依然是这样的，在黑格尔那里当然还是这样的。在席勒这里则不然，因为和谐不会被打破，因为对立面不会相遇，因为对立面不是以调解的方式、不是以相互否定的方式构成彼此的。在我看来，从那一刻起，我们就已经完全落入了实用性、经验性之中，即使英国经验论，无论是洛克还是休谟，与此相比都相形见绌。因此，我同意……但我不认为席勒必须在其文章中对此加以区分……在席勒的游戏中也存在着辩证时刻。但我不认为，在其文章中，在其哲学论文中，会出现辩证法。在此意义上，席勒的这些文章并非前黑格尔式的。它们有的只是前黑格尔式的显象，它们有的只是交叉的显象。但在黑格尔那里，辩证法不仅仅是交错配列。因为辩证法不是对称的，也并非可逆性，它无法像转义那样被还原为语言的形式原则。如此这般的辩证法的转义不能够涵盖辩证法。这其中有很大的差别，因为此时语言的意涵（implications）和语言的模式是有差别的。因此，我认为你所指出的连续性自然不假，但是我们也确实从历史的术语、从思想—历史的（intellectual-historical）术语中感受到了，对审美的席勒式解读和康德式解读之间的张力，贯穿了整个19世纪和20世纪。我认为我的出发点就是指出这一点，但我不认为你能用直截了当的、实证的、思想—历史的术语对此作出解释。如果你想看到一种从康德到席勒到费希特再到黑格尔的连续性，

158

并且把这种连续性称作辩证法，那么我认为这其中是有差别的，而且这种差别很重要。

艾布拉姆斯：我不认为我们在这一点上有什么分歧。不妨这么说：对黑格尔和其他这些人来说，死亡很重要。死亡总是牵扯其中。发生流转就意味着某物逝去了，接着就有复活。但从你谈及的那些段落中不难看出，席勒总是对复活轻描淡写。因此，就辩证法的这个十分本质的部分而言，席勒并没有什么高论。席勒在这个问题上就这么滑过去了。但是如果你在此指的是席勒的另一面，那么我认为，席勒在《审美教育书简》中所做的事情要比费希特或者康德都更接近于黑格尔。这取决于你所强调的是哪一面。

德曼：是的。

艾布拉姆斯：我同意，死亡的严肃性极其重要，我不想在黑格尔那里淡化这一面。但当你看到运动、持续的运动——没有什么是静止的——一面时，我却并没有在费希特那里发现这些东西。我的意思是，有对立，有正题、反题、合题，但这只是概念性的……

德曼：是概念性的，但也是一种运动……

艾布拉姆斯：……一种运动，一种黑格尔意义上的精神的自我运动，在这种运动中，没有什么是静止的，一切都在运动……

德曼：……一种自我反思……

艾布拉姆斯：……你从单一性、单一体开始，它以某种方式从自身内部开始运动。是的，我在席勒那里发现了这种运动。因此，当他们强调黑格尔体系的运动性时，席勒一直坚称，这就是他的大事——一切都在一瞬间（moment），没有什么是静止不变

的。席勒既用瞬间来表示某一时刻（instant），又用其来表示某一
方面（aspect）。就此而言，我认为《审美教育书简》要比其他书
更接近。当然，康德的二律背反是不动的，它们总是在那里。

德曼：是的，我认为这是广泛的共识。另一件横亘在我们之
间的事是死亡。

艾布拉姆斯：我认为死亡很重要。

德曼：是的。

多米尼克·拉·卡普拉（DOMINICK LA CAPRA）：你会
把你的如下论点，即无论显象如何，康德的先验哲学都拥有最强
有力的铭写，并在某种意义上构成了历史的可能性的条件，而且
还是某种折中方案的重蹈覆辙——你会把这个论点运用在康德本
人的哲学与非哲学或者说哲学与经验论的关系问题上吗？还是说
这个问题另有蹊跷？在康德那里，哲学与非哲学之间的关系确实
是成问题的。比如，在第三《批判》第 28 节中，康德就与这个
问题不期而遇，对此他是这样说的：我的论点或许看起来有些奇
怪或牵强，但实际上，如果你诉诸普通人，它就会以某种方式渗
透到普通人的知性中去，普通人往往对此日用而不知。这就是哲
学倚靠经验的方式……[40]

德曼：在我看来，这不是康德的席勒时刻。这不是对……的
丧失的重蹈覆辙，不是的。它仍然是康德如下事业的负担，即把
普通的、实践的、庸常的东西与最精微的理性批判尝试放在一

---

[40] 康德原话如下："这个原则虽然看起来太牵强附会和玄想了，因而对于一个审美判断来说
是过分的；然而，对人的观察却证明了相反的东西，证明它可以是最普通的评判的基础，尽
管人们并不总是意识到它。"参见《判断力批判》，李秋零译，中国人民大学出版社 2011 年
版，第 89 页。——译者注

起，并用后者来阐明前者。康德频频提及庸常之物，它们或出现在对某些非常接地气的（terre à terre）例子的不同寻常的使用中，或出现某种半通俗的措辞中（你会在黑格尔那里发现类似的情况），在他所使用的拉丁术语和为拉丁术语所配备的德语术语之间的紧张关系中，存在着一种共通语言。窃以为，所有这一切完全不应该被解释为康德对那个至关重要的时刻的重蹈覆辙。我绝非是想暗示，康德将哲学事业孤立起来了。恰恰相反，如果物质性的概念言之有物，那就意味着有必要建立一种强制性的关系。这并不意味着，这种关系是通过审美这一特别的中介而得以实现的，康德确实将实现这种关系的重担压在了审美肩上，不过那是另一回事。但是这里的失败，如果有失败的话——失败这个词很难对那个时刻所发生的事情给予公允的评价，它要比简单的失败复杂得多，显然不应该大而化之地对其冠以失败之名就匆匆了事——但是，可以说，如果确有失败的话，那么失败的不是重蹈覆辙，也不是对康德的误读，也不是因为康德的某一方面而对其另一方面的误读。这就是问题本身。问题的实质在于这二者的不相容所带来的困难：一方面是必要的相容，另一方面是同样必要的中断——这是一个历史性的时刻。用康德自己的语言、自己的措辞、自己的字母来说，这是个非常具体的发生、非常具体的事件的时刻。因此，在第三《批判》之后，康德那里就不会再有这样的时刻了——我看不出康德重蹈覆辙了什么。但在康德的解读传统中，确实有一种重蹈覆辙，是的，席勒就是这方面的始作俑者和主要代表，或至少是始作俑者之一。不知道我这么说是否在一定程度上回答了你的问题？

　　拉·卡普拉：他还说，这也对哲学和非哲学之间的区分构成了问题。

德曼：确实构成了问题，但是构成问题的不是因为这二者被置于不同的两端。毋宁说，在这种情况下，是因为非哲学并没有真正明确地出现在第三《批判》中，因为实践理性的问题还没有得到正视，在某种意义上，实践理性的问题是属于非哲学的，而非哲学又具有实践性，也就是说实践理性以非哲学的方式出现。但是如果你拿哲学和艺术之间的差异——在这里更切题——来说事，那么康德并没有像席勒那样去分离哲学和艺术。艺术有非常具体的哲学功能，艺术的哲学功能被铭刻在了哲学的事业之中。对康德而言，艺术就是这样发生的。康德不像席勒那样关心写作技巧或者写小说的问题。康德关心的是作为哲学问题的艺术。因此艺术的哲学化，艺术可以被铭写进哲学话语的事实，才是对康德的事业而言具有本质性意义的。这就是第三《批判》的主题。如此一来，艺术和哲学是无法分离开来的，它们不是同一件事，但它们也无法彼此分离开来，它们不是两极对立，它们并不互相矛盾，它们之间有着复杂的、相辅相成的关系，这种关系不是简单的辩证关系，当然也不是二律背反或者否定关系。艺术与哲学间的关系要比这复杂得多。更不用说，这对于在很大程度上属于非哲学、普通知识的实践来说更是如此。

大卫·马丁（DAVID MARTYN）：我的问题又回到了不可逆性上。如果我没记错的话，在《全部知识学的基础》中，费希特不遗余力地避免你谈到的这种可逆关系——且看自我和非自我都发生了什么——并发现它们在某种程度上是可逆的，并且将会通过动词 meiden（避免）建立一种辩证法。我能看到不可逆性和可逆性之间的区别。我想知道你在康德那里指出的那种关系，或者那些不可逆的段落，是否在某种程度上与此类似，与费希特所做的类似？

德曼：是的，是相似的。它在费希特那里是以全然不同的词汇、全然不同的模式出现的。但是这种解构模式是——在费希特那里，它经受了自我反思的问题，是的，它确实是前黑格尔式的，但它有这种类似的特征，自由概念在此出现，依然是在康德的意义上的。这是个大问题。但是康德—费希特—黑格尔的关系亟待探究。我们只有黑格尔自己关于费希特哲学的批判性文本。如果有人要承担起对这个关系的研究，切记要忘掉谢林——谢林把事情搞得一团糟。当然这是一条冒大不韪的建议。

你昨天说你有一个紧要的问题……这个问题解决了吗？

克里斯托弗·芬斯克（CHRISTOPHER FYNSK）：就你今天所说的而言，我对你关于海德格尔的席勒倾向的评论颇感兴趣。

德曼：啊，先生……

芬斯克：你提到了海德格尔之于德里达，就像康德之于海德格尔。我想我同意海德格尔在《艺术作品的本源》中的席勒倾向。你有一些关于此文之自主性、统一性等等的论断。然而，世界和大地之衔接的理念——这是对先验形而上学之衔接的颠覆——促发了对显象或 Erscheinung 的思考，这里的 Erscheinung 不是黑格尔的意义上现象，我想知道它是不是某种康德意义上的现象的物质性，因为当这个……在比喻中被描绘了出来时，唯一可说的就是**那就是**（*that it is*）[41]……言词是（the word is）……

德曼：这里有很大的分歧，双方对此都有很多话要说，这需要对海德格尔进行系统的阅读，你知道，这是很难在短时间内完成的。但可以肯定的是，海德格尔向我们发出了邀约，邀请我们像你一样去读他。但其中另有蹊跷。

你知道，海德格尔有一个片段对这件特别的事情，对 Schein 这个词以及 Schein 的现象论而言极其重要，这个片段就是海德格尔与施塔格尔[42] 关于阐释默里克[43] 的一首诗的交流，这首诗题名为《咏灯》（"Auf eine Lampe"），二人争论的焦点在于其最后一句。[44] 这句诗与光、Schein 有关，可谓是篇中之独拔。在与施塔格尔的交流、争论中，海德格尔坚持一种不那么天真的显现概念。他相当雄辩地谈论 Lichtung[45]，并以一种在我看来胡塞尔无法理解的方

---

[41]　这里所谓的 that it is 通常是相对 what it is 而言的，它们描述的是 existence（存在）与 essence（本质）之关系（可参见本书第 58 页关于 entity 和 substance 的译注）这一西方哲学中的根本性问题。诸如"为什么存在者存在，而无反倒不存在"、"真正神秘的，不是世界是什么，而是世界竟然在这里"之类的发问和惊异，都与此二者之分野有关：that it is 的根据不在 what it is，因为单凭 what it is 推论不出 that it is，that it is 或许有其另外的根据。——译者注

[42]　埃米尔·施塔格尔（Emil Staiger, 1908—1987），瑞士文学批评家，苏黎世大学教授。施塔格尔将海德格尔的存在主义本体论运用于文学研究，并且主张类似于新批评的"作品内部研究"（Werkimmanenz），强调文学作品内在的独立性，其主要著作有《时代是诗人的想象力》（*Die Zeit als Einbildungkraft des Dichters*, 1939）、《诗学基本概念》（*Grundbegriffe der Poetik*, 1946）、3 卷本《歌德》（*Goethe*, 1952—1959）等。——译者注

[43]　爱德华·默里克（Eduard Mörike, 1804—1875），德国彼得迈耶（Biedermeier）时期的重要诗人、作家。——译者注

[44]　参见 Martin Heidegger and Emil Staiger, "Zu einem Vers von Mörike", 载 *Trivium* 9 (1951): 1—16; 后以 "Ein Briefwechstel mit Martin Heidegger" 为题收录于 Emil Staiger, *Die Kunst der Interpretation* (Zurich: Atlantis Verlag, 1963), pp. 34—49。英译本参见 "A 1951 Dialogue on Interpretation: Emil Staiger, Martin Heidegger, Leo Spitzer", trans. Berel Lang and Christine Ebel, *PMLA* 105:3 (May 1990): 409—435。（这首诗的最后是这样说的："Was aber schön ist, selig scheint es in ihm selbst"，海德格尔与施塔格尔争论的焦点主要集中在对 scheint 的理解上。——译者注）

[45]　这个词的词根是 Licht（光），相关的动词是 lichten（点亮、照明），很明显其本义与光有关。汉语学界关于该词的译法争论较多，有"澄明"、"林中空地"、"疏明（之地）"、"自身揭示着的"、"开敞"、"明敞"等众多译法，在此不做讨论。——译者注

式理解了现象性。现象性概念的延伸、现象性概念的存在论化（ontologization）极具启发性，多年来让我为之着迷——这只是其力量的一个例子。但我认为它不是物质性的，如果你把海德格尔和尼采放在一起来读，或者把海德格尔和德里达、德里达的某个方面放在一起来读，或者把海德格尔和康德放在一起来读，就此而言——要前往论康德的那本书[46]——你会在其中看到想象力概念，看到海德格尔对康德的想象力概念的阐释与席勒的想象力模式并没有什么太大的不同。尽管其中的证成方式肯定不是实用主义的，而是存在论的，但是这并不意味着它必然是非实用主义的。海德格尔对物质性有所主张，但是——好吧，我并不是很确定。对此我确实无法脱口而出。这个问题极有价值、极其重要，是一个核心问题。

非常感谢你们！

---

[46] 指海德格尔的《康德书》，即《康德与形而上学疑难》一书，另外或还涉及《物的追问》。——译者注

论反讽概念[*]

    这个讲座的题目《论反讽概念》源于克尔凯郭尔，他有一部著作就叫《论反讽概念》，这是迄今关于反讽最好的一部著作。这个题目本身便具有反讽意味，因为反讽不是一个概念——这也是本文将要展开的论点之一。我应该用弗里德里希·施勒格尔（Friedrich Schlegel）的一段话作为引子，施勒格尔是我最主要的谈论对象之一，在论及反讽时，他有这么一句话："Wer sie nicht hat, dem bleibt sie auch nach dem offensten Geständnis ein Rätsel." [1]
这句话的意思是说："谁要是没有反讽，那么即便对他作出最坦

---

[*] 《论反讽概念》为 1977 年 4 月德曼在俄亥俄州立大学的讲座，后经由汤姆·柯南（Tom Keenan）对录音带内容进行转录和编辑，再由本书编者安杰伊·沃明斯基校订而形成文本。德曼的演讲基于两套（甚至可能是三套）笔记（其中一些内容可以追溯至他于 1976 年春季学期在耶鲁大学开设的"反讽理论"研讨课）的延续：一套包括题为《反讽——反讽的故事——》的大纲；另一套则是一篇题为《讽寓的反讽》的未完成论文。这些笔记中的部分材料呈现在本文的脚注中（分别标注为 N1 和 N2），部分用于补充磁带两面翻转时产生的缺失。德曼自己补充的内容放在括号之中（引号内的括号）。除非另有说明，文中涉及的英文翻译均出自德曼本人。所有的注释均由汤姆·柯南提供。

[1]   Friedrich Schlegel, *Lyceum* Fragment 108, in *Charakteristiken und Kritiken I (1796—1801)*, ed. Hans Eichner, in *Kritische Friedrich Schlegel Ausgabe* (Paderborn-Vienna-Munich: Verlag Ferdinand Schoningh, 1967), 2:160. 英译本参见 Friedrich Schlegel, *Dialogue on Poetry and Literary Aphorisms*, trans. Ernst Behler and Roman Struc (University Park and London: Pennsylvania State University Press, 1968); *Friedrich Schlegel's "Lucinde" and the Fragments*, trans. Peter Firchow (Minneapolis: University of Minnesota Press, 1971)。通常德曼引用前一个译本，或者他自己翻译。这几个版本的引文在下文分别简称作 *K. A. 2*；Behler & Struc；Firchow。（中译引用自施勒格尔：《浪漫派风格：施勒格尔批评文集》，李伯杰译，华夏出版社 2005 年版，第 57 页。下文简称《浪漫派风格》。——译者注）

率的承认，反讽对于他仍然是个谜。"诸君永远也不会明白此话的含义——那么我们岂不是可以就此打住，然后统统打道回府了？

　　这里确实有一个根本性的问题：如果反讽的确是一个概念，那么给反讽下一个定义就理应是可能的。如果我们审视一番这个问题在历史上的方方面面，那么就会发现，给反讽下定义是一件异常困难的事情——尽管在后面的讨论中，我会试图给出一个定义，但这个定义并不会让你们从此便对反讽了然于心。把握一个定义似乎是不可能的，这种不可能在某种程度上被铭写进了文本书写的传统之中。即使拿我重点关注的那个时段——即19世纪早期，在这一时期，对反讽问题最敏锐的反思正如火如荼地进行着，由此产生了大量关于反讽的著述，尤其是德国浪漫派对反讽的理论建构工作——来说，似乎也很难从中得出一个定义。对反讽颇富洞见的德国美学家弗里德里希·索尔格（Friedrich Solger），不惜笔墨地对奥古斯特·威廉·施勒格尔（August Wilhelm Schlegel）——即施勒格尔兄弟中我们很少谈及的那一位，我们更感兴趣的是弗里德里希——进行了批判，认为尽管他撰写过关于反讽的文章，但实际上还是未能对反讽作出界定，没有说出个所以然来。不久之后，对反讽颇有见地的黑格尔，在谈到反讽时，又对索尔格颇有微词，说他虽然写了些关于反讽的东西，但似乎并不清楚自己在写什么。又在不久之后，当克尔凯郭尔撰文讨论反讽时，他提到了黑格尔，当时他正在努力摆脱黑格尔的影响，更具反讽意味的是，他批评黑格尔实际上并不知道反讽是什么。他考察了黑格尔关于反讽在什么地方都说了些什么，但紧接着就抱怨说黑格尔同样没有就反讽讲出个所以然来，他认为黑格尔每当谈及反讽时，内容总是千篇一律，乏善可陈。[2]

　　因此，给这个术语下定义存在着某种内在的困难，因为一方面它似乎囊括了所有的转义，另一方面又很难将其定义为一种转义。反讽是一种转义吗？从传统上来说，它当然是，但它真的是吗？当我们考察反讽的转义意涵时（我们今天仍将继续这件事），我们是否覆盖了整个领域，是否穷尽了这种特殊转义所覆盖的语义范围？诺斯罗普·弗莱（Northrop Frye）倾向于认为反讽就是一种转义。他说反讽是"一种**转身**离开（turns away）直接陈述或字面意义的词语模式"，他还补充道："（我不是在任何陌生的意义上使用"turn"这个词……）"[3] "一种转身离开的词语模式"——这种转身离开就是转义，就是转义的运作。转义意味着"转向"（turn），是一种转身离开，是字面意义和比喻意义之间的错位，意义的这种转身离开，无疑蕴含在反讽的所有传统定义中，比如"言在此而意在彼"或"明褒暗贬"，等等；[4] 尽管人们会觉得，在反讽中这种转身离开要比一般的转义——比如提喻、隐喻或转喻——涉及更为彻底的否定。如果将转义命名为"转身离开"的话，反讽俨然就是转义的转义，但是这个概念是如此无所不包，以至于它似乎能囊括所有的转义。如果说反讽囊括了所有的转义，抑或说它是转义的转义，这虽然言之有物，但尚不能算

165

---

[2]　Søren Kierkegaard, *The Concept of Irony*, trans. Lee M. Capel (Bloomington: Indiana University Press, 1968), pp. 260—261. 在 *NI* 中德曼引用的是 Kierkegaard, *Über den Begriff der Ironie*, trans. Emanuel Hirsch (Düsseldorf and Cologne: Eugen Diederichs Verlag, 1961), pp. 247—248.（中译参见克尔凯郭尔：《论反讽概念》，汤晨溪译，中国社会科学出版社 2005 年版，第 194—196 页。——译者注）

[3]　Northrop Frye, *Anatomy of Criticism* (Princeton, N.J.: Princeton University Press, 1957), p. 40. 强调的部分是德曼在 *NI* 中加上的。

[4]　德曼在《时间性的修辞》（"The Rhetoric of Temporality"）一文中亦有论及，参见 Paul de Man, *Blindness and Insight: Essays in the Rhetoric of Contemporary Criticism* (Minneapolis: University of Minnesota Press), p.209。——译者注

作定义。因为紧接着又会涉及什么是转义的问题，如此便陷入了无穷倒退。什么是转义？我们显然对此毫无头绪。什么又是转义的转义？我们对此知道得就更少了。当牵扯到反讽时，定义语言难免显得捉襟见肘。

反讽还非常明显地具有述行功能。反讽予以慰藉、承诺和辩解。它使得我们能够施展各种述行性的语言功能，这些功能不属于转义领域，但又与之息息相关。简而言之，要通过定义来实现概念化是非常困难的，甚至是不可能的。

在希腊喜剧的传统中，存在着 eiron 和 alazon 即聪明人和愚人之间的对立，[5] 基于该对立，从反讽之人的角度出发去思考这个问题，还是略有帮助的。大多数关于反讽的话语都是以这样的方式建立起来的，在我这里亦是如此。你们务必记住，必然充当说话者的聪明人，总是被证明是愚人，聪明人总是会被他认为愚蠢

---

[5]　eiron(εἴρων) 是 irony 的古希腊语词源，基本的含义为佯装无知、口是心非、欺骗、不真诚等，相关的术语还有 eironeia(εἰρωνεία)、eironeuomai(εἰρωνεύομαι) 等（具体释义可参见《古希腊语汉语词典》，罗念生、水建馥编，商务印书馆 2004 年版，第 241 页）。比如阿里斯托芬用 eiron 表示圆滑、不老实的人（《云》，449），用 eironikos 指撒谎者（《鸟》，1211）；柏拉图将伪善之人称为 eironikon species（《法篇》，908e），智者便被归入此列被称作 eirones（《智者篇》，268a—b），还提到 eironeia 是苏格拉底的惯用手法（《理想国》，337a）。alazon 则通常指爱吹牛、自欺欺人的自夸之人、欺骗者、愚蠢之人，亚里士多德将 eiron 和 alazon 对观，认为苏格拉底在论辩中佯装无知的自贬（eironeia）是受人尊敬、高雅的（《尼各马可伦理学》，1127b23—26），这就是后人常说的"苏格拉底式反讽"。佯装无知的 eiron 往往让其自欺欺人的对手 alazon 不攻自破，以彻底暴露其无知而收场，前者佯装无知实则有知，后者貌似有知实则无知。古希腊佚名作者留下的《喜剧论纲》(Tractatus Coislinianus) 就将喜剧人物分为三种，分别是 alazon（欺骗者）、eiron（隐嘲者）、bomolochos（丑角）（参见《罗念生全集》[第一卷]，上海人民出版社 2004 年版，第 398 页），后来弗莱便在此基础上结合上述《尼各马可伦理学》中的相关论述提出，从阿里斯托芬到萧伯纳的整个喜剧传统中，喜剧角色呈现出一种类型化特征，可以归纳为四种类型，即 alazon、eiron、bomolochos、agroikos（鄙俗者、乡巴佬），弗莱曾将此运用于对莎士比亚喜剧的解读，参见 Northrop Frye, "Characterization in Shakespearian Comedy", *Shakespeare Quarterly*, 1953(3): 271—272；诺思罗普·弗莱：《批评的解剖》，陈慧、袁宪军、吴伟仁译，百花文艺出版社 2006 年版，第 246—247 页。——译者注

的人即 alazon 设计。就此而言，美国的反讽批评扮演了愚人的角色（我承认这使我成了这场演讲中真正的愚人），[6] 而德国的反讽批评将会是聪明人，这些我当然明白。在美国方面，我想到的是韦恩·布斯的《反讽修辞学》[7]，这是一本关于反讽问题的杰出的权威性著作。布斯处理反讽的方法非常明智：他从一个实践的批评问题着手，避免了卷入定义或者转义理论之中。[8] 他从一个相当合情合理的问题出发，即：这是反讽吗？我怎么能知道自己面对的文本是否具有反讽性？弄清楚这一点非常重要：许多讨论都围绕着这个问题展开，而且如果某个人在读完一个文本之后才被告知这个文本是反讽性的，那么他将会感到十分难受。这是一个非常真实的问题——无论你要做什么，如果能搞清楚如何来确定一个文本是否具有反讽性，无论是通过什么样的标记、手法、迹象、信号，都将会大有裨益，令人心向往之。

当然，实现这一目的的前提在于，如下的事情是可以确定的：判定一个文本是反讽性的，这样的决定是可以做出的，并且要有能够让你做出这个决定的文本要素，它们不受或隐或显的意图问题的影响。韦恩·布斯意识到了这一事实（尽管他将其放到了一个脚注中）：决定一个文本是否具有反讽性涉及一个哲学问题，而且即使你认为自己已经做出了决定，无论是什么样的决定，你都可以对其提出质疑。在某种程度上，布斯的脚注正是我的起点。你们应该会记得，布斯在书中作出了这样一个重大区分：稳定的或明确的反讽，与不稳定的反讽。对后者他鲜有涉

166

6　*N1*: "美国式的批评（不是伯克）是 alazon"。

7　Wayne Booth, *A Rhetoric of Irony* (Chicago: University of Chicago Press, 1974).

8　*N1*: "经验主义的方法——但我们能避免反讽的理论化吗？"

足。布斯这样说："尽管某些反讽，就像我们在第三部分看到的，确实会导向无限，但没有一个稳定反讽的阐释者需要走那么远。"（第59页）马上就会有更多关于这种无限的讨论。但在提出这个问题的地方，布斯还加了一个脚注："通过这种方式，在解读反讽的实践活动［这是他为自己设定的任务］中，我们重新发现了，为什么克尔凯郭尔在理解反讽概念的理论活动中，最终会将反讽定义为'绝对无限的否定性'。反讽的可能性一旦进入了我们的头脑，就在自身之中打开了怀疑之门，而且没有什么内在理由，能在未到达无限的任何一点上中止怀疑的进程。'你们怎么知道菲尔丁表面上的对帕特里奇夫人的反讽攻击不是真的反讽？'如果能援引作品中的一句话或其他'硬核'材料来回答我，我当然就可以说菲尔丁在运用**它们**时是在反讽［而非相反］。但是我又如何得知，菲尔丁在运用**它们**时不是真的在假装反讽，不是真的在向那些不以反讽的立场来看待这些材料人发动反讽的攻击？如此种种。反讽的精神，如果确有其事的话，无法在其自身的限度内回答这些问题：如果要追根究底的话，我们会发现，反讽的性情能够在无限溶解的链条中消融一切。不是反讽，而是理解反讽的欲望，中断了这个链条。这就是我们为何需要一门反讽修辞学的原因，如果我们不想陷入否定性的无穷倒退之中的话——我们时代的许多人都声称陷入其中无法自拔。这也是为什么我要在接下来的几章中致力于探讨'学习在何处停止'的原因。"（第59页，注释14；强调部分为布斯所加）

　　此乃一个甚是合理、非常明智、极具洞识的注释。停止反讽的方法就是通过理解，通过对反讽的理解，通过对反讽过程的理解。理解让我们得以控制反讽。但是，如果反讽总是属于理解，如果反讽总是理解的反讽，如果反讽的肯綮之处总是在于能否理解的问题，那又该如何？在克尔凯郭尔之后，关于反讽的主要理论文本是弗里德里希·施勒格尔的一篇文章，恰好就叫作"Über die Unverständlichkeit"——《论理解的不可能性》、《论不可理解性》或曰《论理解的不可能性问题》。[9] 稍后我会提及此文，但不会详细展开。如果反讽确实与理解的不可能性联系在一起，那么韦恩·布斯理解反讽的计划从一开始就注定要失败，因为如果反讽属于理解，那么对反讽的理解将永远无法像布斯所希望的那样控制反讽和停止反讽。反讽的肯綮之处在于理解的可能性，解读的可能性，文本的可读性，决定**一种**意义或者多重意义或者可控的多义性的可能性，如果情况确实如此的话，那么我们将会发现，反讽确实非常危险。在反讽中会有一些极具威胁性的东西，它们是文学作品的阐释者——文学作品的可理解性对这些人而言利害攸关——所极力提防的东西，就像布斯一样，他们非常正当地想要停止、稳定、控制转义。

　　如果韦恩·布斯多了解一些他所涉及的这个问题的德国传统，而非一味地以 18 世纪英国小说的实践为中心展开论证，那么他将很难再以这种方式写出我刚才引用的那句话，尽管不是不可能，但会更加困难。布斯是知道这个德国传统的，但他却对此置若罔闻。他是这样说的："但是，浪漫主义同仁们，不要将反讽拒于千里之外，否则你们将会从《项狄传》中的欢声笑语落入日耳曼式的忧郁。且看施勒格尔。"（第 211 页）显然，如果我

167

---

[9]　Friedrich Schlegel, "Über die Unverständlichkeit", in *K. A*.2:363—372; " On Incomprehensibility", in Firchow, pp. 257—271.（中译参见《浪漫派风格》，第 219—229 页。下文参照该书将这篇文章译作《论不理解》。——译者注）

们想要保持至少是合理限度的快乐的话，就不应该这么做。恐怕我要读一读施勒格尔了，但只是蜻蜓点水地读。尽管我不认为施勒格尔有那么忧郁，但我也无法完全确定《项狄传》中的笑声完全是欢快的，因此我不能确定和《项狄传》在一起我们会有多安全。但无论如何，它有着完全不同的质感。与施勒格尔同时代的德国人和批评家，大部分都不认为他是忧郁的。他们反倒是觉得施勒格尔不够严肃也不够忧郁，从而对他颇有微词。但是（我愿将此称为一个简明但并非独创的历史声明），如果你对反讽问题和反讽理论感兴趣，那么你就必须在德国传统中来审视它。问题在这里得到了解决。你一定要把它带到弗里德里希·施勒格尔（远胜于奥古斯特·威廉·施勒格尔）这里，带到蒂克（Tieck）、诺瓦利斯、索尔格、亚当·穆勒（Adam Müller）、克莱斯特、让·保罗、黑格尔、克尔凯郭尔，一直到尼采这里。在列举的这些人物中，我或多或少有意忽略了托马斯·曼，他通常被视为德国主要的反讽者。他确实是，但相较于我刚才提到的其他人，他的重要性稍逊一筹。弗里德里希·施勒格尔是最重要的，问题在他这里得到了真正的解决。

施勒格尔是一个谜一样的人物，书奇人奇。他有着谜一样的职业生涯，其作品也绝非令人印象深刻——它支离破碎、缺乏说服力、并未真正完成，仅仅称得上一本由格言和未完成的片段缀合而成的断简残编，实际上完全是一部碎片化的作品。他的个人职业生涯令人困惑，在政治上同样令人困惑。他只有一部已完成的作品，是一部叫作《卢琴德》（*Lucinde*）的隐射小说[10]，现在还会

---

[10] "隐射小说"原文为 roman à clef，直译即"带有钥匙的小说"。——译者注

去读这本小说的人已经寥寥无几（忽视这本小说的人犯了一个错误，但现实就是如此）。不过，这篇小说——它篇幅不长，似乎跟他与多萝西娅·法伊特（Dorothea Veit）结婚之前的爱情轶事有关——后来还是激起了评论者们完全出人意表的恼怒。尽管不足为道，但不管是谁，一旦提到这部小说就会异常恼火，这其中不乏一些大人物。最臭名昭著的例子是黑格尔，他一提到施勒格尔及其《卢琴德》就会丧失理智，这在黑格尔身上实属罕见。黑格尔每次都会因此坐立不安并且咄咄逼人，他说施勒格尔是一个糟糕的哲学家，施勒格尔知之甚少还不求甚解，因此应该保持沉默，如此等等。而克尔凯郭尔，尽管他努力摆脱黑格尔的影响，但在其论反讽一书中穿插的对《卢琴德》的讨论中，依然回响着黑格尔的声音。他说这是一本不雅的书，同样让他感到坐立不安，以致于他不得不发明一整套历史理论（稍后我们再来讨论这个问题）来证明，人们应该摆脱弗里德里希·施勒格尔，此君并非真正的反讽者。兹事体大。这本小书中到底有什么东西能让人们如此坐立不安呢？黑格尔和克尔凯郭尔——他们可不是什么无关紧要的人（n'importe qui）。[11]

这种情况在日耳曼语言文学（Germanistik）中，在德语文学的学术研究中仍在继续，弗里德里希·施勒格尔在其中扮演着重要的角色，但同一个舞台上对抗施勒格尔的角色更加来势汹汹。毫不夸张地说（我会捍卫这种主张），日耳曼语言文学整个学科的发展仅仅是为了逃避弗里德里希·施勒格尔，是为了绕过施勒格尔及其《卢琴德》对整个学科观念提出的挑战，这个学科对德

168

---

[11]　*N2*：参见 Hegel, *Vortesungen über die Ästhetik I*, Theorie Werkausgabe (Frankfurt am Main: Suhrkamp, 1970), vol. 13, pp. 97—98; 以及 Kierkegaard, *Über den Begriff der Ironie*, p. 292。

语文学一向持严肃态度。同样的事情发生在弗里德里希·施勒格尔的捍卫者身上，他们试图反驳说他绝非一个轻佻之人，而是一个严肃作者。吊诡的是，循着这种思路，由弗里德里希·施勒格尔，尤其是《卢琴德》所提出的问题还是被回避了。在这个问题上，那些没有落入学院派传统之窠臼的批评家们同样不能免俗，譬如卢卡奇、瓦尔特·本雅明以及更近的彼得·宋迪等人，在讲座结尾我们将回到这些人并做简要的概括。

那么，在《卢琴德》中，究竟是什么让人们感到如此不安呢？这是一个不太光鲜的故事，里面的人物并未真正成婚，但这并不足以让人们感到如此不安——毕竟，on en avait vu d'autres（人们还能看到其他的理由）。在《卢琴德》的中间位置，有一短章，题为"Eine Reflexion"（"一个反思"），读起来俨然一篇哲学论文或哲学论证（它所运用的哲学语言是费希特的语言），然而无需多么变态的心理，只要稍一琢磨就会发现，其中实际描述的压根不是什么哲学论题，而是——好吧，我该怎么说呢？——对性交时涉及的身体问题的反思。看起来纯正的哲学话语，实际上可以用双重密码来破译，它真正描述的其实是我们通常认为配不上哲学话语，或者至少不值得大动干戈地动用哲学术语来表述的东西——性（sexuality）是值得用哲学话语来表述的，但施勒格尔在这里描述的并不是性，而是比性更具体的东西。

但是如果带着对性描写的猎奇心去读《卢琴德》，你们大概率会感到失望（如果你们真的知道发生了什么就不会有这样的想法）。我不打算展开这一点，但这里有一个不同寻常的丑闻，它让黑格尔、克尔凯郭尔以及一般意义上的哲学家，还有许多其他人，都感到十分不安。它以一种根本性的方式威胁着比这个表面上的笑话更为深层的东西。（这是个笑话，但我们知道笑话并不是无辜的，这显然也不是一个无辜的段落。）在写作中似乎有一种特殊的威胁源于这种双重关系，它不仅仅是一种双重密码。在这里不仅仅是说，有一套哲学密码的同时，还有另一套描述性行为的密码。这两套密码在根底上是彼此不兼容的。它们以这样一种根本性的方式阻断、扰乱彼此：这种扰乱的可能性代表着对人们关于文本应成为什么样的所有假设的威胁。这个威胁足够真切，足以反过来引发一种具有强烈批判性的哲学论证，从而建立起一套完整的研究传统，来处理弗里德里希·施勒格尔或者德国浪漫派中的类似任务，但后者远不如施勒格尔尖锐。

为施勒格尔、为反讽纾困的方式（我们稍后会在某种程度上看到这其中为何会涉及反讽，虽然乍看起来并非如此）遵循着某种系统路径。通过对反讽进行三重还原，通过三种相互关联（而非互相独立）的策略来应对反讽，施勒格尔的困境得到了纾解。首先，人们将反讽还原为一种审美实践或艺术手段——Kunstmittel。反讽是文本为了审美原因而追求的艺术效果，文本藉此提升、丰富自己的审美吸引力。这就是一众关于反讽的权威著作处理这个问题的传统方式。譬如，德国人英格丽德·施托施耐德-科尔的《理论和形象中的浪漫主义反讽》[12]——关于反讽的权威研究之一，就运用席勒将审美作为游戏、作为自由游戏的观念来处理反讽问题。因此反讽让我们能够去讲述可怕的事物，因为反讽通过审美手段来讲述它们，我们由此获得了与讲述对象之间的距离，一种游戏的审美距离。在这种情况下，反讽就

---

[12] Ingrid Strohschneider-Kohrs, *Die romantische Ironie in Theorie und Gestaltung*, Tübingen: Max Niemeyer Verlag, 1960.

是一种 Kunstmittel，是一种审美，可以被纳入一般的美学理论之
中，这可能是一种非常先进的康德或者后康德的美学理论，最不
济也可以是席勒式的美学理论。

　　第二种处理反讽、化解反讽的方式，是将反讽还原为一种作
为自反结构的自我的辩证法。施勒格尔书中成问题的这一章被
称为"一个反思"，这意味着它与意识的反思模式有关。反讽显
然是自我内部的那段距离，是自我的复制，自我内部的镜面结
构，自我在其中拉开一段距离来审视自己。反讽设置了一种自反
结构，因此可以将反讽描述为自我辩证法中的一个环节。正是以
这种方式，就我关于这个主题的写作而言，我已经自己处理完了
它，所以我今天要说的是**自我批判**的性质，因为我想对其可能性
提出质疑。[13] 无论如何，处理反讽的第二种方式就是将它还原为
自我的辩证法。

　　处理反讽的第三种方式（这在很大程度上是同一系统的另一
部分）是将反讽的环节或反讽的结构嵌入历史的辩证法之中。从
某种意义上说，黑格尔和克尔凯郭尔关注的是历史的辩证模式，
而且相应于反讽被吸收到自我的辩证法中的方式，它在这里被吸
收到了历史的辩证模式即历史的辩证法之中，并由此得到解释。

　　接下来我所提议的解读（基本上是对施勒格尔的两个片段的
解读）在某种程度上对这三种可能性提出了质疑——这就是今天
我想和你们一起做的事情。我将提到的这两个片段广为人知，因
此在文献的引证方面并没有什么原创之处。我将从《美艺术学

---

[13]　参见《时间性的修辞》（"The Rhetoric of Temporality"，1969），收录于 Paul de Man, *Blindness and Insight: Essays in the Rhetoric of Contemporary Criticism* (Minneapolis: University of Minnesota Press, 1983), pp. 187—228。

苑》(*Lyceum*) 片段 37 开始，在这里施勒格尔确实是在审美问题的语境中谈论反讽。问题是如何写出好东西：我们应该怎样才能写出好东西呢？（你们手头的这个译本［Behler & Struc 版］无疑是个优秀的译本。我唯一可以对这个译本求全责备的地方在于它过于优雅了。施勒格尔自有其优雅，但是如果想要在英语中传达出这种优雅，你必须摒弃任何具有哲学术语意味的东西。这个翻译在某种程度上做到了这一点，从而掩藏了使用哲学词汇的痕迹，这恐怕不是为了描述性交，而是为了描述弗里德里希·施勒格尔正在描述的东西。但这里还是有哲学术语在场的，稍后我们就会看到，这些哲学术语的在场非常重要。）下面就是施勒格尔的这个片段：

> 为了就某个对象写出好的作品，人们必须不再对它感兴趣。人们想要审慎表达的思想，必须是已经完全过去了的，根本不再使人为它费思量。只要艺术家还在挖空心思地构想，还在热情澎湃，至少对于传达而言，他就还处在一个不自由的［illiberal］状态中。他于是想把一切都和盘托出，而这正是青年天才们的一个错误倾向，或者说是老朽们正确的成见。因为这样一来，他就忽视了自我限制［Selbstbeschränkung］的价值和尊严，而这对于艺术家及每个人来说，正是首要和至关重要的、最必须和最高的。之所以是最必须的，是因为无论何处，只要人们不对自己进行限制，世界就限制人们：从而人们就变成了奴隶。之所以是最高的，是因为人们只能在人们具有无限的力量，即自我创造和自我毁灭［Selbstschöpfung und Selbstvernichtung］的问题

171

和方面中［沿着那些方向］，才能实施自我限制。就连一次
不能随时随地、完全出于任意而自由中断的友好谈话，也具
有某些不自由的成分。然而一个作家若纯粹想要并且能够说
出自己的思想，把他知道的一切都说出来，不留一点余地，
这样的作家是很可悲的。人们必须谨防的只有三个错误。凡
是看起来是，或据说是无条件的随心所欲，或如此说来是非
理性或曰超理性的东西，究其根本仍是必要的和理性的：否
则心境就会变成固执，就会产生不自由，自我限制就会变成
自我毁灭［Selbstvernichtung］。其二：实施自我限制不必操
之过急，必须先给自我创造即虚构和热情以发展的可能，直
至自我创造完成。再者，自我限制不可太过分了。[14]

这段话读起来既有理有据，又颇具美感。它关系到书写行
为中的热情与自控的经济，人们也许可以将此称为古典的克制

---

[14] Behler & Struc, pp. 124—125; *K. A.* 2:151; Firchow, p. 147.（中译引自《浪漫派风格》，第48—49 页，略有调整。方括号中的评注和德语原文为德曼所加。——译者注）*N1* 的一个散页上印有德曼自己对这一段的翻译草稿："要想写好某些东西，就必须不再沉溺其中；想要泰然自若地［Besonnenheit］表达出的观念必须是已经完全过时的，应该不再是我们最关心的问题。只要艺术家在创作中激情迸发，至少就表达而言，他实际上处于一种不自由的［illiberal］状态中。艺术家想将一切都和盘托出，这恰恰是初出茅庐的天才们的错误倾向，也是老学究们应该谨慎的地方。这样一来，艺术家就忽视了**自我限制**［Selbstbeschränkung］的价值和尊严，尽管无论是对艺术家还是对普通人而言，自我限制都是最必要的、最高的义务。说它是最必要的，是因为一个人如果不限制［beschränkt］自己，他就会被世界所限制。说它是最高的，是因为一个人只有在自己拥有**无限力量**的点和线上，即在**自我创造**和**自我毁灭**中，才能限制自己。即使是友好的对话，如果它不是在任何时候都可以被无缘无故地［aus unbedingter Willkür］打断，那么它就也有其强制性。然而，一个作家，如果想要无所保留地将他所知道的一切都和盘托出，那么这样的作家是不足道的。人们必须提防的只有三种危险。首先是纯粹的无根据状态，即显为和应该显为非理性或超理性的东西，必须变得完全必要和合理（经济）；否则，情绪就会变得任性，进而又会具有强制性（令人沉迷的），自我限制就会变成自我毁灭。第二，实施自我限制不可操之过急，首先要给自我创造留出足够的空间，让激情和热情得以充分发挥。第三，自我限制不可过度。"

与浪漫的放纵的混合。不妨这样来读解这段话：把它放在当时德国古典文学和浪漫文学的关系史中来看，这种混合在施勒格尔的纲领中导向了一种**渐进的总汇诗**（*progressive Universalpoesie*）[15]，这是一种渐进的文学，这两种要素在其中和谐地混合。但其中涉及的内容越多，就越是关系重大。众所周知，施勒格尔用到的这几个我所强调的术语——Selbstschöpfung、Selbstvernichtung、Selbstbestimmung 或 Selbstbeschränkung，自我限制或自我界定——皆取法自其同时代的哲学家约翰·戈特利布·费希特。在《论不理解》中，施勒格尔自己指出，对他而言，在他那个世纪三件最重要的大事分别是：法国大革命、《威廉·迈斯特》的出版，以及费希特的《全部知识学的基础》的出版。由此可见，《全部知识学的基础》的出版，对施勒格尔而言，是与法国大革命一样重要的大事件（*K. A.* 2: 366；Firchow，第 262 页；《浪漫派风格》，第 78、222 页）。我们现在看待费希特这本书的方式已经不尽相同了，我估计你们不会把费希特当成睡前读物，但是或许你们应该如此。无论如何，如果你们想进入施勒格尔，就绕不过费希特，因此我必须谈一谈（很抱歉）费希特，并对此做一些发挥。

自我创造、自我毁灭以及自我限制或曰自我界定——这是费希特辩证法的三个环节。费希特是黑格尔之前的辩证法理论家。无法想象黑格尔没有费希特会怎样。在费希特这里，辩证法得到了强调，并以一种高度系统化的方式得到了发展；施勒格尔援引那本特别的书（《全部知识学的基础》）所要借鉴的对象正是

172

---

[15] 参见《雅典娜神殿》片段 116（*K.A.* 2:182—183）。（中译参见《浪漫派风格》，第 71 页。——译者注）

辩证法。[16] 人们对费希特的一般认识——如果一个人至少对费希特稍有耳闻的话——是将其视为一个自我哲学家，费希特将自我范畴设立为绝对的。因此，我们会把费希特放在今天被称为自我现象学的传统中来思考，诸如此类的观点不一而足。但这是一个错误。如果我们从主体和客体的辩证关系、从自我和他者的二元对立的角度来思考自我（因为我们必须这样做）的话，那么费希特本质上就不能被视为自我哲学家。费希特的自我概念本身并非辩证概念，而是任何辩证法发展的必然性或条件。在费希特这里，自我是一个逻辑范畴。费希特不是就任何经验性的东西来谈论自我，不是指我们在说"自我"时所想到的任何东西：我们自己，抑或其他人，乃至任何形式的先验自我。费希特把自我说成是语言的一种属性，认为自我在本质上、内在地是语言性的。费希特说，自我在源头上是由语言设定的。语言在根本上绝对地设定了自我、主体等概念。"*Das Ich setzt ursprünglich schlechthin sein eignes Sein*"，"*the I posits originally its own being*"，"**自我原初就直截了当地设定它自己的存在**"（第 18 页；*S. W.* 1:98；第 507—508 页。强调为原文所加），自我只能通过语言行为来做到这样的

16　Johann Gottlieb Fichte, *Grundlage der gesamten Wissenschaftslehre* (1794), ed. Fritz Medicus (Hamburg: Felix Meiner Verlag, 1979); *Science of Knowledge* (*Wissenschaftslehre*) *with First and Second Introductions*, trans. Peter Heath and John Lachs (New York: Appleton-Century-Crofts/Meredith Corporation, 1970; reprinted Cambridge: Cambridge University Press, 1982).（中译参见《费希特文集》[第 1 卷]，梁志学编译，商务印书馆 2014 年版。其中《全部知识学的基础》部分为王玖兴先生所译。涉及费希特此书中的内容时，德曼在演讲中直接引用了德语原文，随后附上自己的英译。中译不再根据德曼的英译再度转译，而是直接引用王玖兴先生的翻译。为了读者阅读之便宜，我们同时在正文中列出德语原文、德曼的英译以及王玖兴先生的中译，以期能直观地参校不同语言的文本。上述德语版和英译版都在页边标注了《费希特全集》[*Sämtliche Werke*] 中对应的页码，因此引文后的括号中先后标注：德曼引用的德文版页码、《费希特全集》的页码（简写作 *S. W.* 1）、中译本页码。——译者注）

事情。因此，对费希特而言，自我是逻辑发展的开端，就其自身而言，逻辑的发展与任何形式的经验性的自我或现象性的自我都没有关系，或者至少没有始源性的、首要的关系。自我是语言的设定能力，用德语来说就是语言的 setzen 能力。它就是 catachresis[17]，是语言因误见奇地（catachretically）命名一切事物的能力，尽管是一种误用，但却能命名并设定任何语言想要设定的事物。

当语言能够设定自我的那一刻起，它就也能够而且必须设定其对立面，即自我的否定——这不是否定设定自我行为的结果，而是与自我设定行为等价的设定行为。[18] 同样地，就自我被设定而言，非我（das nicht-Ich）恰恰隐含在自我的设定之中，并被同等地设定了。费希特说："Entgegensetzen ist schlechthin durch das Ich gesetzt"，"to posit against (the negation of the positing) is also posited by the I"，"对设起来的东西是通过自我直截了当地设定起来的"（第 20 页；*S.W.* 1:103；第 513 页）。自我，语言，同时设定了 A 和 -A，它们不是正题和反题，因为这里的否定不是黑格尔那种对反题的否定。这里的情况有所不同。自我本身是被设定的，并且与意识无关。这个自我——它在同一时间既被设定又被否定——难以言传。它纯粹是一种空洞的、设定性的行为，对它无法做出任何判断行为或判断陈述。

还存在着第三个阶段，在这个阶段，被设定的两种相互对立的要素相摩相荡，也就是说，通过从那些被设定的实体中分离出

---

[17]　参见本书第 67 页注释 20。——译者注

[18]　*N1*："否定不是来自或以任何形式从属于设定行为，而是完全与之共存，从这个意义上来说，否定是根本性的。"

来的部分——费希特称之为"属性"（Merkmale）[19]——来相互关联、相互划界（第31页；*S.W.* 1:111；第521页）。语言所设定的自我没有属性，这个自我是空洞的，关于它没有什么可说的。但是因为它设定了其对立面，A和-A在某种程度上可以通过互相界定、互相划界而相互关联：Selbstbeschränkung（自我限制）、Selbstbestimmung（自我规定）——涉及了Selbstbeschränkung（第28页；*S.W.* 1:108；第518—519页）。费希特说："*Einschränken* heißt: die Realität desselben durch Negation nicht *gänzlich*, sondern zum *Teil* aufheben", "*To limit, to determine*, is to suspend (*aufheben*, Hegel's term) in part the reality (of the self and the nonself) by negation, but not *entirely*, but to some *extent* (*zum Teil*, to a degree)", "限制某个东西，意思就是说，不由否定性把它的实在性**整个地**扬弃掉，而只**部分地**扬弃掉"（第29页，第8点；*S.W.* 1:108；第519页；强调为原文所加）。从自我中分离出来的部分，变成了自我的属性（Merkmale）。从此刻起，就能对自我作出判断了。谈论关于实体的事情也得以可能，既然实体作为被设定的自我而存在，那么也就能在实体和自我之间进行对比并作出判断了。最初只是catachresis的东西，现在变成了为我们所知的实体、属性的集合，我们还能在它们彼此之间进行比较，进而发现不同的实体之间的相似性和差异性。在费希特看来，这些都是判断行为——判断行为就是去发现实体之间的异同。

　　我必须在此基础上更进一步，我希望稍后你们就会明白其中的缘由。判断或判断行为现在可以让语言、逻辑的发展依据两种

---

[19]　德曼将Merkmale译为property，王玖兴先生译为"标志"。德曼在这里联系"实体"来谈这个词，因此我们将其译作"属性"。——译者注

模式——综合判断或分析判断——进行。在综合判断中，你会说一个东西像另一个东西。依费希特所言（第33页；*S.W.* 1:113；第523—524页），每当你进行综合判断时，任何两个相像的实体，必须至少在一种属性上是不相像的。你必须能够在二者之间区分出至少一种不同的属性：如果我说A像B，就意味着同时假定了一个X，在这个X上，A和B是有区别的、不尽相同的。比如，如果说鸟是一种动物的话，就假定了动物之间的区别，也就是说，正是因为动物之间存在着差异，我们才能据此在一般动物和鸟类之间进行比较（第36页；*S.W.* 1:116；第527页）。这就是综合判断，它在陈述相似性的同时也悬设、假定了差异性。同理，如果我做了一个分析判断、一个否定判断，如果我说A不是B，那么这个判断同时假设了A和B有一个相似的属性X。比如，如果我说植物不是动物，也就假定了植物和动物有某种共同的属性，这就是这个例子的组织原则，植物和动物必须有共同之处，我才能够进行分析判断，说某物不像某物（第36页；*S.W.* 1:116；第527页）。在这个系统中，你们会看到，每个综合判断总是以分析判断为前提的。如果我说某物像某物，就必然预设了其差异性；如果我说某物不像某物，就必然预设了其相似性。

这里有一个具体而微的结构，通过这个结构，从实体中分离出来的属性在那几种要素之间循环，属性的这种循环构成了任何判断行为的基础。现在这个结构（这可能不那么令人信服，我不知道，但是我只是将它作为一则声明来宣布），在此所描述的这个特殊的结构——属性的分离和循环，这就是当实体在判断行为中被相互比较时，属性得以在实体之间交换的方式——正是隐喻的结构、转义的结构。这里所描述的这种运动，正是知识系统内属性的循环、转义的循环。这就是转义的认识论。这个系统的结构就像隐喻一样，像一般的比喻、特殊的隐喻。

现在，这里还有一个第三阶段，最晦涩难懂的部分马上就要过去了。费希特说（第35—38页；*S.W.* 1:115—118；第526—529页），每个判断都必然包含着正题判断（thetic judgment）；判断或者是分析的或者是综合的，但它也是正题的。在正题判断中，不再把实体与其他东西进行比较，但把实体与其自身关联起来，这是一种反思判断。正题判断的原型、范式就是"我是"[20]这个判断，在这个判断中，我断言自己的存在（existence），主体的存在——如你们所知，最初是由语言所设定的——被陈述为存在者（existent），这就是谓词诞生的地方。这个判断中的谓词是一个空无的（empty）谓词，无限地空着，"我是"这个陈述就其自身而言在某种程度上是一个空无的陈述（第37页；*S.W.* 1:116；第527—528页）。但是这个陈述不一定要呈现为第一人称的形式——它还能以陈述自我之属性的形式进行，例如（这是费希特的例子）：〔"人是自由的"，如果"人是自由的"被认为是一个综合判断（肯定的，比较）——也就是说，人属于自由的存在者之列——那么这就假设了一定有不自由的人存在，但这是不可能的。如果它被认为是一个分析判断（否定的，区别）——也就是说，人与所有处于自然支配之下的物种相对立——那么必定存在着与人类分有自由属性的其他物种，但是并没有这样一个物种。"人是自由的"不仅仅是综合的或者分析的；在"人是自由的"这个正题判断中，自由呈现为一种**渐近线式的**结构（费

[20]　原文为 Ich bin，用英文对译即 I am，王玖兴先生译为"自我存在"。——译者注

希特补充道，审美判断就是这样）。"Man should come infinitely close to an unreachable freedom"，"Der Mensch soll sich der an sich unerreichbaren Freiheit ins Unendliche immer mehr nähern"，"人 应该无限地、不断地接近那个本来永远达不到的自由"（第 37 页；*S.W.* 1:116—117；第 528 页）。因而人的自由］[21] 可以被表述为一个无限的点，人就在通往这个点的路上；或者被表述为一条渐近线，人朝着这条线无限趋近；或者被表述为一种无限的上升（或下降，这不重要）运动，人就处在这一运动之中。在整个问题中至关重要的无限者概念就这样处于游戏之中。

　　你们可以把这种抽象（如果你们愿意的话，也可以将其称为过度的抽象）转换为稍微具体一些的经验，尽管这是不正当的，因为在一开始我就提醒过你们，这不是一种经验，而是一种语言行为。从有比较判断的那一刻起，谈论自我的属性就是可能的了，自我可能以经验的形式出现，也就有可能就经验来谈论自我了。有了这条必要的限制性条款，你们就可以在某种程度上将自我转换为经验范畴了，你们可以将自我看作人们趋之若鹜的超越的、先验的自我，看作某种无限机敏、无限灵活的东西（这是弗里德里希·施勒格尔的话），看作凌驾于任何特殊经验之上的自我，任何特殊经验都处在通往这个自我的途中。（如果你们愿意的话，可以说这就是济慈所谓的莎士比亚的"消极能力"［negative capability］，济慈说莎士比亚能够在不成为任何特殊自我的前提下，赓续一切自我并立于一切自我之上，这样的自我是一

---

[21]　方括号内插入的部分不是从磁带中转录的（因为在录音时需要翻转磁带而没有录上这部分内容），而是几乎逐字逐句地取自 *N2*（参考了 *N1* 版中德曼在同一时刻的论述）和费希特的文本。

176

种无限灵活、无限变动、无限活跃、无限机敏的主体，它超越了任何关于它的经验。在这种情况下，提到济慈，更确切地来说，提到莎士比亚，是无可厚非的。)²²

现在，这整个系统，正如我们在此所勾勒出来的那样，首先是一种转义理论、隐喻理论，因为（这就是为什么我之前要步步为营的原因）在判断行为中得到描述的属性（Merkmal）的循环是基于属性之间的替代，其结构就像隐喻或转义一样。就部分与整体之间的关系而言，该系统的结构就像提喻一样；就两个实体在相似性和差异性基础上的相互替代而言，它的结构就像隐喻一样。该系统的结构是转义性的。在其最体系化的一般形式的意义上，这是一个转义的系统。

但还不止于此。就这个系统基于一种始源的设定行为而言，它还是述行性的。这种设定行为以 catachresis——即 setzen 的力量——的形式存在于语言模式中，这样的形式就是系统的开端，它本身是述行性的而非认知性的。首先存在着一种述行性，即设定行为、始源的 catachresis，随后这种述行性转移到了转义系统；这种始源的设定行为导致了一种转义的形变（anamorphosis），所有的转义系统都产生于其中。

费希特以一种高度体系化的方式描述了这一点（我还没有给予它公正的对待）。他将其描述为人们只能称之为讽寓的东西——它是一种叙事，一个他所讲述的故事，就像我所说的那样，这并不是一个令人兴奋的故事，但在费希特那里这确实是一

---

²² 济慈写给乔治（George）和汤姆·济慈（Tom Keats）的信，1817 年 12 月 21 日，27 日（？），收录于 *The Selected Poetry of John Keats*, ed. Paul de Man (New York: Signet/NAL, 1966), pp. 328—329；可参校德曼为该诗选写的"导论"，第 xxv 页。

个非常令人兴奋的故事。它是一个讽寓，叙述了转义和设定性的言语行为之间的相互作用。因此，它就像叙事理论一样，设置了一个连贯的、完全体系化的系统，在其中存在着系统与系统的形式之间的统一性。它将此设置为一条叙事线：比较和区别的故事，交换属性的故事，与自我有关的转折，还有无限的自我的投射。所有这一切构成了一个连贯的叙事，在其中有着根本性的否定时刻。这是一个复杂的否定叙事（negative narrative）：自我永远无法知道自己是什么，永远无法确定自己的身份，自我发出的关于自身的判断，即反思判断，并不是稳定的判断。这里面涉及大量强有力的否定性（negativity），但这个系统基本的可理解性并不构成问题，因为它总是可以被还原为一个具有内在连贯性的转义系统。这个转义系统真正是体系性的。施勒格尔曾在某处说过：人必须总是拥有一个系统。他还说过：人必须永远没有一个系统。[23] 无论如何，在你说你必须永远没有一个系统之前，你必须先拥有一个系统，费希特就有一个系统。此处的这个系统就是转义论（tropology），是转义系统，这个系统必然会产生一条叙事线——正如施勒格尔所说，转义叙事的阿拉伯式花纹[24]。这个阿

177

---

[23]　参见《雅典娜神殿》片段 53："有系统和没有系统，对于精神都是同样致命的。精神应当下决心把二者结合起来。"（*K. A.* 2:173; Behler & Struc, p. 136;《浪漫派风格》，第 66 页）

[24]　原文为 arabesque，原指阿拉伯建筑、绘画中的一种装饰图案、花纹，其线条缠绕交错、绵延不断。施勒格尔借此来描述小说在文本结构上的混乱以及由混乱中生发出的秩序。他说"最高的美、最高的秩序恰恰是混乱的秩序"（Schlegel, *Rede über die Mythologie*, in Han Jürgen Schmit, *Die deutsche Literatur in Text und Darstellung. Romantik I*, Stuttgart: Recalm, 1981, s. 235），"《斯特恩巴尔德》把《洛维尔》的严肃和激情同《修道院兄弟》的艺术家的虔敬、同一切他从古代神话中创造出来的诗的阿拉伯式花纹、即总体上最美的东西结合在一起：于是产生了想象的充盈，对于反讽的感觉、尤其是色彩的有目的的异与同。就是在这里，一切也都是清澈透明的，浪漫精神似乎安逸地对自己展开想象。"（《雅典娜神殿》片段 418，《浪漫派风格》第 100—101 页）——译者注

拉伯式花纹所叙述、讲述的，就是转义的形变、转义的转化，在这个转义系统之中，与之相对应的经验是自我超越自身经验的经验。

这似乎就是施勒格尔在《美艺术学苑》片段 42（我要读的另一个片段）中所说的，他在其中描述了这个超然的自我，他说这就是哲学、诗歌中谈论的那个自我。他这样描述这个自我（他在谈论哲学，并且在区分哲学与他所谓的修辞学——这不是我所谓的修辞学，而是一种劝说的修辞学——他认为与哲学相比，修辞学是一种次要的形式）：

> 哲学是反讽真正的故乡，人们应当把反讽定义为逻辑的美：因为无论是在口头的还是笔头的对话中［他想到的当然是苏格拉底］，只要是在没有进行完全系统化的哲学思辨的地方，就应当进行和要求反讽；就连斯多噶派也把善于处世看做一种美德。当然还有一种修辞的反讽，若运用得有节制，也能产生精妙的效果，特别是在论战当中。不过这种反讽却同苏格拉底的缪斯那种崇高的机敏善变针锋相对，正如最华丽的艺术语言与风格崇高的古典悲剧相对一样［即远逊于后者］。诗从这个方面就可以把自己提高到哲学的高度，并且不用像修辞学那样立于［Stellen］反讽的基础之上。［反讽无处不在，它并不限于特定的篇章之中。］有些古代诗和现代诗，通篇洋溢着反讽的神性气息。这些诗里活跃着真正超验的诙谐色彩。在它们内部，有那种无视一切、无限地超越一切有限事物的情绪［Stimmung］，如超越自己的艺术、美德或天赋；在它们外部、在表达当中，则有一个司空见惯

的意大利优秀滑稽演员那种夸张的表情。[25]

现在这个滑稽演员（buffo）给批评家们带来了很大麻烦，这就是问题之所在。因为我们从这段话中得到的是对体大虑周的费希特系统的全面吸收和理解，而且是就其所有意涵而言，这也是为什么我们要在费希特身上花费这么多时间的原因。我们在此得到了一个对费希特系统提纲挈领的总结，该总结强调了那个自我的否定性——因为该自我超然物外，亦超然于自我以及作者自己的作品之外，因为作者与其作品之间根本的距离（对作者本身的根本否定）。这种特殊的情绪（Stimmung）内在于我们在诗歌中发现的东西。但是我们发现的外在于诗歌的东西，或者说外在于现实（the actual）、外部（exterior）、外部意义（outward meaning）的东西，就是这个滑稽演员。滑稽演员在这里具有十分特殊的意义，这在学术界已经形成了公论。滑稽演员是——施勒格尔指的是即兴喜剧[26]中的滑稽演员——叙事幻觉的破坏者，是 aparté，即面向观众的旁白，通过这种方式，虚构（fiction）的幻觉被打破

178

---

[25] Behler & Struc, p. 126; *K.A.* 2:152.（中译参见《浪漫派风格》，第49—50页。方括号中的评注和德语原文均为德曼所加。——译者注）

[26] 原文为 commedia dell'arte，直译即"艺术喜剧"，流行于16世纪到18世纪的意大利。虽然叫作艺术喜剧，但实际上是一种俗剧，故事内容多为市民大众所喜闻乐见的男欢女爱等世俗生活，一般在室外的勾栏瓦舍演出，并且演员由专业的演员公司组织经营，因而有一定的职业性。演员根据 canovaccio（意为"写在 canvas 上的东西"）进行表演，但 canovaccio 只是一个剧本大纲，即在一片布上给出了角色的类型以及简要的场景描述和故事线等，剩下的内容都要靠演员临场的即兴表演，所以 commedia dell'arte 一般被译为"即兴喜剧"。虽名曰即兴，但是演员还是要在设定好的人物形象的框架内表演，commedia dell'arte 形成了许多程式化的人物角色，德曼提到的 buffo 即是其中一种，他们在不同的剧目、不同的故事中反复出现，为了更加直观地呈现这些脸谱化的角色，演员常会佩戴假面演出，因此也被称为假面剧（Masque）。——译者注

（在德语中我们将此称为 aus der Rolle fallen，即跳出角色之外 [27] ）。这种对中断的关切从一开始就存在——你们应该记得，在我们读到的施勒格尔的第一段话中，他说你必须能随时自由地、任意地中断友好的对话。

　　在修辞学中有一个专门的术语来称呼这种现象，施勒格尔也用到了这个术语，它就是 parabasis [28]。parabasis 是修辞域（ rhetorical register ）的转换所导致的话语的中断。准确地说，这就是你会在斯特恩 [29] 或者《宿命论者雅克》[30] 那里遇到的东西，即通

---

[27]　德曼用 drop out of your role 来对译 aus der Rolle fallen，这里姑且按照字面意思译为 "跳出角色之外"。但需要指出的是，aus der Rolle fallen 在日常德语中是一个习语，指演员忘记台词，或者在社交场合的失态、失礼。——译者注

[28]　parabasis 出自古希腊语 παράβασις，该词由 παρά+βάσις 两部分构成，παρά 最基本的含义是 "在旁边"，βάσις 指 "脚步"、"步伐"，由此引申出 "脚" 以及 "人立足于其上的地方"，转写为拉丁字母即 basis。所以 παράβασις 便有了 "走到一边"、"偏离"、"逾越" 等含义，进而用来表示古希腊旧喜剧（ 或曰阿里斯托芬式喜剧，大约流行于公元前 486—前 400 年 ）中的一个离题的环节。最初出现于阿提卡地区的旧喜剧，主要包括如下环节：歌队入场前的开场白（ prologos ）、歌队入场（ parodos ）、主要演员的交手戏或辩论（ agon ）、演员离开舞台后歌队用抑抑扬格向观众述诵诗行（ parabasis ）、各种幕间插话（ epeisodia ）、终场（ exodos ）。（ 参见莱斯莉·阿德金斯、罗伊·阿德金斯：《古代希腊社会生活》，张强译，商务印书馆 2016 年版，第 322 页。）概言之，parabasis 就是指旧喜剧中幕间休息时，歌队直接面向观众的表演，其内容往往与主题无直接关系或者偏离了主题、打破了叙述的连贯性，是对原有叙事线索的中断、搁置。该词常见的中译有 "合唱主唱段"、"合唱颂歌"、"合唱队致辞"、"插剧" 等。综合这些译法，结合本书的语境，parabasis 或可译作 "插曲"。德曼在《辩解：〈忏悔录〉》一文的末尾也提到了 parabasis，将之称为 "两个系统的交叉"、"对两个修辞代码的不一致的突然揭示"，以及作为对比喻链的破坏的 "错格"（ anacoluthon ）："在对弗里德里希·施勒格尔的公式的略微扩展中，错格成了讽寓（ 修辞手段 ）的永恒的合唱颂歌（ parabasis ），也就是说，成了反讽（ irony ）。"（ 参见德曼：《阅读的寓言》，沈勇译，天津人民出版社 2008 年版，第 319 页。）——译者注

[29]　指英国伟大的小说家劳伦斯·斯特恩（ Laurence Sterne, 1713—1768 ），《项狄传》《感伤旅行》的作者。——译者注

[30]　即法国启蒙运动 "百科全书派" 的代表人物狄德罗（ Denis Diderot, 1713—1784 ）的小说《宿命论者雅克和他的主人》(Jacques le Fataliste et son maître)，被米兰·昆德拉誉为 "18 世纪小说艺术的最高成就"。小说描述了一对主仆二人，在一段漫无目的的旅程中的一系列对话，狄德罗让小说内的叙述者相互打断、不断插入各自的故事，甚至让小说叙述者的声音也出现在其中，并直接与读者进行对话。很明显《宿命论者雅克》有《项狄传》的影子，实际上《宿命论者雅克》中明确地提到了《项狄传》。《项狄传》的副标题是项狄的 "生平（ 转下页

论 反 讽 概 念   297

过离题话不断地扰乱、打破叙事的幻觉，施勒格尔的模式即是如此。后来你们会在司汤达或者（这是施勒格尔特别提到的）他的朋友蒂克那里频繁遭遇到的，也是同样的东西，蒂克在其剧作中持续地运用了 parabasis。在修辞学上还有一个与 parabasis 具有同等效力的术语——anacoluthon[31]。anacoluthon 或 anacoluthe 多用于转义的句法模式或掉尾句[32]，在掉尾句中，引发某种期待的句子的句法被突然打断，读者基于既定句法所产生的期待落空，转而得到了某种截然不同的东西——对句法模式之期待的破灭。

（接上页）和见解"，但一共九卷的小说用了三卷才从受精卵的形成写到项狄的出生，实际上书中绝大部分篇幅都是在描写项狄的父亲和叔叔的生平和见解，小说已经有些"文不对题"的内容又再次离题万里、枝蔓纵横，书中还有意插入了很多空白页、黑页、大理石纹页，夹杂着希腊语、拉丁语等各种语言，前言竟出现在第三卷，甚至标点符号的使用都散乱难辨，小说俨然成了作者的叙事游戏。总体上这两部小说在形式上都从头到尾充斥着旁逸斜出的离题话、插曲，呈现出一种元叙述（meta-narrative）的视角以及一种反讽意识，小说的作者某种程度上以此试图将小说的"内部"（inside）变成"外部"（outside），因此德曼认为这两部小说的形式和结构可以用 parabasis 这个修辞学术语来描述。——译者注

[31] anacoluthon 出自古希腊语 ἀνακόλουθον，ἀνακόλουθον 由表否定的前缀 ἀν 和 ακόλουθον（跟着的、接着的）构成，由字面意思即可看出该词本义表示一种不连贯性。因此作为一种修辞格，anacoluthon 主要表示前后句子的语法、句法结构的不一致，由此带来逻辑的不连贯、思维的跳跃、预期含义的变化等效果，在汉语中通常被译为"错格"。亦可参校第 296 页注释 28、第 297 页注释 32 中的相关解释。——译者注

[32] 原文为 periodic sentence，又译"圆周句"，指将句子的关键信息后置于句尾（主句），将次要信息放在句首（定语、状语等从句成分）的句式，因此意译作"掉尾句"。在《辩解：〈忏悔录〉》一文中，德曼在一个注释中对掉尾句作出了如下解释："当掉尾句的前半部分（条件从句）和后半部分（结论主句）之间出现了句法上或其他方面的转换时，古典修辞学尤其会提到掉尾句结构方面的 anacoluthon（错格）。海因里希·劳斯伯格（Heinrich Lausberg）在《文学修辞手册》（*Handbuch der Literarischen Rhetorik*［Munich, 1960］，1:459，§ 924）中给出了一个出自维吉尔的例子：'虽然我的内心因回忆而恐惧，因悲伤而退缩，但我还是要开始［讲述］吧。'（《埃涅阿斯纪》，第 2 卷，第 12 行）紧接着又举了一个出自拉辛的经常被引用的例子：'你希望上帝赐福于你，却从不去爱他吗？'（Racine, *Athalie*）anacoluthon 不限于言语不发生曲折变化的部分，还可以涉及名词或代词等发生曲折变化的部分。anacoluthon 指的是任何语法或句法上的不连续性，即一个结构在另一个结构完成之前就打断了它。普鲁斯特对阿尔贝蒂娜的谎言的描述（"La prisonniere", *À la recherche du temps perdu*［Paris: Pléiade, 1954］，3:153），是呈现 anacoluthon 在结构上和认识论上的意涵的绝佳范例。"参见 Paul de Man, *Allegories of Reading* (New Haven: Yale University Press, 1979), pp. 289—290。——译者注

如果你想了解 anacoluthe，最佳的选择是向马塞尔·普鲁斯特求助。在《追忆似水年华》第三卷"女囚"[33]这部分，普鲁斯特讨论了阿尔贝蒂娜的谎言。你们应该知道阿尔贝蒂娜的谎言。她告诉了普鲁斯特可怕的事情，或者至少普鲁斯特想象她告诉了自己可怕的事情。她总是在撒谎，而他则分析了她的谎言的结构。他说她用第一人称开始一句话，所以你以为她告诉你的那些可怕的事情，是关于她自己的事情，但是通过句子中间的某些手法——你对此没有丝毫察觉——她突然不再谈论她自己，而是转而谈论另一个人。"Elle n'était pas, elle-même, le sujet de l'action"（她本人并不是行为的主体），并且他还说她是通过"que les rhétoriciens appellent anacoluthe"（修辞学家称之为 anacoluthe）的手法做到这一点的。[34]普鲁斯特的这段引人瞩目的文字表现出了对 anacoluthon 的结构的深刻理解：与 parabasis 如出一辙，这种句法的中断打断了叙事线。因此滑稽演员就是一种 parabasis 或 anacoluthon，中断了叙事线，扰乱了费希特精心设计的阿拉伯式花纹或线条。但对施勒格尔来说，光有 parabasis 还不够。反讽不

---

[33] "女囚"为《追忆似水年华》的第五卷，此处的"第三卷"指德曼所引用的法文版三卷本的第三卷，"女囚"。——译者注

[34] Marcel Proust, *À la recherche du temps perdu* (Paris: Gallimard, Bibliothèque de la Pléiade, 1954), 3:153. 普鲁斯特的原文是："Ce n'était pas elle qui était le sujet de l'action"，"que les grammairiens appellent anacoluthe"。可与《辩解：〈忏悔录〉》中的相关讨论互参，见 Paul de Man, *Allegories of Reading* (New Haven: Yale University Press, 1979), pp. 289—290；300—301，尤其是注释12和注释21。（注释12即上一个译注所引用的注释，注释21是这样说的："anacoluthon 和 parabasis 之间的相似性源于这样一个事实：这两个修辞格［figures］都打破了既定的语法或修辞活动的期待。就像题外话、旁白、'作者的干预'［intervention d'auteur］或者'跳出角色之外'［aus der Rolle fallen］一样，parabasis 很明显地涉及对话语的中断。弗里德里希·施勒施尔相关的引用出现在与《美艺术学苑》和《雅典娜神殿》同时代但之前不得见的笔记中，具体参见：Friedrich Schlegel, *Kritische Friedrich-Schlegel-Ausgabe*, ed. Ernst Behler［Munich, 1963］, 18:85, §668. 施勒格尔对 parabasis［或 Parekbasis］这个术语的运用，尤其得到了蒂克的共鸣，蒂克在其戏剧中运用了该手法。"——译者注）

179

仅是中断；施勒格尔说，反讽是"永恒的 parabasis"[35]（这就是他给反讽所下的定义），也就是说，反讽不但在某一点上是 parabasis，而且处处都是 parabasis。施勒格尔也是这样定义诗歌的：反讽无处不在，叙事处处皆可被打断。对此，批评家们已经正确地指出：这里有一个根本性的矛盾，因为 parabasis 只能发生在某一个特定的点上，所以说存在着一种永恒的 parabasis，就等于是说存在着某种完全自相矛盾的事物。但这正是施勒格尔所想的。你必须把 parabasis 想象成是能在任何时间发生的。中断在任何时候都有可能发生，就像《卢琴德》的那一章——这是我在此谈论施勒格尔的起点——中的情况一样；当你看到哲学论证能够与截然不同的事物相契合，甚至与跟它毫无干系的事件若合符节时，就意味着哲学论证随时都能被粗暴地打断。这就极大地打断、扰乱了内在的情绪（Stimmung），就像在这段话中，得到描述的内在情绪完全被外部形式所扰乱了，滑稽演员的形式、parabasis 的形式、中断的形式、破坏叙事线的形式，都是这种意义上的外部形式。现在我们知道，这种叙事线不是一般意义上的叙事线，就像费希特的体系性定义所描述的那样，它是发轫于转义系统的叙事结构。因此，如果你们愿意，我们可以继续完善施勒格尔的定义：如果施勒格尔说反讽是永恒的 parabasis，那么我们就能说反讽是转义的讽寓的永恒的 parabasis。（这就是我之前向你们承诺的定义——我还告诉过你们，它并不会给你们带来多大的进步，但它就在这里：反讽是转义的讽寓的永恒的 parabasis。）转义的讽

---

[35] "Die Ironie ist eine permanente Parekbase.—"; Schlegel, "Zur Philosophie" (1797), Fragment 668, in *Philosophische Lehrjahre I (1796—1806)*, ed. Ernst Behler, in *K.A.* (Paderborn-Vienna-Munich: Verlag Ferdinand Schöningh, 1963), 18:85. 参见 *Allegories of Reading*, p. 300 n. 21; "The Rhetoric of Temporality", pp. 218ff.。

寓有它自己的叙事连贯性，有它自己的体系性；反讽所打断、扰乱的，正是这种连贯性、体系性。[36] 所以可以说，任何反讽理论都是对叙事理论的破坏、不可避免的破坏，讽刺的是，诚如我们所说的，反讽总是出现在与各种叙事理论的关系之中，但反讽恰恰又使得我们永远不可能获得一种融贯的叙事理论。这并不意味着我们就要因此放弃努力，因为这样的努力就是我们所能做的一切，但是我们的努力总是会被挥之不去的反讽之维所打断、扰乱、破坏。

那么这样的 parabasis 发生在什么样的语言要素中呢？这样的 parabasis 发生在什么样的文本要素中呢？[37] 让我们借助于施勒格尔的实在语言（reelle Sprache）[38] 理论或曰隐含的实在语言理论来迂回地接近这个问题的答案。在对弗里德里希·施勒格尔的讨论中，这个问题经常被提出，尤其是像施托施耐德-科尔之类的美学批评家，他们时常宣称施勒格尔有一种对实在语言的直观，比如说施勒格尔在神话中发现了这种语言。但是，与同样在神话中发现了实在语言的诺瓦利斯（人们普遍认为，诺瓦利斯的创作货真价实，因此将他视为成功诗人之典范，相形之下，施勒格尔则仅仅生产出了一些断简残编）不同，施勒格尔不知为何退缩了，他失去了能够让他继续沉湎于神话中的力量、信心和爱，因此只能从中抽身而去。相反，诺瓦利斯就被认为能对神话心领神会，因此成了我们所熟知的伟大诗人，而施勒格尔则只能写出《卢琴德》。

---

[36] N1:"反讽是讽寓的（永恒的）parabasis——（表现性的）叙事的可理解性随时都会被它扰乱。"

[37] N1:"（从 anacoluthon 到卢梭《忏悔录》中的能指游戏。）"参见 "Excuses (Confessions)", in *Allegories of Reading*, pp. 278—301.

[38] 德曼译作 authentic language。——译者注

在《关于神话的谈话》（"Rede über die Mythologie"）[39] 中，具体来说，是在讨论巧智（wit）[40] 和神话的相似性的段落中，施勒格尔论及了实在语言。巧智是浪漫诗的特征（就此而言，施勒格尔指出塞万提斯和莎士比亚的诗歌——在某种意义上说，不是浪漫主义的，而是文学的想象，其中巧智同时囊括了柯勒律治式的幻想和想象）。施勒格尔说，在神话中"我发现了与浪漫诗那个伟大的巧智极为相似的东西"。他讨论了浪漫诗的这种特殊的区别性特征，他说这种特征就像神话一样：巧智在神话中存在的方式，就是巧智在浪漫诗中存在的方式。他用一系列属性来描述这个巧智，这些属性在浪漫主义理论中广为人知，并且非常符合人们对于浪漫主义的成见。他说巧智是一种"人为的有秩序的迷茫"，是"矛盾之间优美的对称"，是"热情与反讽奇妙而又永恒的交替"。他说它"即使在整体最微小的肢体中也在交替着"，这些本身就已经是一种"间接的神话"了。"它们的结构是一样的，"他说，"阿拉伯式花纹是人类想象力最古老而原始的形式，无论这个巧智还是一个神话的产生，若最先没有一个初始的和不可摹仿的东西［似乎这就是实在语言］，是不可能的。这种东西绝不会消融掉，即便经过种种变形之后仍然透射出古朴的自然的力量［Kraft］，"他说，"带着天真的深邃，让［这种始源的语言］熠熠生辉。"在第一版中，施勒格尔写道，从 reelle Sprache 中透射

---

[39]　*K.A.* 2:311—322 at pp. 318—319; 参见 Behler & Struc, "Talk on Mythology", pp. 81—88 at p. 86（只翻译了第二版）。（中译引用自施勒格尔：《雅典娜神殿断片集》，李伯杰译，生活·读书·新知三联书店 2003 年版，第 236—237 页，译文略有修改，方括号中的评注和德语原文均为德曼所加。——译者注）*N1* 中多了一条引文："*reelle Sprache* in 'Über die Unverständlichkeit', p. 364."

[40]　参见第 56 页注释 5。——译者注

出"古怪的［das Sonderbare］，甚至是荒诞的［das Widersinnige］，以及像孩子一样但又成熟的天真［geistreiche naïveté］"。这个版本——古怪、荒诞、成熟或感伤的天真——非常符合我们将浪漫主义视为游戏性的非理性（playful irrationality）、游戏性的想象（playful fantasy）的看法。重写这段话时，施勒格尔又把这几个词（Sonderbare, Widersinnige, geistreiche naïveté）删掉了，取而代之的是另外三个词。reelle Sprache 所照亮、透射的是"错误、疯狂和头脑简单的愚蠢"（*K.A.* 2:319 n. 4）。接着他又说："这就是诗的开端：抛弃那个理性地思维着的理性具有的格式和章法，把我们重新置于想象的美的迷惘中，置于人类自然初始的混沌［神话是它最好的名字］中。"

这段话的传统解释认为，这种混沌就是某种美的——虽然是非理性的但却是美的——对称性。对此我无法苟同。实际上施勒格尔用混沌替换了先前的表述，用他自己的话来说，混沌是"错误、疯狂和愚蠢"。实在语言是疯狂的语言、错误的语言、愚蠢的语言。（如果你们愿意的话，可以说《布瓦尔和佩库歇》[41] 就是实在语言，就是施勒格尔所谓的 reelle Sprache 的真正含义。）之所以如此，是因为这种实在语言仅仅是一种符号实体（semiotic entity），它向任何符号系统根底上的任意性敞开，并由此获得了流通性，但它本身是非常不可靠的。在《论不理解》一文中，施勒格尔通过将黄金隐喻字面化来解决这个问题：作为黄金的 reelle

---

[41] 《布瓦尔和佩库歇》（*Bouvard et Pécuchet*），福楼拜未完成的遗作。小说描写了年近五旬而一事无成的"社畜"布瓦尔在继承了一笔可观的遗产后，便决定提前退休，辞去了公文抄写员的工作，与志同道合的好友佩库歇一同从巴黎搬到外省的乡间，开启了轰轰烈烈的科学探索生涯，他们从农业开始，先后尝试了化学、医学、自然科学、地质、考古、历史、文学、美学、政治、巫术、哲学、宗教，最后是教育，皆无疾而终。——译者注

Sprache，其价值货真价实。⁴² 但是我们会发现 reelle Sprache 不仅像黄金，更像金钱（更确切地来说，像施勒格尔当时所缺乏的那种用来出版《雅典娜神殿》的金钱），也就是说，reelle Sprache 是无法控制的流通性，它不像自然物，而像金钱，⁴³ 是一种纯粹的流通性，纯粹的流通性或能指的游戏，就像你们所知道的那样，金钱是错误、疯狂、愚蠢以及所有其他罪恶的根源。你必须把这种钱理解成巴尔扎克《驴皮记》中的那种钱——usure 的损耗 ⁴⁴。

这是一种能指的自由游戏：《论不理解》中充斥着双关语、尼采式的词源双关语，运用了大量诸如 stehen 和 verstehen，stellen

⁴² 参见《浪漫派风格》，第 221 页："这个有关存在一种实在的语言的思想直到最近才又在我心头激荡起来，并在精神眼睛前面展现出一个光辉的前景。到了 19 世纪，吉尔纳坦向我们许诺说，在 19 世纪里人们将可以点物成金，云云。19 世纪转瞬即到，这大概该不是推测吧？这位可敬的人以一种饶有趣味的庄重信誓旦旦地说：'任何一个化学家，任何一个艺术家都将能够制造金子；甚至连厨房中的器皿都将是银制的、金制的。'——所有的艺术家都想下定决心，忍饥挨饿熬过 18 世纪最后这无足轻重的一年半载，将来也无须怀着一颗忧郁的心去履行这个伟大的义务。因为他们知道，不久他们自己就会有能力做金子，更何况他们的子孙。吉尔纳坦之所以提到厨具，原因在于这位具有远见卓识的才子认为，我们一直从诸如铅、铜、铁等低贱的、卑鄙的、下流的金属那里吞食大量的污物，而有了点金术之后，我们就无须再受此劫难，而这正是点金术的丰功伟绩。我则完全从另一个角度来看待这件事。过去我常常暗自赞叹黄金的客观性，请允许我斗胆说我对黄金的客观性钦佩得五体投地。"——译者注
⁴³ 德曼这里所谓"金钱"（money）倾向于指货币（currency）意义上的金钱，也就是作为一般等价物的金钱，黄金固然也可以是这样的金钱，但是"货币天然是金银，金银天然不是货币"，黄金首先是一种自然物质，德曼认为施勒格尔就是在自然物意义上来谈论黄金，譬如所举的吉尔纳坦的例子中提到的作为厨房器皿的黄金，这里重要的是黄金客观的自然属性，虽然恰恰是黄金特殊的自然属性决定了它能够成为一般等价物，但施勒格尔回到了它的自然属性上，比如作为厨具的黄金，发挥作用的是其使用价值而非交换价值，因而也就不具备纯粹的流通性。正是在此意义上，德曼认为施勒格尔"字面化"了实在语言的黄金隐喻（如果将黄金的使用价值视为其"字面义"，将"交换价值"视为其"隐喻义"的话），准确地说，是以黄金的"字面义"而非"隐喻义"来隐喻实在语言。——译者注
⁴⁴ 这句话原文为："the wear and tear of usure, of usury"，中文几不可译。可以说这就是德曼所谓的实在语言的"纯粹的流通性或能指的游戏"的范例。usure 的能指在此至少有三重所指。首先，德曼运用了 usure 在法语中既表示"高利贷"又表示"磨损、用坏"的双重含义；其次，他还用它来暗指《驴皮记》中那张不断损耗的驴皮，欲望的膨胀伴随着驴皮的损耗，驴皮的损耗带来寿命的折损，实在语言便在这一消一长、一损一益之中流通。——译者注

和 verstellen，verrücken（精神错乱）等语言游戏。施勒格尔引用了歌德的话："die Worte verstehen sich selbst oft besser, als diejenigen, von denen sie gebraucht werden"（"语词往往要比使用它们的人更加了解自己"[*K.A.* 2:364]）。语词有一种言说的方式，说出来的内容完全不同于你想让它们说的。你本打算写一篇雄辩的、融贯的哲学论证，但是，你瞧，你正在描写性交。或者你为某个不甚了解的人写了一篇优美的赞辞，仅仅因为语词有一种以言行事的方式，你真正表达出来的竟完全变成了侮辱和亵渎。那里有一台机器，一台文本机器，一种无法动摇的决心和无条件的任意性——unbedingter Willkür，施勒格尔说（《美艺术学苑》片段42，*K.A.* 2:151）这台机器被安放在语词的能指游戏层面，它消解了一切叙事线的连贯性，破坏了反思模式和辩证模式，如你们所知，这二者是一切叙事的基础。没有反思就没有叙事，没有辩证法就没有叙事，而反讽所中断的（根据弗里德里希·施勒格尔的说法）正是这样的辩证法和反思性，也就是转义。转义系统、费希特的系统，就是反思的系统、辩证的系统，而这正是反讽所要消解的东西。

182   因此，毫不奇怪，施勒格尔从中获益良多的那些相当中肯的批评总是持相反的观点，尤其是在试图保护他免受轻浮的指责时。最优秀的施勒格尔评论家们，都认识到了他的重要性，想要保护他免受轻浮的指责，这种指责的声音不绝于耳。但是在这个过程中，他们总是不可避免地要恢复自我的范畴、历史的范畴以及辩证法的范畴，而施勒格尔恰恰以激进的方式拆解了这些范畴。

举两个例子来为讲座收尾。一个是彼得·宋迪的例子，他对施勒格尔颇有见地。在讨论反思结构时，宋迪如是说："在蒂克那里，演员［戏剧演员、角色］作为角色来［反思性地］谈论自己。演员洞察到了自己在剧中的存在的规定性，他们非但没有因此而受到削弱，反倒获得了一种崭新的力量……蒂克戏剧的喜剧性源于反思的乐趣：观众在欢声笑语中所领略到的，是反思从其自身结构中获得的距离。"[45] 宋迪在此通过距离概念来实现对反讽的审美扬弃（Aufhebung）。确实可以这么来描述喜剧，在某种意义上，宋迪不是在讨论反讽，而是混淆了反讽和喜剧。他想到的更多是让·保罗（Jean Paul），并提出了一套喜剧理论。反讽不是喜剧，反讽理论也不是喜剧理论。可以说宋迪给出了一套喜剧理论，但这恰恰就是反讽理论所不是的。反讽是破坏、幻灭。

第二个例子是本雅明。在《德国浪漫派的艺术批评概念》[46]中，本雅明在某种程度上追随卢卡奇，对 parabasis 的影响看得更清楚。他完全看到了 parabasis 破坏性、否定性的力量。他发现"形式的反讽化［Ironisierung］在于形式的自愿毁灭"（第 84

[45] Peter Szondi, "Friedrich Schlegel und die romantische Ironie. Mit einer Beilage über Tiecks Komödien" (1954), reprinted in *Schriften* (Frankfurt am Main: Suhrkamp, 1978), 2:11—31. 德曼在 *N1* 中从下述文献引用了宋迪的这篇文章：Hans-Egon Hass and Gustav-Adolf Mohrlüder eds., *Ironie als literarisches Phänomen* (Cologne: Kiepenheuer and Witsch, 1973), pp. 149—162 at pp. 159 and 161。该文的英文版参见 "Friedrich Schlegel and Romantic Irony, with Some Remarks on Tieck's Comedies", trans. Harvey Mendelsohn, in Peter Szondi, *On Textual Understanding and Other Essays* (Minneapolis: University of Minnesota Press, 1986), pp. 57—73 at pp. 71 and 73。德曼在《时间性的修辞》中也引用过此文，参见 Paul de Man, *Blindness and Insight* (Minneapolis: University of Minnesota Press), 第 219—220 页。

[46] 跟上一个脚注中提到的关于宋迪的引文一样，在 *N1* 中涉及的本雅明的引文，德曼同样引自 *Ironie als literarisches Phänomen* 一书。在此处，英文编者考证了这些引文在德文版《本雅明全集》（Walter Benjamin, *Der Begriff der Kunstkritik in der deutschen Romantik*, Werkausgabe vol. 1, *Gesammelte Schriften*, Frankfurt am Main: Suhrkamp, 1980）中的出处，因而正文中标注的页码均指德文版全集的页码。本雅明引文的中译，是在结合德曼英译的基础上根据德文直译而来，并参考了现有中译本（本雅明：《德国浪漫派的艺术批评概念》，王炳钧、杨劲译，北京师范大学出版社 2014 年版，第 105—108 页）。方括号中的德语原文为德曼所加。"Ab-bruch"（拆除／解-构）中的连字符为德曼在 *N1* 中所加。——译者注

页）——这绝非对审美的恢复，相反，它是对形式彻底的、完全的破坏，本雅明称之为"批判行为"，该行为通过分析消解了形式，通过祛魅（demystification）摧毁了形式。本雅明在一个著名的段落中对"批判行为"作出了描述。他说："这种对形式的破坏远非作者主观的心血来潮，而是艺术中、批评中的客观标准的任务……这种在与无条件者的关系中产生的反讽，要谈论的不是主观主义和游戏，而是绝对者对有限的作品的同化，以及以作品的解构为代价的完全客观化。"（第 85 页）当一切都烟消云散之时，当作品完全被消解之时，反讽就得到了恢复，因为那种彻底的解构是辩证法中的一个环节，在黑格尔的方案中，辩证法被视为朝着绝对者发展的历史辩证法。本雅明在此用黑格尔式的语言（非常清晰、非常动人、非常有效）接着说道："表现形式的反讽化就像一场暴风雨一样，掀开［aufheben］了艺术的先验秩序的帷幕，揭示了该秩序的本来面目，以及该秩序中谜一样的作品的直接存在。"（第 86 页）"形式的反讽……表现了一种自相矛盾的尝试，即通过拆-除的方式来建构构造物［am Gebilde noch durch Abbruch zu bauen］：在作品自身之中演证作品与理念的关系。"（第 87 页）理念就是那项无限的工程（正如我们在费希特那里得到的那样），是作品所追求的无限的绝对者。反讽是彻底的否定，然而，通过对作品的消解，这种否定揭示了作品所追求的绝对者。

克尔凯郭尔会以同样的方式来解释反讽（本雅明作品中的克尔凯郭尔式段落……）。他也会通过诉诸其历史地位来评价历史上的某个反讽时刻。苏格拉底式的反讽之所以行之有效，是因为苏格拉底像圣约翰一样预言了基督的降临，因此苏格拉底出场的时机恰到好处。而弗里德里希·施勒格尔，以及与他同时代的德国反讽者们，都有些生不逢时。他们被抛弃的唯一原因在于，他们与历史的历史运动脱节了，对克尔凯郭尔而言，历史运动仍然是人们为了进行评价而必须诉诸的最后事例（final instance）。因此，对于历史系统来说，反讽是次要的。

我仅引用施勒格尔的一段话来反驳这种观点以及宋迪的论断。在《论不理解》中，施勒格尔如是说："不过不理解是否就一无是处，完全不可取呢？——我觉得，所有家庭和民族的福祉全都系于费解之上。世间的一切，国家、体系等等都在欺骗我，还有人们制造出来的那些最做作的作品，其做作的程度之高，令人在其中几乎无法欣赏到作者的智慧。其实，只要大智大慧原原本本地、不走样地得以保留下来，也没有一个冒大不敬之虞的知性敢于去接近神圣的限界，那么只要有些微的智慧［即不理解］就足矣。的确，正如尽人皆知的那样，人所拥有的最珍贵的东西——内心的满足，最终总是要停留在某个不得不隐藏在朦胧中的点上，但是它却负载并维系着整体［这就是本雅明所说的通过拆分的方式来建构的构造物］，正当人们想要把某个时刻溶化在理解当中时，内心的满足顷刻间便丧失负载和维系整体的力量。真的，如果整个世界有朝一日像你们要求的那样，而且是在严肃的意义上变得非常容易理解，你们会害怕的。而且这个无限的世界本身，难道不正是由理解力从不理解或混沌中创出来的吗？［Und ist sie selbst diese unendliche Welt, nicht durch den Verstand aus der Unverständlichkeit oder dem Chaos gebildet？］"[47]

---

[47] *K.A.* 2:370；参见 Firchow, p. 268。（中译引自《浪漫派风格》，第 226—227 页。——译者注）和前文宋迪和本雅明的文本一样，此处德曼在 *N1* 中也引自 *Ironie als literarisches Phänomen*, pp. 295—303 at pp. 300—301。

　　这段话说得相当漂亮，但你们应该记得，任何形式的错误、疯狂和愚蠢都是混沌。人们所能拥有的关于解构亦能建构的任何期望，都被这段话所中止了，这段话是严格意义上的前尼采式的段落，它准确地预示了《论非道德意义上的真理与谎言》的出现。任何建构——也就是叙事——的尝试，无论水平有多高，都会被这样的段落所中止、打断、扰乱。这样的话，构想一种能够避免反讽的历史编纂学、历史体系，就变得几乎不可能。弗里德里希·施勒格尔的阐释者们都意识到了这一点，这就是为什么他们所有人，包括克尔凯郭尔在内，都不得不援引作为 hypostasis[48] 的历史来抵御反讽。反讽和历史出人意表地相互联结在了一起。这就是本次演讲所要引出的论题，但是只有在我们更透彻地掌握了所谓的述行性修辞（performative rhetoric）的复杂性之后，才能去应对这个论题。

　　非常感谢你们。

---

[48] hypostasis 源于古希腊语 ὑπόστασις，本义大致是"站在下面、位于下面"，如果用英语对译的话，ὑπό-στασις 恰好是 under-standing，当然还可以与源于拉丁语的 substance 对应起来。在古希腊哲学中，比如在苏格拉底那里，很多时候都是与 ousia 不加区别地使用这个词的，后来经过斯多葛学派和新柏拉图主义的发展，这个词逐渐有了区别于 ousia 的独立含义，并被赋予了重要地位，比如普罗提诺的"三本体论"："太一"、"努斯"、"灵魂"即是三大 hypostasis；在此基础上，基督教神学的"三位一体"思想用 hypostasis 来表示上帝的三个"位格"——圣父、圣子、圣灵，用 ousia 表示上帝的本体。总体上，hypostasis 逐渐用来表示相较于 ousia 更加特殊、具体的"实体"或曰"本质"，在此意义上德曼会说"作为 hypostasis 的历史"。汉语中这个词也没有一个统一的译法，有"本体"、"位格"、"本质"、"实体"等等，因此我们在正文中保留原文。——译者注

对雷蒙德·戈伊斯的回应[*]

185

哲学和文学理论这两门学科之间脆弱的关系近来得到了强化，至少在美国，在过去的 50 年里，这种发展颇不寻常。文学理论家们从未放弃过对哲学的涉猎和借鉴，但这并不意味着这两个制度化的学术领域之间始终存在着积极的互动。另一方面，哲学系的学生可以理所当然、轻而易举地不去对过去或现在的文学理论家进行批判性研究：文学理论家对维特根斯坦的阅读，显然要比哲学家对理查兹（I. A. Richards）或肯尼斯·伯克（Kenneth Burke）的阅读重要得多。不过现在情况有所变化。一些哲学界人士会踊跃参加文学研究的会议，包括现代语言学会（Modern Language Association）的年会，一些文学理论家也会到场参加哲学家组织的集会，或者为其献文。如果说他们之间展开了积极生动的对话，那肯定是夸大其词；但重燃对彼此的兴趣的迹象，在双方那里都是显而易见的。既然这两个领域都面临着许多技术性的和实质性的问题，那么这种趋势就一定会是有益的。它不仅能防范重复无效的工作，还能通过陌生的，甚至是不协调的视角带来的冲击，来为反复出现的问题带来新的方法。

---

186

[*] 雷蒙德·戈伊斯（Raymond Geuss）的《对保罗·德曼的回应》（即对德曼《黑格尔〈美学〉中的符号与象征》一文的回应）和德曼的《对雷蒙德·戈伊斯的回应》，均发表于《批判性研究》（*Critical Inquiry*）1983 年 12 月的第 10 卷第 2 期。德曼文中涉及戈伊斯《回应》的引文，均标注的是本期杂志中的页码。所有的注释都是德曼本人所加。

从文学理论家狭隘的观点来看，这种交流至少有这样一种明显的优点：真正专注和细致的阅读所带来的裨益。文学建制辖域内部的交流并不缺乏活力，但它们往往停留在个人化、道德说教以及意识形态的层面，这种方式往往会将问题大而化之，缺乏精确性。近期大多数针对文学理论的论战与它们声称要攻击的文本没有任何关系。更习惯于严格论证的哲学读者，较少因人废言（ad hominem）的倾向：他们对话语文本的细微差别和特殊性有着更严密的感觉。当然，哲学读者并不能垄断细读的精微之处，也只有在与本文最基础的接近中，他们才能与文学系的同行区别开来。真正的问题还得更进一步才能触及，也就是要尝试去说明文本的"哲学"细读和"文学"细读之间的差别（如果存在这种差别的话）。例如，雷蒙德·戈伊斯对我的《黑格尔〈美学〉中的符号与象征》这篇文章大部分的反对意见，很明显首先关系到的是哲学著作的阅读方式，而非这种阅读所揭示的实质。在下文的论述中，我尽量不去忽视这一相遇的实用层面。

戈伊斯在其评论中自始至终所坚持的立场，是要捍卫对黑格尔的思想和主张的正典化解读（canonical reading），使其免受被篡改的危险，无论这种篡改是出于何种原因。我要赶紧补充一句，这样的态度不仅是正当的，还是可敬的：当这样的态度追求的是真正的权威性时（就像在这里一样），它就绝对不是还原论的。仅仅为了破坏某些精心建造起来的东西而推翻正典化解释，是没有任何好处的。对一位真正体系性的、前后融贯的、自我批判的哲学家来说，更是如此，这样的哲学家肯定不会轻易接受给其著述扣上"游移不定"或"表里不一"的帽子。注疏者对正典化解读的坚持应该久久为功，只有在遇到了体系的方法论主张和实质性主张都无法驾驭的困难时，才能尝试偏离正典化解读。至于这样的时刻是否已经来临，只能作为正在进行的批判性研究的一部分，留待讨论。但是如果认为可以逃避这样的研究，那就太天真了，纵使有最充分的理由。修订正典的必要性来自（广泛构想的）文本本身中遇到的阻力，而非从别处引入的先入之见。

　　无论是对黑格尔《美学》毫无问题意识的解读，还是对黑格尔关于艺术的主要声明的表面价值的接受，我都持有疑虑，我的疑虑并非源于对美学、象征语言或其他任何关键概念的成见，也并非像戈伊斯所说的那样，源于对尼采的解释观念的忠诚。我的疑虑始于这样的难题：在《美学》的**接受**过程中反复出现的不确定性。这个难题在黑格尔的这个特殊文本中或许比在其他任何文本中都要尖锐。《美学》过去是、现在仍然是解释黑格尔的关键之所在。这对克尔凯郭尔和马克思而言都是如此，前者将问题延伸到了宗教方向，后者将之延伸到了法哲学方向。今天，在 20世纪重新解释黑格尔的两次主要尝试（海德格尔和阿多诺，后者便是从克尔凯郭尔开始的）中，《美学》都被赋予了决定性的重要地位，在此过程中，同样的构型（configuration）再次得到了重复。[1] 出于显而易见的经济原因，我只能通过援引文学史家彼得·宋迪而非某个哲学家，来迂回地呈现这个问题的复杂性。凭借其诗性的敏锐，宋迪本能地将美学问题定位在了象征语言的领域——这正是它的归属所在。

　　正是在这一点上，即语言和艺术的象征性，戈伊斯的正典化辩护首次受到了字面主义（literalism）的指责。"象征"一词在

187

---

[1]　参见 Theodor W. Adorno, *Gesammelte Schriften* (Frankfurt am Main: Suhrkamp, 1979), vol. 2: *Kierkegaard: Konstruktion des Ästhetischen; Drei Studien zu Hegel* (1970)。

《美学》中格外引人注目，尽管其用法不尽相同。众所周知，在
《美学》第 2 卷，艺术史被分为三个阶段：象征型艺术、古典型
艺术、浪漫型艺术。在这里，"象征"在分期系统中起着历史用
语的作用。戈伊斯的观点无疑是正确的，他认为黑格尔将之与印
度和波斯关联起来的象征型艺术仅仅是前艺术的，是高级艺术的
准备阶段（黑格尔追随温克尔曼和席勒，将希腊古典主义视为高
级阶段的艺术）。因此，"古典型"艺术不是"象征性"艺术。黑
格尔也说了同样的话，但是他比戈伊斯加上了更多的限定条件：
"由此可见，在［象征］这个词更严格的意义上，古典型艺术的
风格（Darstellungsweise）**本质上**不再是**象征性的**，尽管某些象
征性成分仍在其中断断续续地存在。"[2] 这里的"在这个词更严格
的意义上"就是指历史意义，这也是戈伊斯唯一承认的意义。但
是，在《美学》的同一部分中，黑格尔也用纯粹的语言学术语来
对"象征"进行释义，进而确立起符号和象征的区分（参见《美
学》第 2 卷，第 327 页）。这种差异超越了时代和民族的分野，
属于所有一般意义上的语言。除了其他事情之外，这还解释了这
样一个事实：黑格尔将他对象征型艺术的讨论从原始艺术一直延
伸到了现在，而古典型艺术则终结于罗马讽刺作品，罗马讽刺作

---

[2]　G. W. F. Hegel, *Werke in zwanzig Bänden* (Frankfurt am Main: Suhrkamp, 1970), vol. 14: *Vorlesungen über die Ästhetik II*, p. 20. 后文再涉及该卷时，简称《美学》第 2 卷；vol. 13 (*Vorlesungen über die Ästhetik I*)，简称《美学》第 1 卷；vols. 8 and 10 (*Enzyklopädie der philosophischen Wissenschaften I and III*)，简称《哲学全书》第 1 卷或第 3 卷。引文页码均附于正文之中，英译是由我本人翻译的。（引文的中译总体上基于德曼的英译，同时对勘德语原文，并参考了如下中译本：《美学》，朱光潜译，商务印书馆 1996 年版［简称为"朱光潜译《美学》"］，此处这段引文见于该中译本第 2 卷第 164 页；《哲学百科全书 I　逻辑学》（黑格尔著作集　第 8 卷），先刚译，人民出版社 2023 年版［简称为"先刚译《小逻辑》"］；《哲学百科全书 III　精神哲学》（黑格尔著作集　第 10 卷），杨祖陶译，人民出版社 2015 年版［简称为"杨祖陶译《精神哲学》"］。在后文中，中译本的引文页码以同样的方式在正文中标出，位于德文版引文页码之后。——译者注）

品的年代也是古典时代在纪年上的终点。[3] 因此，"象征"这个词
在语言和历史语域中都发挥着作用。这两个领域并非毫不相干，　188
只是各自有其不同的性质。例如，从语言的角度来看，不能说古
典型艺术没有象征性。恰恰相反，古典型艺术是实现象征语言的
最高可能性，这正是黑格尔的辩证时刻，在这一刻，象征在其自
身的扬弃中实现了自己。因为黑格尔总是通过符号和意义之间的
趋接近来审视象征，这种接近通过相似、类比、亲缘（filiation）、
交融（interpenetration）等原则来强化符号和意义之间的联系，使
这种联系统一于终极的同一性。这种同一性在古典型艺术中臻于
完满（Vollendung），尽管难免要为此付出否定、牺牲、限制的代
价，但是在此我们可以把它们放在一边。古典型艺术远不是非象
征性的，它是语言的符号功能完全转换为象征功能的环节，而语
言的符号功能在原则上是任意的、与意义脱离的。

　　因此，如下这句断言黑格尔对象征型艺术概念的明确承诺
的引文，完全没有歧义："就**艺术**而言，我们不能在象征中来考
虑意义和意指之间的**任意性**（*Gleichgültigkeit* von Bedeutung und
Bezeichnung derselben），因为艺术本身恰恰就是由意义和形式的
关联、亲缘关系以及具体而微的交融构成的。"（《美学》第 1 卷，
第 395 页；朱光潜译《美学》第 2 卷，第 10 页）[4] 只有在这一绝对

---

[3]　在象征型艺术的最后一章"比较艺术形式自觉的象征表现"中，黑格尔处理了诸如讽寓
（allegory）、寓言（fable）、谜语（enigma）、隐射语（parable）等"现代"体裁，它们都是声名
狼藉的后古典体裁。（参见《美学》第 1 卷，第 486—546 页；朱光潜译《美学》第 2 卷，第
98—154 页。）

[4]　德曼的英译已是一种诠释性的翻译（因此会受到戈伊斯的"正典化"解读的批评），再将
德曼的英译转译为汉语，难免与德语原文相去过远，而且德曼随后又从德语原文入手对这句
话进行了分析，因此不妨将这句话的德语原文、德曼的英译、朱光潜先生的中译摘录如下，
以供读者直观地参校对勘：

　　In dem Sinne einer solchen *Gleichgültigkeit* von Bedeutung und Bezeichnung derselben（转下页）

的断言的背景下，后来的复杂情况才有意义。事实上，我看不出
戈伊斯如何能否认（参见第 381 页注释 3）⁵ 这句话跟符号和象征
之间的区别有关，因为它就出现在讨论这种区别的语境中；在紧
连着这句话的前几句话中出现的术语（象征和符号）、例子（国
旗）以及分析推理，都与《哲学全书》第 458 节非常接近，这
一节更详尽地探讨了符号和象征之间的差异。翻译这句话的重
点并非像戈伊斯坚持的那样在于 derselben 的先行词，而是斜体
的 *Gleichgültigkeit*（在不关心、不在乎某人或某事的意义上，这个
词的意思是"漠不相关"）。derselben 只是指 Bedeutung，并且对
意义（Bedeutung）的实体和实现意义的意指模式（Bezeichnung
derselben）做出了区分。就符号而言，诚如黑格尔刚才所说的，
符号和意义并不具有共同的属性，因此相互疏离（"漠不相关"，
gleichgültig）。然而，就象征和艺术而言，情况恰恰相反，疏离

（接上页）dürfen wir deshalb in betreff auf die Kunst das Symbol nicht nehmen, indem die *Kunst* überhaupt gerade in der Beziehung, Verwandtschaft und dem konkreten Ineiander von Bedeutung und Gestalt besteht.

    In the case of *art*, we cannot consider, in the symbol, the *arbitrariness* between meaning and signification, since art itself consists precisely in the connection, the affinity, and the concrete interpenetration of meaning and of form.

    在**艺术**里，我们所理解的符号就不应该这样与意义**漠不相关**，因为艺术的要义一般就在于意义与形象的联系和密切吻合。——译者注

⁵   戈伊斯的这个注释是这样说的："德曼严重曲解了这段话。他把 '［die］*Gleichgültigkeit* von Bedeutung und Bezeichnung derselben' 理解为 '意义和意指之间的任意性'，并声称黑格尔在这里区分了 '象征功能和符号功能'（第 763 页）。请注意，在德曼翻译中，他径直忽略了 'derselben'，而我认为这个词是指称 'Bedeutung' 的宾格属格。因此，'［die］*Gleichgültigkeit* von Bedeutung und Bezeichnung derselben' 并**不是**指 'das Verhältnis der Gleichgültigkeit zwischen der Bedeutungsfunktion und der Bezeichnungsfunktion'（意义功能和意指功能之间的任意性关系）（这是德曼的解释），而是指 'die Gleichgültigkeit von Bedeutung und dem, was die Bedeutung ［object］bezeichnet'（意义和意义所意指的事物［对象］的任意性）。换句话说，黑格尔在这里根本不是在谈论意义和意指之间的区别，或者 '象征功能' 和 '符号功能' 之间的区别；黑格尔只是在重申被指称的事物（'die Bedeutung'）和指称该事物的符号（'die Bezeichnung derselben'）之间的区别。"——译者注

变成了密切的亲缘关系（Verwandtschaft）。这句话真正要说的是：审美符号是象征性的。**这**句话才是黑格尔《美学》中的正典，任何对其另作他解的尝试，要么纯属谬误，要么就像我在这里所怀疑的那样，只是用不那么精确的措辞表达了同样的意思。

对《哲学全书》第 458 节关于符号和象征的讨论的引述，引出了戈伊斯与我之间的另一个主要分歧。戈伊斯认为"主观精神的哲学似乎并不是［讨论《美学》的］一个有前景的起点"（第 381 页）。戈伊斯将自己的正典化解读的倾向延伸到了我的文本中，并把它图型化（schematizes）得面目全非。例如，戈伊斯认为，在我的文章中，"符号"和"象征"并非总是处于"相互对立的关系"（第 375 页）之中。这大概是指我所说的"符号和象征之间是一种相互抹除（obliteration）的关系"。"抹除"既比"对立"多，又比"对立"少，整个论证可以被视为解释"从符号和象征之间的'二分'到'抹除'的隐喻"的变化的一种方式。在论述的过程中，当我讨论黑格尔的符号和象征之间的区分时，强调的不是符号的任意性（它有可能，尽管不一定，与象征的**动机**处于二元对立之中），而是允许理智将外部世界的属性应用于自身目的的积极力量。通过这种**活动**（黑格尔称之为 Tätigkeit der Intelligenz［理智活动］［《哲学全书》第 3 卷，第 458 节，第 270 页；杨祖陶译《精神哲学》，第 246 页］），理智变成了让自然客体臣服于其力量的主体。黑格尔之所以会对符号感兴趣，完全是基于作为言说和思维主体的理智与作为这同一理智的产物的符号之间的相似性。黑格尔在《哲学全书》第 458 节中对符号的思考，和他在同一本书中关于"存在着的主体，作为思维着的主体，其最简单的表述就是**自我**"（《哲学全书》第 1 卷，第 20 节，

189

第72页；先刚译《小逻辑》，第52页）的主张之间，存在着直接的关联。从符号理论到主体理论的转变，与我过度专注于浪漫主义传统，或纳西索斯式的自我陶醉，或（"c'est la même chose"[这是一回事]）受法国人的过度影响，没有任何关系。事实上，这样的传统与我毫无干系，但与文本不可阻挡的、完全黑格尔式的转变相吻合。这个"思维着的主体"绝对不是一般意义上的主观主体，甚至也不是笛卡尔模式下的镜像主体，这是任何一个细心的黑格尔读者都了然于心的事情。

从思维着的主体以某种方式消除（用黑格尔的术语来说就是 tilgen）自然世界的论断，到关于《哲学全书》第20节中动词 meinen[6] 的用法的分歧，贯穿着同一条主线。我认为除了其他涵义之外，meinen 在这些句子中还有"意见"的涵义："Was ich nur *meine*, ist *mein*"（"凡是我仅仅**意谓**着的东西，都是**我的**"）和 "so kann ich nicht sagen, was ich nur *meine*"（"我就不可能说出我仅仅**意谓**着的东西"）（《哲学全书》第1卷，第20节，第74页；先刚译《小逻辑》，第52页），戈伊斯对我的这一解读提出了质疑（第380页）。但我要反过来指责戈伊斯误听了德语，因为当他仅仅把 meinen 解释为 vouloir dire（意谓）（或者就像斯坦利·卡维尔的书名[7]所说的那样，言**能**达意吗？）时，也就是将其解释为意指的意图或"意指特殊的、个别的事物的意图"（第380页）。

6　参见本书第160页注释12。——译者注

7　斯坦利·卡维尔（Stanley Cavell, 1926—2018），哈佛大学哲学博士，自1963年起一直任职于哈佛大学哲学系直至荣休。卡维尔的学术研究致力于融通分析哲学的传统（尤其是奥斯汀和维特根斯坦）与欧陆哲学传统（尤其是海德格尔和尼采）；此外卡维尔的研究还广涉美国哲学（尤其是爱默生和梭罗）、艺术（如莎士比亚、电影、戏剧）、精神分析等。德曼提到的 *Must we mean what we say?*（1969）一书是卡维尔最早出版的专著，也是其代表作之一，德曼对该书的标题略作改动，写作："*Can we mean what we say?*"——译者注

"was ich nur meine" 中的 "nur"（仅仅）——我绝对没有忽略这个词（有一次我还给它加上括号 [8]，但我这么做的原因与归咎于我的原因完全不同）——恰恰印证了 "eine Meinung haben"（有意见）日常的白话用法。从认识论的观点来看（"*nur* Meinung"[**仅仅**是意见]），Meinung，即"意见"，低于 Wissen（知识），就像 doxa "低于" episteme 一样。在谈论意见时不可或缺的物主代词 [9]，在谈论真理时就消失了；我们说 "*meine* Meinung"，但说 "*die* Wahrheit"。之所以必须在这一点上提出意见的问题，是因为黑格尔同样把"思维"定义为——像符号一样的——"占有"、"变成我的"。因此，在《精神现象学》的开头，黑格尔一直围绕着的 meinen 的双关语"变成我的"，是完全正当的。但是这里面却暗藏着黑格尔体系中挥之不去的一个隐患：如果真理就是"我"对世界在思想上的进而在语言上的占有，那么，在定义上绝对普遍的真理就也包含着与其普遍性不相容的特殊化的构成性要素。在黑格尔那里，这个问题总是会跟着语言一起浮现出来，比如《哲学全书》的第 20 节和第 458 节、《精神现象学》中论感性显现的那一节、《逻辑学》等等。这个困境（aporia）被完美地浓缩在这样一句话中："Wenn ich sage:'Ich', *meine* ich mich *als diesen* alle anderen Ausschließenden; aber was ich sage, Ich, ist eben jeder"（当我说"我"时，我所**意谓**的"我"是将所有别的我排除在外的"**这一个我**"，但是每一个人都是我所说的"我"）(《哲学全书》第 1 卷，第 20 节，第 74 页；先刚译《小逻辑》，第 52 页）；这句话命名

190

---

[8]　参见本书第 159—160 页。——译者注
[9]　德曼原文中误作 possessive article（物主冠词），但这里的 meine 显然是物主代词，而不是物主冠词。——译者注

了"我"这个词的双重功能：它既是最普遍的词语，同时又是最特殊的词语。通过将对 meinen 的解读局限于概念化问题（概念化源于所说的内容，但还没有走那么远），戈伊斯毫无必要地将自己与整个问题域（语言的指示功能、思想的前瞻性 [proleptic] 结构、作为 erkennen 和作为 wissen 的知识之间的区分等等）割裂了开来，而所有这些问题都像俗话所说的 roter Faden（红线）一样贯穿于黑格尔的全部著作之中。尤为重要的是，戈伊斯断绝了将黑格尔的认识论乃至逻辑学与一种很大程度上隐而不彰的语言理论联系起来的可能性，这一主题对《美学》中最明显地建立这种联系的章节而言具有重要意义。

在黑格尔把"美"定义为"理念的感性显现"的地方，戈伊斯还是因为自己无谓的胆怯而扭曲了对"理念"一词的讨论（第378 页）。在戈伊斯看来，在对心灵机能的思考中，"在黑格尔的技术意义上的'理念'作为一个形而上学术语，发挥不了任何作用"（第 379 页）。因此他才会谴责我在黑格尔关于"美"的定义中混淆了理念的形而上学意义和表象（Vorstellung）的心理学意义。[10] 事实上，通过将这一定义与语言问题联系起来，我们可以直达《哲学全书》中与 18 世纪传统中所谓的心理学有关的章节：对包括表象能力在内的意识能力的研究。对符号和象征的讨论，

---

[10]　雷蒙德·戈伊斯断言，我通过与英国浪漫派的类比，对理念进行了内在化（interiorization）的解释（参见第378—379 页），对此我无法苟同。在提到英国浪漫派的地方，我并没有做出"将黑格尔同化为华兹华斯和英国浪漫派"的"理念的感性显现"（第 378、379 页）这样的解读。相反，这篇文章的论战性恰恰体现在，它要反对浪漫派的内在化解释，这样的解释方式在 M.H. 艾布拉姆斯（M. H. Abrams）、杰弗里·哈特曼（Geoffrey Hartman）、哈罗德·布鲁姆（Harold Bloom）等作者身上非常突出。该主题在这篇文章的续篇《黑格尔论崇高》中得到了更为广泛的讨论。我在这些篇章中所要讨论的，不是黑格尔对"美"的定义，而是所谓的"象征意识形态"——一种针对黑格尔美学理论之影响的防御性策略。当我说"理念的感性显现"最好被翻译为"美是象征性的"时，我对它的解读是尽可能简明扼要的。

位于总标题"心理学"之下的 a 小节（"理论精神"）之下的 β 小节（"表象"）。关于作为理念的艺术的讨论应该在绝对精神中展开，而我们距离绝对精神至少还有两个阶段。但是，理念——作为精神（Geist）活动的形而上学基础——是无所不在的，贯穿于整个体系的所有阶段。当黑格尔在主观精神的层面谈论直观[11]、想象、表象以及思维时，始终是基于理念的视角。直观、表象或思维总是**理念的**直观、表象或思维，而不仅仅是自然世界或经验世界的直观、表象或思维。这正是黑格尔有别于其 18 世纪先辈们的地方。在讨论作为表象的施动者的语言时，我们讨论的是理念。当我们在讨论不仅作为理念的审美而且作为感性显现的审美时，这一点就更加明显了。

由此也就过渡到了戈伊斯这篇文章中公认的最初步、最不成熟的论断：通过记忆化（Gedächtnis）[12]的中介来将语言（作为铭写）和审美（作为感性显现）联系起来。直观、想象力、表象、回忆（recollection）等都是理念的**显现**，但它们都不必然包含其**感性的**显现。只有记忆化（与回忆相对，Gedächtnis 与 Erinnerung 相对），就其意味着记号（notation）和铭写而言，才必然是感性的和现象性的显现；因此，与铭写的语言和特殊的时间性之间的联系，使艺术成为既最具有前瞻性又最具有回溯性的活动。同样，通过将艺术的"过去性"（pastness）简化为仅仅是描述性的、

---

[11] 德曼的原文说的是"perceiving, imagining, representing, and thinking"，这里的 perceiving 应该是指直观，因为德曼通常将"直观"（Anschauung）译作"perception"（详参本书第 76 页注释 36），而且这里谈的是《哲学全书》第 3 卷"理论精神"之下的"直观"、"表象"、"思维"的三个小节中的内容。紧接着下面一句，德曼就谈到了"perception, representation, or thought"，同理，其中的 perception 是指直观。——译者注

[12] 德曼在此用 memorization 来翻译德文 Gedächtnis 一词。相关的还有 recollection、Erinnerung 等词，参见本书 165 页注释 16。——译者注

历史性的观察，以此来将古典艺术和现代艺术区分开来，戈伊斯的字面主义就丧失了与辩证法的概括力的联系。

在上述每一个存在分歧的领域中都利害攸关的，在最好的情况下是对过度解读的指责，更常见的情况是对明显的误读的指责，这种误读是由于对德语句法的误解和歪曲而造成的："即使这样的解读并非错误的，那也是非常牵强的，因为它没有忠实地再现黑格尔的原话。"诚然，从最薄弱的点来说，黑格尔确实没有在任何地方花费这么多笔墨赘述过，审美的结构就像记忆化中的语言铭写一样。同样，黑格尔也确实没有在其思想体系的核心位置讲述过任何关于具有威胁性的悖论的故事，他的思想必须针对这个悖论而发展出一套防御措施，审美和其他活动都为此而被动员起来。没有人会对自己的不确定性**如此**坦诚：黑格尔之所以是黑格尔，就在于他不可能公开说出这样的话。我所提出的这样一种解读所要表明的是，即使像《美学》这样体大虑周的文本，也存在着种种难题和不连贯（而非"游移不定"［vacillations］，我不会用这样的措辞，这是戈伊斯的用语）。这些难题留下了自己的印记，甚至塑造了迄今为止的黑格尔的理解史。黑格尔本人所建立的正典体系，即辩证法，无法解决这些难题。正因为如此，这些难题一直被用作对辩证法本身进行批判性考察的切入点。为了解释这些难题，我们不但要倾听黑格尔公开的、正式的、字面的、正典的论断，更要倾听黑格尔在其著作中不那么显眼的部分隐晦地、比喻地、含蓄地（但同样令人信服地）表达出来的东西。这样的解读方式绝非随心所欲；它有自己的限制，这些限制或许要比正典化的解释更加苛刻。如果有人意欲将其称作文学性的而非哲学性的解读，那么我将是那个最不会提出反对的人——文学理论如今可以得到它所能得到的所有赞美。那么"文学性的"和"哲学性的"这两个词并不与"文学系成员"和"哲学系成员"——对应，这一点从戈伊斯自己文本的优点中就一望而知。由于我在这里的论题是黑格尔而非戈伊斯，所以恕我无法逐一去强调这些优点。除此之外，我还从戈伊斯不容置喙的态度及其**残酷无情**（*acharnement*）的批判中感受到了强大的领地意识。这种反应确切无疑地证明了，戈伊斯从我的文章中听出的种种不确定性，远远超出了我对其存在的正典化断言，因此，戈伊斯的解读最好被理解成是"文学性的"。否则的话，为什么还要迫使我以更难以容忍的态度，去再次重复在我看来不容置疑和无可争议的东西呢？

193

索引

主题词后的数字为英文版页码，即本书边码，n 表示在注释中，～代指主题词。

194

195

196

唯物论与美学
——保罗·德曼的《美学意识形态》*

乔纳森·罗斯伯格

宣布理论已死，俨然成了一种十分老练且倍受尊崇的方法，用于表明我们不再需要阅读理论。职是之故，如今各种理论之死的论调不绝于耳，令人眼花缭乱。贝奈戴托·克罗齐度过了大半个 19 世纪，才揭示出黑格尔哲学中的"死东西"，并试图恢复其中的"活东西"。[1] 在美国现代语言协会（Morden Language Association）1996 年的年会上，每参加几个分会议，我就能听到宣告新历史主义和文化研究之死的声音。与克罗齐对黑格尔那花开蒂落式的消亡略显无奈的态度相比，人们必定会为第一种理论在其生机盎然的青春期的早逝，以及第二种理论在襁褓中绝对的少夭而哀悼。但毫无疑问，死得最彻底的理论显然是解构主义。的确，解构主义必须死，因为解构主义被宣告死亡的频率，丝毫不亚于以前的吸血鬼电影中主角被宣告死亡的频率，但

---

* Jonathan Loesberg, "Materialism and Aesthetics: Paul de Man's *Aesthetic Ideology*", in *Diacritics*, vol. 27, no. 4, 1997, pp. 87—108.

[1] Benedetto Croce, *What is Living and What is Dead of the Philosophy of Hegel*. 本文参考文献的版本信息详见文末列表。该书写于 20 世纪初的 1906 年。——译者注

我们知道，主角肯定会在下一季中复活。保罗·德曼是此中佼佼者，考虑到他被宣告死亡的频率，他反而大有成为我们中最不朽（undead）的理论家之势。诚然，德曼表面上死于1983年，但他死后却比死前更为高产。因其二战时有通敌之嫌的文章被挖了出来，[2] 德曼在死后一度被推上了风口浪尖。在相当长的一段时间内，凡谈论其晚年的文学理论著述者，言必及这些50年前的报纸文章。[3] 到了1990年，德曼之死再次出现在了人们的视野中，尽管已漫漶难辨。同一位作者在《辩证批评》[4] 上先后刊发了两篇文章，前后相隔仅仅一年。这位作者先是宣称德曼的作品"近乎完备"，并且"在对德曼的阐释上已经取得了实质性的进展"［Redfield, "Humanizing de Man" 35］，随后又刊发了第二篇文章，认为德曼的理论"并没有变得更容易吸收"［Redfield, "De Man, Schiller, and the Politics of Reception" 50］。现在，《美学意识形态》在德曼死后的二次现身，又一次确证了解构主义之死。[5] 譬如，《纽约

---

[2]　参见 Paul de Man, *Wartime Journalism, 1939—1943*。——译者注

[3]　起初我并不打算在我的《审美主义与解构：佩特、德里达与德曼》(Jonathan Loesberg, *Aestheticism and Deconstruction: Pater, Derrida and de Man*) 中提及德曼的战时新闻写作，但是应一位手稿读者的要求，我在后记中又补充上了这一论题。我的这本书出版于1991年，也就是德曼在《晚报》(*Le Soir*) 上臭名昭著的文章被发现四年之后。

[4]　即《辩证批评：当代批评观察》(*Diacritics: A Review of Contemporary Criticism*)，为康奈尔大学罗曼研究系 (Department of Romance Studies) 所主办的刊物，创刊于1971年，最初致力于将欧陆理论引介到美国，后逐渐成为美国最重要的理论和批评期刊之一，在办刊理念上主张人文学科领域的折中主义 (eclecticism)，提倡跨历史的、创造性的、严谨的研究，不拘泥于任何特定思想流派，近些年涉及了性别研究、文化研究、酷儿理论、政治理论、文学理论、精神研究等广泛领域的论题，先后刊发过朱迪斯·巴特勒 (Judith Butler)、罗伯特·埃斯波西托 (Roberto Esposito)、路易·阿尔都塞 (Louis Althusser)、艾蒂安·巴里巴尔 (Etienne Balibar)、雅克·朗西埃 (Jacques Rancière)、吉奥乔·阿甘本 (Giorgio Agamben) 等人的文章。本文最初即发表于此刊物。——译者注

[5]　《美学意识形态》导论中的一个脚注表明，德曼于1983年向明尼苏达大学出版社提交了一部书稿的写作计划，书名为《美学，修辞，意识形态》，其中大部分章节已经完成，收录于《美学意识形态》中 (*AI* 2。下文征引本书均简称为 *AI*，数字为英文版页码，（转下页）

时报》的一篇评论就向那些可能会因"战时的反犹主义者和投机主义者身上所散发出来的耀眼光芒"而被这本书所吸引的读者发出了警告，并且宣称，不仅是德曼式的解构，而且还有康德和黑格尔的美学理论，在当下都已经黯然失色。[6] 此外，在一篇关于明尼苏达大学出版社的"文学的理论与历史"系列丛书（《美学意识形态》和阿多诺的《美学理论》是该丛书出的最后两本书）的完结的报道中，《通用语》（*Lingua Franca*）这样总结这套丛书的最后一部作品，也可能是德曼的最后一部作品："该书以其精微的语言学方法处理'伟大的'文学和哲学文本，并提醒我们，纯粹解构的时代早已过去了。"[7] 令人惊讶的是，明尼苏达大学出版社将这份死亡证明作为宣传包的一部分寄给了我这位审稿人。

　　当然，理论的死亡方式不尽相同。由于理论的消亡——无论是推定的还是实际的——并非人的消亡，因此我们大可以欢欣鼓舞地宣布它们的死亡而无需内疚，抑或汲汲于复活它们，

（接上页）即本书边码。——译者注）。该书的出版计划在80年代末甫一宣布，即被视为遗作，然而其出版被拖延了如此之久，以至于书中的大部分内容，甚至是以打印稿的形式流传的未刊演讲稿，都被广泛讨论，仿佛已经有了这么一本书。因此，我们发现，这本书在付样之前便已经有了一段相当长的批评史，这是一场多么完美的解构奇观。

[6]　Ryan 在其 "An Artful Theorist" 的开篇就展示了这样一场奇观：有人拾起《美学意识形态》，希望能从中找到一部二战时夸张的情节剧。如果不是一众评论家在真的德曼的晚期作品中找到了这样一部情节剧，那么这一奇观可谓是好到不真实。如果说 Ryan 一开始就提出这样的警告无疑是考虑周到的，那么我们还会想起另一位愤怒的读者，他写信给托马斯·哈代，抱怨他"因《无名的裘德》受到的惊世批评才买了它"，但读过之后却发现其中并没有什么"危害性"，因此倍感失望。我们不知道德曼在这种情境下会祭出怎样的反讽，因此不妨代之以哈代对这位读者的回应："我对他表示同情，并诚实地向他保证，这些不实之词绝非我为了增加销量而串通的诡计。"（Thomas Hardy, *Jude the Obscure*, p. 6.）

[7]　Elaine Freedgood, "The End of the Line" 28. 我说《美学意识形态》只是"有可能是"德曼的最后一部作品，是因为其"导论"提到了一部未发表的作品《从康德到黑格尔的美学史》（正文中为"美学理论"而非"美学史"。——译者注），这是他的三个学生对一门研讨课的"笔记汇编"［AI 4］。既然这部作品已经通过引文被宣告为现存作品，那么其出版自然也是可能的。

而无需在墓地里进行见不得光的交易。理论之所以如此速朽，并又云淡风轻地复活，是因为它们缺乏真正生物上的界限，而对我们而言，这样的界限正是它们的意义之所在。当我们看到它们的意义时，我们就宣布它们还活着。如果看不到理论的意义，或者希望它们没有意义时，我们就会轻而易举地判定它们的死亡。无论德曼的关于阅读或语言的理论是生是死，《美学意识形态》都与这一宣告理论之生死的过程直接相关。首先，这本书以其出版物的身份与此相关。从某种意义上说，它方生方死。书中关于康德和黑格尔的核心论文——《康德的现象性与唯物论》[8]、《黑格尔〈美学〉中的符号与象征》、《黑格尔论崇高》——已经发表，并且作为德曼早已公布的一部更宏大、更融贯的美学著作的一部分而受到评论。即使是尚未发表过的文章——最重要的是《康德的唯物论》、《康德与席勒》——也曾在脚注中出现过，并且作为演讲亮相过。[9]但更重要的是，将这些文章——尤其是关于康德、黑格尔和席勒的核心文章——集结出版之后，它们就构成了一份美学宣言，该宣言涉及寻求意义的主张、创造意义的过程，以及在自然中察觉到一种被构造的无意义的能力。我将论证，德曼的意图不是要解构这种能力，而是要人为地重新激活（reanimate）它。德曼显然意在将这些文章作为一份关于解构、美学、意识形态的更宏大的宣言的一部分；计划中的关于克尔凯郭尔和马克思的文章缺失，让这份

---

[8] 此处作者将该文标题中的 Materiality（物质性）误作 Materialism（唯物论）。——译者注

[9] 《美学意识形态》还收录了两篇已经发表的文章（即《隐喻认识论》与《帕斯卡的说服讽寓》，在写给林赛·沃特斯［Lindsay Waters］的信中，德曼声称它们是其计划中的书稿的一部分［AI 2］）以及一篇未发表的演讲稿（《论反讽概念》）。这本书中缺失的最重要的部分是关于克尔凯郭尔和马克思的章节，这部分缺失没有笔记或讲稿可以替代。

宣言变成得残缺不全，让这本书状若一块残碑。即便未完成，《美学意识形态》也比《阅读的讽寓》之后出版的任何一本论文集都更具备一个统一项目的特质，更像是一本关于一个美学论题的专著。在其部分内容已经被深入讨论多年后的今天，它终于露面了，它作为一个"死东西"的特质或许对我们有着别样的要求。它要求我们在对它的阐释中，将它从这些理论的纷争中摘出来，因为这样的语境之中已经不再有它的身影。有鉴于此，在我看来，与当下人们对美学、文化、历史主义以及理论的半衰期的关注相比，德曼关于美学的主张具有一种奇异的、非具象的时效性（disembodied timeliness）。至于这种相关性是否会让这本书看起来不仅仅是一块石碑——就像在康德那里自然是否是崇高的一样——将取决于我们选择如何看待它。在本文中，我打算以与既有评价略有不同的方式看待它，目的是在它所提出的美学观点中看到一种全然无生命的——因此也是更广泛的——意义。这种看法的建构性体现在两个方面：第一，阐明德曼对康德的形式主义的解读，德曼的解读是肯定而非解构；第二，将这种"无生命的"形式主义运用于某些意识形态问题，以及意识形态与美学的关系问题。

要概述德曼对康德美学的解读，我们首先需要将之与他通常的立场区分开来。德曼通常将美学定义为意义与其经验性显现之间的对应关系，并认为可以通过分析美学所设定的不确定的语言假设来解构美学。事实上，德曼经常以这种方式使用**美学**（*aesthetics*）一词。譬如，他说"经过前康德以及康德的发展，美学实际上成了一种意义过程和理解过程的现象论

（phenomenalism）"［*RT* 7］[10]，并且他经常从认知对象在感官面前的表象来定义现象论和现象性（phenomenality）。[11] 在另一篇文章中，他将美学与诗学进行了对比，诗学关注的是"'意义'与'生产意义的装置'之间的背离"［*RT* 66］，美学则暗中建基于这二者之间的趋同。"美学"一词的这种用法，显然并非德曼独创。从柏拉图的《斐德若篇》（爱人之美因其体现了理想的美的形式而具有价值）到黑格尔对美著名的定义（即"理念的感性显现"，德曼译作 "the sensory appearance［or manifestation］of the idea"［*AI* 93］），意义在感性显现中的具象化（embodiment）一直以来都是感性之美（aesthetic beauty）最主要的定义之一。[12]

一旦这种关于美学的定义被确定下来之后，我们就可以很容易地识别出德曼对康德的解构——康德无法像他想象的那样轻易地控制隐喻的运作。在《隐喻认识论》一文中，德曼先是表明，洛克和孔狄亚克两位经验主义者说不清隐喻的定义，从而无法为名义指称提供安全的庇护使其免受隐喻转化的侵袭，然后便转向了康德。德曼注意到，康德在《判断力批判》中对 "hypotyposis" 的定义，即"使［概念］感性化"［Kant, Pluhar 226; 李秋零 172］[13]，随后又注意到康德对图型的 hypotyposis 和

---

[10]　指 *The Resistance to Theory*，详见文末参考文献列表。类似情况不再一一注明。——译者注

[11]　Gasché 在其 "In-Difference to Philosophy"［263］中指出了这个定义。

[12]　尽管柏拉图宣称"正义、节制以及灵魂所珍视的所有这类东西在此世的相似物"［*Plato* 496］是不够的，但他主张理念之美能够在此世间具象化。（中译参考了柏拉图：《柏拉图全集中短篇作品》［上］，刘小枫等译，华夏出版社 2023 年版，第 639 页。——译者注）

[13]　德曼所使用的是 Bernard 的康德英译本。但他也经常自己翻译。我将使用 Pluhar 的译本，除非涉及某个德曼引自 Bernard 译本的具体段落。（涉及《判断力批判》的文本，中译参考或援引李秋零的中译本，参见康德：《判断力批判》，李秋零译，中国人民大学出版社 2011 年版，页码标注于 Pluhar 译本页码之后。下文其他援引中译本的引文，以同样方式标注，不再逐一说明。关于 hypotyposis，参见本书第 75 页注释 33。——译者注）

象征的 hypotyposis 的区分：在图型的 hypotyposis 中，感性直观
与概念相适合，但这只是因为图型的 hypotyposis 只出现在"概
念被给予了相应的先天直观"［226；172］的情况中。德曼举
了三角形或其他几何图形的例子来说明先天直观。在这种情况
下，我们可以说概念和直观是趋同的，德曼称之为"认识论上
可靠的"转义。康德将这些特例与象征进行了比较，在象征中，
理性的理念通过不精确的类比在感性直观中得到了或许必要但
总是不充分的具象化。然后，德曼又注意到了康德讨论象征的
hypotyposis 的一句话，即象征的 hypotyposis 是"按照对一个
直观对象的反思向一个完全不同的概念的转换而对概念所作的
表述，这个完全不同的概念或许永远不可能有一个直观直接相
对应"［228；173］。德曼认为，这个"或许"使得整个区分变
得可疑：如果真的有一种象征的 hypotyposis，它包含着直接
的对应物，也就是"或许"所设想的那种情况，那么我们将如
何区分象征与图型，从而拥有在认识论上可靠的转义的清晰范
畴呢？

　　将这段话视作德曼处理康德的模式的问题之一在于，这段话
的要点——与《隐喻认识论》中更广泛的论点是一致的——在
于，通过在让指称语言的定义乃至于认识论上可靠的转义免受它
们试图拒之门外的隐喻的侵扰方面的无能为力，来显示洛克、孔
狄亚克和康德的更为宏大的哲学计划在阐明可靠的命名模式和
认知模式方面的无能为力。[14] 此外，至少在这段话中，甚至可以

14　Christopher Norris 认为，德曼对康德美学的解读从根本上肯定了康德将美学隔离起来的计
　　划——唯其如此，美学的非法意识形态才不至于感染其批判哲学［53］。这样的解释在很多
　　方面都是成问题的。康德在《判断力批判》的"导论"中广泛论证了他对审美判断力的讨论
　　在黏合前两个《批判》的道德和认识论主张方面所起的根本性作用，因此很难就（转下页）

说在《纯粹理性批判》和《判断力批判》中，康德并没有展现出对于象征作为意义的现象性具象化的任何特殊信念。譬如，康德在《纯粹理性批判》中明确指出，观念论是纯粹理性的谬误，并以其错误地认为可以在感性直观中体现纯粹理性概念来定义观念论［Pure Reason 486—487］。上述段落同样强调了象征的具象化的不完美。当德曼指出，如果出现过一个充分的象征的具象化，哪怕只是偶然的，只是"或许"，我们也无法将它与更可靠的图型区分开来时，他对康德的批评不是因为对象征的具象化的错误信念，而是因为对可靠的抽象指称的纯粹定义的错误信念。最后，尽管《隐喻认识论》中有这样一段话，在其他地方还有一两处提到了康德的《判断力批判》［RR 283］的"混乱"，但德曼通常的立场是要表明，康德美学设定了一种后来的美学——尤其是席勒的美学——所望尘莫及的激进概念。[15] 在提到康德描述如何将自然视为崇高的一段话时，德曼说："这段话完全没有自然与心灵之间任何的替代交易和谈判经济；它既没有美化（facing）也没有丑化（defacing）自然界。"［AI 127］德曼的这番话措辞强硬，完全没有解构主义试图揭示的转义的含混性。[16]

（接上页）此认为，康德试图将美学隔离起来［Kant, Pluhar 9—38；李秋零 5—29］。此外，德曼在《康德的现象性与物质性》一文开篇就对这些美学中心主义的主张进行了全面总结，以表明他对康德崇高的分析的正当性［70—73］。但最重要的或许是，正如这段话所表明的，德曼将美学视为对康德认识论中过度的基础主义的解构，而不是相反。

[15]　譬如，Wlad Godzich 在 The Culture of Literacy 中指出，《美学意识形态》中的文章"聚焦于康德的审美判断力概念的激进性——类似于德曼本人的阅读激进性概念——是如何在席勒的阐释以及随后的哲学传统中为自己的命运找到一条更加令人放心的道路的"［161］。

[16]　这一说法相当有力，如果有人像我一样认为 Cynthia Chase 的如下观点颇具说服力的话：对 prosopopoeia（参见本书第 191 页注释 25。——译者注）的批判，是德曼对该转义为对象赋予面容的去-面容（de-facement），是他对人文主义的批判的核心之所在［Decomposing Figures 83—85］。

　　康德在德曼的美学分析中代表了什么，对此暂且存而不论，但至少可以肯定的是，尽管德曼确实通过讨论隐喻在这些图型中的牢固（或者用《阅读的讽寓》导论中的话来说，即语法内部的修辞运作［*AR* 3—19］）而解构了直接的指称性概念，而德曼持续关注的另一个论题，同样是通过分析文学语言中普遍存在的二元性和自我指涉，尤其是通过展示转义的陈述与转义的使用在同一文本中的错位，来解构美学中关于感觉与意义的对应性或象征的具象化等概念。相对较早的《时间性的修辞》［*BI* 187—228］一文将柯勒律治对象征的定义的欠妥之处作为关注的重点之一。《阅读的讽寓》则不断指出语言所设定的与语言用比喻所做的之间的错位。在"从康德到黑格尔的美学理论"的研讨课上，德曼以一种巧妙的自我嘲讽的方式宣告了这种文学语言观与他的美学研究的相关性："那么，我们的目标就是从语言范畴的角度对《批判》进行批判。我们感兴趣的是康德如何运用语法和转义，以及去看（因为我在讲这门课）显白的表述和转义的运用之间，或显白的论题和关于语言的隐含假设之间，是否存在着张力。"［*AI* 21］在一篇明显属于《美学意识形态》题中之义的文章《审美形式化：克莱斯特的〈论木偶戏〉》［*RR* 262—290］中，德曼旗帜鲜明地反对席勒版的审美形式主义。这样的审美形式主义，诉诸人的个体性的内在性来为其在形式上对人的自由的把握确立正当性（justification），这种内在性源于非人的机器和被肢解的因而非人化的身体意义上的审美形式的种种模式和版本，这些非人化的东西显然与修辞和转义有着类似的形式。因此，德曼告诫人们，不要将他的受伤的身体的意象渲染成情节剧："但是，我们应该避免身体残缺的意象的情志，不要忘记我们在处理的是文本模式，而不是与之相关的历史体系和政治体系。转义所造成的肢解 (disarticulation) 主要是意义的肢解；它攻击的是语义单位，如词语和句子。"［*RR* 289］在一篇关于瓦尔特·本雅明的翻译理论的文章（此文系德曼所做一个系列讲座中的一场，《美学意识形态》中的核心文章在该系列讲座中悉数在场）中，德曼明确地将一个语言版本称为非人的，这与他对克莱斯特所谓的机器般的优雅的讨论若合符节［*RT* 73—105］。因此，不难理解，许多最出色的德曼评论者在论及《美学意识形态》中的关于美学的文章时，都认为德曼对古典美学中隐含的意识形态的解构，揭示了体现人类价值的感性形式的人文主义概念中的修辞和转义元素。[17]

　　我并不打算质疑对德曼语言观的这类分析。我唯一有微词的地方在于，如果将之与德曼对康德的解读联系起来，主张德曼的语言观也是一种解构性的语言观，我们就会忽视德曼念兹在兹的康德美学的激进性，而这正是席勒所不再坚持的。如果我们不想忽视这一点，就必须将德曼的解读视为对美学的建构，而不是对美学的解构。[18] 为了勾勒出这种解读的殊胜之处，我们必须从康

---

[17]　Cynthia Chase 在其 *Decomposing Figures* 中关于德曼的一章 "Giving a Face to a Name"［82—112］，及其另一篇文章 "Trappings of an Education"［44—79］中，都表达了这样的立场。Marc Redfield 的 "Humanizing de Man" 和 "De Man, Schiller, and the Politics of Reception" 这两篇文章也指出，德曼针对美学概念而提出了语言的物质性。Rodolphe Gasché 在 "In-Difference to Philosophy" 一文中指出，德曼通过他对康德和黑格尔的误读，阐明了这样一种观点：语言有能力消解哲学所依赖的那些区别。在其《美学意识形态》所作的题为《指称的讽寓》［*AI* 2—33］的导论中，Andrzej Warminski 坚持认为，这本书的全名应该是《美学，修辞，意识形态》，并论证了修辞在德曼关于美学的讨论中所扮演的角色。只有 Neil Hertz，在 "Lurid Figures" 和 "More Lurid Figures" 这两篇文章中提出，德曼对语言的分析可能取决于其被悬挂着的和肢解了的身体的 "骇人" 形象。Hertz 的意思是，要针对从语言角度对德曼的解读，提出一种对德曼所痴迷的形象的解读，这种解读并不与 Chase 等人关于语言消解美学的论点相左。

[18]　可以从德曼其他文章的离题评论中看出，席勒对康德美学观念的偏离，俨然成了德曼审视席勒重新解读美学理论的计划的组织性原则。譬如这段话："Bate 教授在前面提到的文章中理所当然地断言，只要 '转向康德'，就足以平息像大卫·休谟那样的语言动机（转下页）

92　德的一段话说起。这段话描述了人们是如何将自然视为崇高的，
德曼在《康德的现象性与物质性》和《康德的唯物论》中都详细
引用过这段话，并将其作为康德摆脱了一切转义交换的唯物论的
决定性表述：

> 因此，人们如果把繁星密布的天空称为**崇高的**，那么，
> 就不得把这样一些世界的概念作为对它的评判的基础，这些
> 世界被有理性的存在者居住着，而现在我们看到布满我们头
> 上的空间的那些亮点，作为它们的太阳在对它们来说安排得
> 很合目的的圆周上运动着；而是仅仅像人们看到它的那样，
> 把它视为一个包容一切的穹隆；我们必须仅仅在这个表象下
> 来设定一个纯粹的审美判断赋予这个对象的那种崇高。同
> 样，海洋的景象也不像我们在充实了各种各样的知识（但这
> 些知识并不包含在直接的直观中）的时候所**设想**的那样；例
> 如把它设想成一个辽阔的水生物王国，或者是一个巨大的水
> 库，为的是蒸发水分，让空中充满云雾以利于田地，或者也
> 是一种契机，它虽然把各大陆互相隔离开来，但仍使它们之
> 间的最大的共联性成为可能，因为这所提供的全然是目的论
> 的判断；相反，人们仅仅必须像诗人们所做的那样，按照亲
> 眼目睹所显示的，在海洋平静地被观赏时把它视为一面仅仅
> 与天际相连的清澈水镜，但在它不平静时则把它视为一个威
> 胁着要吞噬一切的深渊，但却仍然是崇高的。[Kant, Bernard
> 110—111；李秋零 96—97]

（接上页）怀疑论……对《判断力批判》的阅读——有别于席勒及其后继者的简化版
本——是否会确认这样的断言，肯定需要进行仔细的审查。"[*RT* 25]

尽管我们很快就会看到德曼对这段话不同寻常的解读，但我首先还是要回到其经典的和安全的定义，因为只有这样，我们才能看到德曼是如何解读这段话的题中之义的，尽管他的解读相当的标新立异。

首先，我们应该仔细讨论一下德曼提到但随后又放弃了的一点，即视为崇高的与不视为崇高的之间的对比。这段话开头有一句德曼所没有引用的提纲挈领的话，点明了其要点之所在：如果要将自然视为崇高的，那么我们就不能从目的论或目的的角度来判断自然的特征。这句话是这样说的："不可以从这样一些以关于一个目的的概念为前提条件的美的或者崇高的自然对象中提取例子；因为那样的话，它就会要么是目的论的合目的性，要么是基于对一个对象的纯然感觉（快乐或者痛苦）的合目的性，因而在前一种场合不是审美的合目的性，在后一种场合不是纯然形式的合目的性。"［Kant，Pluhar 130；李秋零 96］天空是孕育生命的场所，海洋既是孕育它里面的生命的场所，也是滋养它周围的生命——"以利于田地"——的场所；这两种态度都将天空和海洋视作实现其他目的的工具，康德认为我们不能以这种怪异的方式看它们。人们会认为，我们中很少有人会汲汲于以这种方式看待天空或海洋，即使第三《批判》关于目的论的部分恰恰证明了这种看法的合理性。但是，目的论与崇高视角之间的对立，似乎赋予了这种视角以无目的的合目的性，我们可以为其下一个形式上的经典定义：当我们像诗人那样观察自然时，我们看到的不是自然具有孕育生命的工具性目的，而是一种内在的形式，一种直接呈现在我们眼前的穹隆或镜子，而不是经由任何对穹隆和镜子的认知，这样的认知基于对其目的的定义。从审美形式的角度来看待自然，我们看到的似乎是按照人类的需求所形成的自然，尽管我们并不会认为自然是为了满足人类的需求而从外部被设计出来的。形式由此被内在地人性化了。

　　不过，德曼并没有确切地解构康德的这种现象化美学。他否认康德持有这种观点，并继续跟进他所认为的康德真正的观点。在德曼看来，康德的崇高并不是赋予自然更宏大的意义，而恰恰是一种无意义的建构。德曼首先从建筑转义的角度来界定崇高："在康德的这段话中，支配性的感知方式是把天空与海洋视为一种建筑结构。天似穹庐，笼盖四野，犹如屋顶覆盖着房子。空间，在康德这里就像在亚里士多德那里一样，是一幢房子，只有在这幢房子之中，我们才谈得上或多或少安全地、诗意地栖居于大地之上。"[AI 81]尽管德曼提到了海德格尔对荷尔德林"人，诗意地栖居"的解读，但很快他就发现，康德的建筑术完全不是要为人提供什么居所。[19]德曼问道，哪些诗人会以建筑术而非目的论的方式感知世界？继而引用了华兹华斯的几句诗："天空不像是大地的 / 天空——飞纵的云朵多么迅捷！"但紧接着德曼又笔锋一转，给出了否定的定义："康德的这段话则不然，因为天空并没有以任何与庇护相关联的方式出现在其中。用海德格尔的话来说，它并非我们能够栖居于其中的构造。"[AI 81]德曼进而又援引了《廷腾寺》中的诗句以资对比，此诗中有如是之箴言："仿佛是一种动力，一种精神，/ 在宇宙万物中运行不息，推动着 / 一切思维的主体、思维的对象 / 和谐地运转。"在这里，德曼言之

凿凿地指出，康德的视野无涉事物之生命。康德所构想的场景中没有心灵的一席之地："康德的海洋和天空的视野无涉心灵。"［AI 82］因此，康德没有将一种充满人文主义意义的内在形式与目的论形式对立起来。德曼认为，毋宁说康德场景中只有那些绝对只对眼睛可见的事物，他将之称作"纯视觉的视野"［AI 83］，在对这段话异曲同工的另一个版本的解读中，他将之称作"石化的凝视"［AI 127］。

如果德曼确实将某种被他视作康德的经验性的字面观点与华兹华斯和海德格尔的隐喻化自然对立起来，那么这将立即招致两个反对意见。首先，如何通过没有任何替换或转义的字面视野［AI 127］，就能将天空视为穹隆，将大海视为"被地平线以及从天空垂下的幕墙包围着的地板，它们闭合并界定了建筑物"［AI 81］？[20] 第二，从何种意义上说，字面的、物质的视野完全没有隐喻替换？在《隐喻认识论》中，德曼不遗余力地描画了经验论在对语言和再现的定义中所牵涉的隐喻替换。然而，对这两个反对意见的回答是相同的。对德曼来说，建筑隐喻的在场及其独特的运作方式，是这段文字特殊的唯物论的一部分，这种唯物论既有别于任何字面主义或平视自然的概念，也不同于康德通常的形式概念（蕴含着内在意义的形式）。

德曼先是将这段话描述为建筑术的，随后又否认将天空视为庇护所。在此之后，他描述了自然的建筑是如何被看到的：

---

[20] 当然，康德从未将海洋比作地板过。德曼通过将康德这段话中的天空和海洋两个例子融合到一个场景中推断出了这种联系，通过将海洋比作建筑物的地板，德曼完成了康德的建筑隐喻，即在一个隐喻中将天空喻为穹顶，在另一个隐喻中将天空喻为边界。

在《逻辑学》中一个不太知名的段落中，康德说："野
蛮人看到远处的一座房子，却不知道它的用途，他在自身的
表象中所具有的，和另一个明确知道房子是为人们设置的住
宅的人所具有的，正是同一客体。然而从形式方面看，同一
客体的知识在这两者中是有区别的。在野蛮人那里，这种知
识是单纯的直观，而在另一个人那里则同时是直观和概念。"
将天空视为穹庐的诗人显然更像野蛮人，而不像华兹华斯。
[*AI* 81]

一个野蛮人看到一座房子，却不明白其被定义的目的是作为住
所，在某种意义上，可以说他看到的仅仅是房子的形式。但这是
对他所看到的东西的误解。看到一座房子而不知其目的，并不
是真正知道自己在看什么，更不是从字面上去看房子。康德对两
种"知识"的区分清楚地说明了这一点。看到房子并知道其目的
的人，既有关于对象的直观，又有能组织直观的概念。在康德这
里，直观与概念的结合发生在知性领会经验世界之时。这就是从
字面上看。如果没有概念范畴的组织，那么表象的纯直观就是无
法领会的混沌的直观。事实上，这种意义上对感觉材料的领会是
不可能的，这就是在康德那里概念之所以是先天必然的原因。因
此，为了表达一种先于概念——即经验性感知所必需的概念，这
样的概念赋予了感知对象以目的和解释——的自然观，我们不得
不诉诸一个自我消解的隐喻：房子被感知为非房子。当我们看到
自然时，如果不把目的和目的论强加于其形式，那么我们就不是
在从字面上平视其形式。这样的视野是不可能的。相反，我们看
到的是一种隐喻，它让我们搁置了进行分类和解释的所有版本的

形式，转而选择了一种无目的的"形式"，这种"形式"在概念上先于那些经验上的结构性转义，即使它指出，从字面上以无隐喻的方式去看，这本身就是一种欺骗性的转义。据此，德曼声称这种视野摆脱了一切修辞的替换，并将唯物论与经验性的字面主义进行对比："因此，很难就字面意义来谈论康德的视野，这意味着它可能经由判断行为而比喻化或象征化了。唯一能想到的词是**物质性**视野。"［AI 83］[21]

尽管这种解读可能解释了德曼如何理解康德的崇高中的建筑术，但这并不足以证明德曼对康德的解读实际上是合理的。只有通过将康德的那段话与华兹华斯的诗作进行对比，然后将康德另一部作品中的一段话与之联系起来，德曼才能将康德对崇高的描述理解为从自然中剔除有机物和人。德曼既以一种与对康德的有机论的传统解读相反的方式解决了解读康德的问题，又在某种程度上取代了这种解读。德曼承认，"在康德这里，审美批判最终走向了一种形式上的唯物论，这种形式上的唯物论与所有关于审美经验的价值和特征都背道而驰，包括康德和黑格尔自己所描述的美者和崇高者的审美经验"［AI 83］。然而，德曼并没有就此判定，审美批判最终会解构康德为审美提出的更为传统的主张，而是追问如何将康德的两种版本理解为同一文本的不同部分："我们如何调和理念的具体展示与纯视觉的视

---

[21] Frances Ferguson 将德曼的唯物论描述为强化版的经验论，它承认所有符号在经验上的个体性，然后将之认定为一种纯粹的表面观（view of surface）："与其说是个人的面部表情，不如说是一个人脸上的鼻子。"［Ferguson 11］然后，她认为康德之所以能逃脱德曼随之而来的解构，是因为他的美学搁置了经验，而不是声称要解释经验［69—70］。虽然我认为她对康德的解读值得称道，但我要论证的是，德曼的唯物论在这方面实际上与康德是一致的——尽管是以一种奇特的方式——而不是要解构康德。

野，即 Darstellung von Ideen 与 Augenschein？"［*AI* 83］我们应
该注意到，这种对立的形式已经暗示出了答案的方向。无疑，
"理念的具体展示"描述了一种审美版本，它藉此提供了价值或
意义的充分的经验性具象化。但是将这一表述与 Darstellung von
Ideen——可以译为理念的呈现、展现、再现等，但并没有明显
带有"具体"的内涵——联系起来就有些问题了。早些时候，
德曼将 Ideenschein 与 Augenschein 进行了更具说服力的对比，前
者指的是理念具象化的显现，而后者指的是看上去重复显现在
眼前。此外，康德并没有像德曼所说的那样，把崇高定义为理
念的具体展示，甚至也没有将其定义为 Darstellung von Ideen。
在德曼注意到的那段话所在的一节中，康德有这样的断言："人
们可以这样来表述崇高者：它是一个（自然的）对象，**其表**
象规定着心灵去设想作为理念之展示的自然的不可及。"［Kant,
Pluhar 127；李秋零 94］换句话说，崇高再现了《纯粹理性批
判》中对所有通过自然的具象化来展示理念的表象方式所表达
的怀疑。

　　不过，对康德的这种歪曲可以说只是表面现象。德曼紧接
着描述康德是如何调和具体展示与眼睛的视野（即眼睛所见之
表象）的。在此过程中，他完全恢复了崇高的否定性策略，即
在数学的崇高经验中，想象力统摄的失败变成了它肯定理性机
能必要性的力量。德曼没有回溯 Weiskel 早先从想象力与理性
相冲突的定义的角度对这一论证进行的解构［Weiskel 40—41］，
而是指出，诸机能之间的相互作用并非纯粹的论证，而是通过
拟人化的转义，将诸机能塑造成心理剧中争吵不休的角色［*AI*
86—87］。德曼将力学的崇高还原为人文主义有机论的核心转

义，但这并没有从解构的角度解决康德的两种审美之间的冲突，反倒是将问题凸显了出来："转义语言的这种入侵之所以格外引人瞩目，是因为它挨着关于视野的物质性建筑术的段落出现，近乎与之并列。"[AI 87]然后，德曼将问题转换为不是两种审美之间的问题，而是两种建筑术之间的问题，一种是《纯粹理性批判》所持的建筑术，在其中"建筑术被定义为各种系统的有机统一"[AI 87]，另一种是《判断力批判》所持的建筑术。现在我们就可以看出来，为什么德曼会通过生硬的手法，把对康德的有机解读和他自己的"唯物论"版本之间的对立说成是Darstellung 与 Augenschein 之间的对立。界定可靠的 Darstellung 当然是《纯粹理性批判》的题中之义，尽管康德没有在任何地方对象征的具象化的天真版本信以为真过，无论是将其作为认知模式还是作为审美模式，但通过对崇高的解读，德曼可以指出，第一《批判》在其论证中如此频繁地通过否定性的划界行为来展开其论证，这种划界行为有效地再现了康德持怀疑态度的展示形式。然后，他将第三《批判》中勾勒出来的那种唯物论作为对这种有机论的回应。

德曼还令人信服地论证说，他是在康德那里发现了这种唯物论，而不是强加给康德的。德曼通过将拟人化的转义应用于第三种令人惊讶的崇高视野，有力地支持了这一观点。在描述了如何崇高地观赏天空和海洋之后，康德旋即转向了人体："关于人的形象中的崇高者和美者，可以说同样的话，在这里，我们并不回顾他的所有肢体**为之**存在的那些目的的概念，把它们当作判断的规定根据，而且必须不让与那些目的的一致**影响**我们的审美判断（那样的话就不再是纯粹的审美判断了）。"[Kant, Pluhar 130;

96 李秋零 97〕²² 现在，虽然将海洋与其可能的目的割裂开来并不一
定会导致德曼所主张的唯物论建筑术——当然，对穹顶和墙壁的
有机论解读仍然是可能的——但将身体的各个部分与其功能割
裂开来确实会产生一种奇怪的肢解肖像："简而言之，我们必须
就其自身来考虑我们的四肢、手、脚趾、胸脯或蒙田愉快地称为
'Monsieur ma partie' 的东西，它们是从身体的有机统一体中割裂
而来的……我们必须像原始人看待房子那样看待我们的四肢，完
全脱离任何目的或用途。"［AI 88〕将目的的统一性从我们对身体
的看法中剔除出去，剩下的不是某种有机的审美形式，而是没有
任何内在生命的纯粹的身体部分。德曼将被视为无生命目的的身
体与被视为无目的的房屋相提并论，这为德曼解读康德的海洋与
天空提供了新的支持。穹顶可能是某种无目的的目的性统一体的
隐喻，但前提是我们必须根据穹顶的目的来理解它。野蛮人看待
房子的方式的意义由此变得明晰起来：他实际上是像康德所说的
那样，以诗人看待天空和海洋的方式看待穹顶的。当我们把视线
转向身体，看到一堆被割裂的肢体时，这种视角的整体效果也便

---

²² 根据 Bernard 的译文［111〕，德曼给出了自己的翻译。德曼译文的不同之处在于"与那
些目的的一致"这句话，Pluhar 译作"letting the limbs' harmony with these purposes"（让肢体
与那些目的相和谐），Bernard 有些含混地将其译作"this coincidence"（那种一致），德曼则将
之译作"this unity of purpose"（目的的统一性）［AI 88〕，这样的译法比 Bernard 更清楚，但不
及 Pluhar 清楚。争议的焦点在于"die Zusammenstimmung mit ihnen"这个德文短语，Pluhar
的译法最接近字面直译（虽然补充了对肢体的具体指代）。Bernard 的翻译相形之下则有些
含混，因为在第三《批判》的导论中，康德就明言是"harmony of the faculties"（诸机能的和
谐）导致了审美判断，所以这个短语俨然不仅否定了目的论，还否定了我们对四肢的感知
所必须具备的审美形式。事实上，康德早些时候不仅否定了崇高的目的，还否定了崇高的
合目的性［Kant, Pluhar 100；李秋零 75〕，这或许就是德曼能够将其重新定义为他的反审美
（counteraesthetic）的原因。德曼的翻译虽然明显不是直译，但他使用的"unity"一词实际上
将这个短语与标准的英美审美标准"unity"联系了起来，而德曼的目的之一就是要否认这一
标准与康德的联系。

昭然若揭了。[23]

　　无论《美学意识形态》一书中的文章是否属于一种已死的文学理论，是否被冠以解构主义的称号（无论是出于蔑视还是出于崇敬），我们现在都可以看到，它们何以成为对无生命性——即德曼在提到康德时所界定的"激进的形式主义"[*AI* 128]——的理论化。康德的唯物论既非经验论，亦非语言的转义。毋宁说，康德的唯物论是一种反审美（counteraesthetic），是一种审美形式的概念。为了摒弃一切形式之外的内容、一切目的，这种审美形式为我们提供了作为被误解的建筑物的形式，作为无内在生命或目的的肢体的形式。这些范例以不同的形式出现在德曼其他的文章中，最突出的是《审美形式化：克莱斯特的〈论木偶戏〉》：与之击剑的那头熊无意识但完美的运动，以及被肢解之后又用假肢来增强的身体——以求超越有意识的身体所能达到的优雅。这些范例的科幻性质不能被视为对真实的现实的揭示，抑或对深渊的体认。相反，它们只是一种手法，用于勾勒出那种被认为是自然的、有机的审美形式版本中的手法。这种反审美的价值不仅仅在于或主要在于它对传统美学的怀疑性分析。这本身就是一项相当没有必要的活动：正如本文开头引用的书评所充分表明的那样，即使是最有文化的读者也对美学理论没有多大兴趣。[24] 更重

---

[23]　如果不把身体看成是有目的的，那就只能把身体看成是无生命的、独立的部分，这样的观点并非德曼独有。黑格尔在解释康德的合目的性概念时，也以人体为例："另一方面，美的事物本身就是有目的的，不被手段和目的的割裂为彼此有别的不同方面。例如，有机体的肢体的目的就是生命，生命真实地存在于肢体本身之中；脱离了生命，肢体也就不再是肢体了。"[Hegel 1: 59] 黑格尔在此将非目的论的合目的性与有机的形式相融合，而不是将这两个概念对立起来。当我们将这样的段落与德曼版本的崇高相对照时，后者的激进之处就跃然纸上了。对黑格尔来说，肢体不能脱离赋予其活性的生命的目的而被孤立地看待。对于康德来说，只有这样的视角才是一种审美的视角。

[24]　Ryan 问道："当然，终极问题在于，读者、剧院观众、芭蕾舞观众以及巴赫、（转下页）

97　要的是，该书对传统美学的批判——在这里以及其他地方，德曼都与席勒若合符节——起到了批判更一般的信念的作用，同时也是其他形式的意识形态批判如何发挥作用的范本。

　　为了弄清德曼认为有问题的地方，我想从一个或许很幼稚的问题开始：席勒美学究竟有何问题？有一个标准答案：席勒的审美国家（aesthetic state）极易为极权国家提供辩护，这种危险已经被反复提及，德曼也非常明确地提到了这一点。德曼在转向其他问题之前，曾两次提出过这个问题。在《审美形式化》的开篇，他引用了席勒将一个美好的社会比作一支精心编排的舞蹈的说法，然后坚称"这里所提倡的'国家'，不仅仅是一种思想或灵魂的国家，还是一种政治价值和权威的原则，它对我们自由的形式和界限有着自己的要求"[RR 264]。这篇文章的其余部分对没有人类意识的完美艺术的描绘，展示了这样一种舞蹈的视野：舞蹈是非人系统内的一种约束，而不是个体在一个更宏大、更高拔的秩序中的参与。更可怕的是，德曼在《康德与席勒》结尾处引用了约瑟夫·戈培尔的一段话，席勒的英译者明确指出，这段话受到了席勒的影响：

　　　　艺术是对感觉的表达。艺术家和非艺术家的区别在于，艺术家有能力表达自己的感觉。艺术家能通过各种形式表达自己的感觉。一是通过图像，二是通过黏土，三是通过声音，四是通过大理石——抑或以历史的形式。政治家也是艺

（接上页）贝多芬、桑德海姆（Sondheim）、斯普林斯汀（Springsteen）的普通听众，是否能从这些［哲学美学］中获得许多帮助。"我们不会对 Ryan 的回答感到惊奇："总体而言，我认为没有。"[Ryan 18]

术家。人民之于政治家，无非犹如石头之于雕塑家。领袖和群众（Führer und Masse）之间的关系，就像颜色和画家之间的关系一样，根本不会构成问题。政治是国家的造型艺术，就像绘画是颜色的造型艺术一样。因此，失去人民或者背离人民的政治是毫无意义的。将群众塑造成人民，将人民塑造成国家——这始终是真正意义上的政治的最深层意图。[25]

德曼意味深长地总结道："Wilkinson 和 Willoughby 引用了这段话，并正确地指出，这段话是对席勒的审美国家的严重误读。但是这种误读的原则与席勒对其前辈康德的误读并没有本质上的区别。"[AI 155]

席勒在身后受到了纳粹的青睐，在席勒与纳粹之间进行关联，早已是老生常谈了。但是将德曼对席勒的批评与此相提并论，存在两个问题。首先，这种观点会将克莱斯特笔下的审美机器——断肢、假肢和击剑的熊——理解为开场舞的幻象下隐藏的真正可怕的真相。然而，正如我们所看到的，这类形象在康德的唯物论——德曼在阐释其崇高时所勾勒出来的——中有其对应物。此外，尽管德曼似乎认识到他的某些意象中的恐怖元素及其与各种可怕的政治后果之间的关联——他警告说："我们应该避免身体残缺意象的情志，不要忘记我们在处理的是文本模式，而

98

---

[25]　我径直引用了 Wilkinson 和 Willoughby 的翻译［Schiller cxlii］。德曼的引文略有不同，正如他自己在这场演讲［AI 151］以及隔天的演讲［RT 97］中向听众所解释的那样，他是由英译本的德译本再度转译为英文的。由于 Wilkinson 和 Willoughby 的英译肯定是从戈培尔的德文直译过来的，那么我们就能得到一种有趣的可能性：德文文本把从戈培尔德文译成英文的译文又译回了德文，然后德曼又义不容辞地把德文译成了英文。即使德文重译本实际上与戈培尔的德文本一字不差，这种可能性也是存在的。

不是与之相关的历史体系和政治体系"[*RR* 289]——但他似乎对与之击剑的熊的形象同样感到困惑，甚至欣喜。[26]但更重要的是，在席勒的分析框架之内，完全可以轻而易举地将席勒和戈培尔区分开来。德曼提到且肯定了 Wilkinson 和 Willoughby 对席勒和戈培尔的区分，正是由于他们的观点非常直白，这才值得引用："[戈培尔]所缺少的是席勒对个体的人格尊严始终如一的敬畏：必须始终把人作为目的来对待，而决不能把人降格为塑造政治团体的手段，无论其意识形态主张如何。"[Schiller cxlii]德曼确实认为，戈培尔误读席勒的原则与席勒误读康德的原则并无不同。但他也**没有**说这两种误读本质上是相同的，正如他的一位评论者替他所说的那样：戈培尔的误用"违背了《审美教育书简》中的每一种审慎的人文主义态度。但它并没有违背其最深层的逻辑"[Redfield, "De Man, Schiller and the Politics of Reception" 62][27]。

关于席勒处理康德的方式，德曼的部分观点属于分析这二人关系的老生常谈。在比较康德与席勒的崇高理论时，德曼注意到，席勒对人们所体验到的真正的惊恐的坚持，并继而将康德在数学的崇高和力学的崇高之间所作出的区分转变为理论的崇高

---

[26] 正如 Cynthia Chase 所指出的："这段话带有明显的娱乐性乃至愉悦感，同时也不乏讽刺意味，这标志着一个镜像时刻；它确实唤起了德曼对自己的计划的感知。"["Trappings of an Education" 72]

[27] 在这篇文章中，Redfield 对德曼关于席勒和康德的分析提供了一种解读，我的解读与他相似，并对他有所借鉴。在阅读《康德与席勒》的手稿时，Redfield 明确反对德曼的说法，即席勒对康德的误读与戈培尔对席勒的误读之间存在着对理解法西斯主义具有重要意义的联系，这与我对当代文学批评更普遍的意义的坚持并无矛盾。Redfield 当然不会像德曼所指出的那样，认为席勒与戈培尔之间存在直接的历史因果关系或谱系关系，他很可能是对的，我们的解读可以达成共识。尽管如此，我认为在德曼身上看到法西斯主义批判的倾向，可能与其战时著作的出现大有干系，而处理这些著作的努力可能会让我们——作为没有特别的法西斯主义倾向的文学批评家——对自身对席勒误读康德的依赖视而不见。

和实践的崇高之间的区分，由此德曼指出了康德和席勒之间的
分野：

> 席勒继续为两种崇高赋予价值。他把实践的崇高置于
> 理论的崇高之上。席勒用康德来背书，完全以牺牲理论的
> 崇高为代价来为实践的崇高赋予价值，他在文章的后半部
> 分也只谈论实践的崇高。席勒强加给康德本不属于康德东
> 西，然后又认为他强加给康德东西要远比康德自己的东西
> 有价值。[*AI* 140] [28]

99

实际上，德曼认为，至少部分是因为其作为一名剧作家的实践，
席勒的关切聚焦于我们对崇高的事件或场景的实际反应，进而将
这些反应分析为实践的崇高。诚如德曼所言，这不仅是对康德的
补充，也是对康德的篡改，因为康德不唯将崇高，也将一般的审
美判断，视为一种与被判断的对象形成鲜明对比的判断方式。康
德坚持认为，崇高不是对象的属性，而是把握对象的方式。因
此，尽管德曼正确地坚持了康德的崇高的自然场景中没有心灵，
但对康德来说，一个人对该场景的看法完全是心灵的选择。或者
选择像诗人那样去看，或者不这么看。没有任何确定的经验对象
总是与这样的判断相对应。因此，席勒所增添的实用元素最终也

---

[28]　德曼主张从美学理论对崇高的建构角度来分析美学理论，这是我在此没有篇幅来展开的
一个论题，但它值得深思。德曼关于康德的崇高的许多论述都可以毫无违和地移植到康德的
美学理论中。考虑到康德的崇高在整个《判断力批判》中的作用问题，德曼的解读的力量确
实取决于这种移植［参见 Gasché 267 和 Guyer 399］。此外，德曼对席勒的分析既符合席勒的
《审美教育书简》，也符合他讨论得最详细的那篇关于崇高的文章。虽然德曼在每篇文章中都
为自己对文本的选择提供了局部的正当性，但他可能还考虑到了当代理论界对这一论题的兴
趣，此外，他的论证的内在动力也引导着他走向这个论题。

导致了他与康德明显的分歧。

　　但正如我说过的那样，在关于席勒对康德的变革的讨论中，这些东西已经是老生常谈了。兹举几例：在 Wilkinson 和 Willoughby［xxiii—xxiv］、Chytry［88］、克罗齐［283—284］以及黑格尔［1: 61］等人那里，我们都能找到这种对比的不同版本。[29] 此外，我们可以暂时先搁置对康德的误读问题，再问一次，这种实用主义转向有何不妥？譬如，黑格尔在上文提到的那段话中对席勒从康德的转向予以称赞："**席勒（1759—1805）突破了康德的思维的主观性和抽象性，敢于大胆尝试去超越这些局限，在理智上将统一与调和把握为真理，并在艺术创作中将其付诸实践，就此而言，必须给予席勒高度评价。**"[30] 事实上，只有当我们看到席勒谈论艺术的方式之所以具有强大吸引力的原因时，我们才能看到德曼所主张的对比的力量："无论我们写了什么，无论我们以何种方式谈论艺术，无论我们接受了何种教育，无论我们赋予自己的教育以何种正当性，无论我们的教育的标准和价值是什么，它们都比以往任何时候更加深刻地是席勒式的。它们来自席勒而非康德。"［AI 142］当然，如果席勒在康德的理论与现实之间建立了联系，那么德曼一定是对的，当我们谈论我们的真正

---

[29]　德曼对这个问题的表述当然有所不同，每个评论者都有不同的表述方式。但他们都有这样一种共同的感受：相较于康德，席勒关注到人对道德和美的实际反应同样是必要的，也就是 Chytry 所谓的"席勒愿意赋予感觉以权利"［88］。

[30]　无论是在这里，还是在上文黑格尔关于康德的合目的性的论述中，我们都可以找到将德曼关于黑格尔的两篇文章视为对黑格尔过于明确地肯定感觉与理念的审美具象化的解构的依据。虽然受篇幅所限，我依然无法在此展开这个问题，但我认为德曼对黑格尔的看法更接近于他对康德的看法，而不是对席勒的看法。我可以为这样的解读提供一个方向性的指示，不妨参见德曼在《康德与席勒》中的如下评论："我们看到，在这两种情况中，即在康德和黑格尔的情况中，都有一条从 Schein 的概念通向物质性概念的路。在席勒那里是找不到这条路的。"［AI 152］

的实践，即批评的实践、"谈论艺术"的实践以及教学的实践时，我们不仅会从席勒那里获得比从康德那里获得的更多的东西，而且我们不得不如此。[31] 无论我们对康德唯物论的"石化的凝视"抱有怎样的钦佩之情，由于这种唯物论不是经验论，因此将其转化为实践绝非易事。但是，即使实现了这种转化，我们仍然会问：它错在哪里？席勒错在哪里？

联系德曼第二部分对席勒与康德之分歧的批判，我们就离这个问题的答案不远了。在详述了席勒如何为康德添加实用元素之后，德曼继而又详述了席勒是如何坚持一种比康德更宏大的观念论的。在引述了一段席勒激进地将我们的自然与道德自我割裂开来的陈述之后，德曼得出了如下结论：

> 是之谓观念论。如果你想搞清楚观念论的陈述有着什么样的模式——不是在德国观念论哲学的意义上，而是在作为意识形态的观念论的意义上——那么上面就是一则具体的意识形态观念论声明。因为它设定了纯粹智性：在建立对理智的信仰的方向上，它走得太远了，因为它设定了一种完全脱离了物质世界、完全脱离了感性经验的纯粹理智的可能性，而这恰恰对康德而言是遥不可及的。[AI 146]

德曼所使用的这种高度价值化的语言并不常见（即便是在其演讲的文字记录中），但他所提供的价值在当代文学理论中却相当普

---

[31]　在德曼讲座的公开提问环节，M. H. Abrams 似乎接受了德曼的论点，即席勒赋予了美学理论以经验内容（或者至少在这样做时回到了 18 世纪的英国美学），但他最终还是肯定了席勒："作为这些理论的**使用者**，我们……席勒也以自己的方式对我们处理审美经验大有裨益。"[AI 156—157]

遍。席勒的问题在于，他构想了一个纯粹智性的空间，我们可以在其中进行道德判断和美学判断。对纯粹观念论的信念可能是席勒的问题所在，但是，即使康德因为其唯物论时刻而实际上摆脱了这种观念论的影响，也很难说这个问题具体在于席勒与康德的分歧。实际上，这种观念论似乎与席勒身上的实用元素相对立，在德曼看来，这种实用元素是不够令人满意的。但实际上，德曼处处坚持席勒的实用主义与其观念论之间的逻辑关联："这种对实践性的强调，这种对心理性、逼真性的强调，以及所有使得席勒变得可理解的东西，所有引起我们的共鸣、有说服力的东西，共同导致了身心的根本分离。"［AI 147］这种关联的逻辑并不难理解。

如果艺术的实践效果仅仅是实践性的，那么它就既不能被理论化，也不能被形式化。它将像康德所谓的经验性趣味一样，始终是偶然的，是一种没有特定稳定形式或元素的心理事件，无法将存在论的、认识论的或伦理学的结论与其相挂钩。然而，如果像席勒的评论家们抱怨康德那样，用形式化的把握方式来定义艺术中唯一稳定的元素［Wilkinson 和 Willoughby xcii; AI 150—151］，那么艺术就没有人性价值，就像艺术家和鉴赏家们经常宣称美学是无利害的（uninteresting）一样。因此，我们既需要德曼所说的席勒的实践性，也需要他所说的席勒的观念论意识形态，这样才能让艺术以一种连贯的可形式化和可理论化的方式产生效果。因此，席勒身上代表着他对康德的变革的两个元素的本能——形式的本能和感觉的本能——必须被综合为"人性"。德曼认为，席勒的人性"必定是这两种本能的综合体"，并作为这样一种综合体，规定艺术在教育和国家中有待被具体化的需求：

因此，随之而来的是对一种自由的、人性的——因为自 101
由概念和人性概念相伴而生——教育的需求，这种教育被称
为审美教育，此乃人文教育之自由体系的基础。审美教育亦
是诸如"文化"等概念的基础，以及这样的思想的基础：从
个体的艺术作品转向集体的、大众的艺术概念是可能的，集
体的、大众的艺术概念可以成为一种民族特征，它就像民族
文化一样，具有被称作"文化"的普遍的社会维度。因此，
作为这样一种思想合乎逻辑的结论，席勒提出了审美国家的
概念，它是作为审美教育之结果的政治秩序，也是基于审美
教育的构想的政治制度。[*AI* 150]

如果我们根据德曼在撰写通敌的艺术评论期间对民族文化观念的
坚持，以及根据他在《康德与席勒》结尾处所引用的戈培尔的那
段话，来考虑这段话，那么我们现在当然可以发现席勒的很多错
误。但我认为，我们仍然需要抵制那些形形色色的时代背景，仍
然需要把德曼的理论当作死理论来对待。从这个死亡的视角来
看，我们仍然必须注意到，无论是对人文教育的信念还是对民族
国家的信念有什么错误，这些信念都不必然导致戈培尔的出现，
席勒在令人信服地区分这二者方面所积累的资源也没有消耗多
少。只要个体的自由还是人文主义的题中之义，无论人文主义导
致了什么样的错误或罪恶，我们都不能把戈培尔对席勒的化用归
咎于席勒。不过，至少在哲学层面上，席勒的问题出在哪里，这
个问题的答案现在已经足够清楚了。席勒在为康德添加实用元素
的同时，又坚持赋予这种实用元素以彻头彻尾的观念论形式，一

种只有在模糊的人的概念下才能成立的形式。

我们现在可以阐明席勒误读康德的原则——据德曼所言，即戈培尔误读席勒的原则——从而找到席勒的变革在哲学之外的错误。正如我所论述过的，康德的唯物论将自然的形式视为没有任何目的论或目的的形式。虽然这并不意味着要看到实际的或真实的自然，但恰恰意味着要学会看到一个非人化的自然，一个既不包含也不响应任何人类目的的场景。席勒在这一场景中犀利地取代了人，然后将被取代的人的活性（animation）描述为具有定义作用的本质，描述为赋予文化和国家以意义的艺术，而不是有限的、经验性的目的。戈培尔正是遵循了这一重新激活（reanimation）的原则。席勒赋予崇高以经验性的情感以及观念论的稳定性和重要性，从而以被抽象地构想但貌似又是在经验上所必需的人性概念来激活（animating）国家；而戈培尔所激活的国家则是某一个政治家—艺术家的天才的显现。当然，戈培尔的激活并不比席勒的激活更为本质。席勒的激活的问题不在于它导致了某一个特定的总体化目的，而在于它可能会导致人们想要将其运用于的任何总体化目的。

因为席勒的误读原则是形式化的、可转换的，所以德曼能够在文章一开始就给它下一个语言上的定义。他首先定义了历史的语言模式："我所描述的这个过程的语言模式，是不可逆的，是从转义（认知模式）到述行的**过渡**……从'力量'、'战斗'这样的词语出现的那一刻起，就有了历史。在那一刻，事情**发生**了，有了**发生**，有了**事件**。因此，历史不是一个时间概念，它与时间性无关，历史是从认知的语言中显现出来的力量的语言。"［*AI* 132—133］这里需要注意的是，德曼并没有说历史可以还原

为语言。之所以有发生和事件，是因为从认知模式到述行模式的 ₁₀₂
转变是不可逆转的。一旦述行发生了，它就不可能再是转义的或
认知的。唯一能准确描述述行的原则是康德的唯物论，它能看到
没有转义、目的或人类认知和活性的事件。但这种转换可能不会
发生。那么，我们所拥有的就不是历史，而是复发（relapse）。德
曼认为，即使人们从认知转向述行，也并不总是会承认发生了这
种转变："这并不意味着语言的述行功能会因此而被接受和承认，
因为从另一方面来看，述行模式、从转义向述行的过渡又是有用
的。述行总是会在认知系统中得到重新铭写，它总会**复原**，又总
会复发，也就是说，由于再次将述行重新铭写进认知的转义系统
而复发。"[*AI* 133]这可以被称为席勒的曲解（misinterpretation）
的语言模式，亦即从康德到席勒的复发。在完成了从认知到述行
的转换之后，在耗尽了所见的自然目的之后，人们可能会试图通
过赋予场景以人的内涵，通过重新为场景注入转义和认知来复原
场景。如果我们能像德曼此文的其余部分所论证的那样，将这种
曲解的原则具体归因于席勒美学，那么我们也就能更多地了解席
勒的问题之所在。席勒的曲解的原则可能无法与任何特定的政治
罪恶相提并论——它完全可以用于人们可能将其应用于的任何政
治目的。另一方面，我们现在可以将其扩展为所有意识形态曲解
的原则。从这个意义上说，德曼在这篇文章中，特别是在前面引
用的那段确认观念论意识形态的文字中，所刻画的美学意识形态
并不是特定的左派的或右派的意识形态。毋宁说，它是意识形态
本身的基本形式，是意识形态基于欲望制定法律的形式过程，诚
如《抵抗理论》一文中所言，是对"语言现实与自然现实的混
淆"[*RT* 11]。

　　为了看到德曼所谓的康德的唯物论真正的力量，我们还必须认识到，康德美学不仅仅是一种人们用以衡量席勒的还原转换的偏差的被动矫正措施。在《康德与席勒》一文中，德曼之所以提及康德，确实只是为了矫正席勒同时将美学变得既实用又理想的做法。但是，如果我们将康德的唯物论解释为类似于美学的字面真理的东西，根据这种真理可以去衡量席勒并找出其不足之处，那么我们就会把康德的唯物论理解成一种现实概念，这种现实概念可以立即用德曼总是应用于现实基础概念的那种转义还原来加以描述。我们将重新演绎从转义到认知的陷落。但是，德曼坚持认为，康德的崇高并不是从字面上看到的自然［AI 82］，正因为如此，它才不涉及任何转义［AI 127］。它既不是自然的真理，也不是语言的真理，而是一种经过选择的解释模式。当人们选择像诗人那样看待天空和海洋时，它就会出现［Kant, Pluhar 130; Bernard 110; 李秋零 97］。我们必须把天空和海洋当作不知建筑为何物的原始人眼中的建筑，当然，这不是没有转义，而是双重转义。如果大自然在现实中没有目的论，那么只有通过使用转义来抵消我们的视角的自然生命力，我们才能看到目的论的缺失，这不是试图不经人的转换来看待自然，而是将这种转换倒转过来，通过人为地使天空、海洋以及最引人注目的人体失去活性（deainimating）。德曼正是将这一视角的原则用在了席勒身上。从人的需求和价值的视角来看，也就是席勒的辩护者经常援引的视角，席勒用人的情感和认知、实用效果和纯粹理智来激活审美的做法，看起来似乎是对康德的明显进步，似乎是艺术、文学和文化研究的必要条件。然而只有通过将席勒去活性（deainimating）为一个曲解的原则，我们才能看到这一原则可能导致的结果。因此，死理论使其所凝视的事物形容枯槁，使我们能够看到被其苍白地形式化了的事物的形式原则和形式危险。[32]

这最后一句话俨然盖棺定论。但我还是想人为地让这个死理论再多走几步。毕竟，即使德曼通过对康德的解读所阐释和论证的唯物论确实起到了重释（reinterpretation）的原则的作用，从而揭示了那些偏离唯物论的意识形态，但这种表述的抽象性可能会威胁到其相关性。如果席勒的曲解可以被任何意识形态自如地利用，甚至可以被一种文学批评的学院派人文主义自如地利用，而这种人文主义的运作，往往比它的左的或者右的批评者所担心的或比它的拥护者所希望的要琐碎得多，那么，德曼去活性的重释原则，除了对美学史的技术性兴趣之外，究竟还能有多大意义呢？如果德曼在其计划中的新书中承诺对克尔凯郭尔和马克思进行解读，那么这个问题可能会变得更加紧迫。据我所知，关于这两项解读计划，德曼并没有留下可考的文献。在 1983 年的一次访谈中，他仍然用尚未解决的问题之类的措辞来描述他对这两个问题的论证［RT 121］，这似乎表明它们尚未完全成型。不过，在那次访谈中，他确实明确指出，他将就与这两位作家的宗教话语和神学有关的问题展开研究，而在写给明尼苏达大学出版社的信中，他为这本计划中的关于美学的著作所列出的章节清单中，包含了题为《克尔凯郭尔和马克思的宗教批判和政治意识形态》的一章［AI 2］。在《黑格尔论崇高》一文中开始收尾的某个位置，德曼对这一论题的确认令人深思："处理这两种异质的政治力量——法律和宗教——的必要性是在［黑格尔的］《美学》中，

₁₀₄

尤其是在崇高的美学中得以确立的。这俨然是要论述与其题中之义背道而驰的内容，但反而确认了黑格尔的分析的分量；克尔凯郭尔、马克思以及与我们同时代的瓦尔特·本雅明的类似论断，很快也会遭受同样的命运。"[AI 115]这句话至少预示了一种对克尔凯郭尔和马克思的解读，即由于他们介入了从康德到黑格尔的反审美而值得重视。不过，虽然把马克思归入这一类作家之列可能是德曼的赞誉之辞，但人们可能会怀疑，那些从更为尖锐的经济学和权力分析的视角来评价马克思的人会在多大程度上被这种赞誉所感染。

当然，我无法回答德曼对马克思的未成文的解读。不过，我想从米歇尔·福柯在《规训与惩罚》中不同寻常地踏上德曼被去活性的（deanimated）审美身体的足迹这一角度来勾勒出一个答案。[33] 德曼在讨论克莱斯特时所提到的舞动的被肢解的身体，在康德那里，诗人选择看到的脱离身体的肢体，这些阴森扭曲的肢体也出现在福柯尖锐批评刑罚制度的开篇章节，这一章有时俨然是对卡夫卡同样阴森的寓言《在流放地》的重写。我们将会看到，在每一种情况下，对正义和惩罚概念的怀疑都是由一个场景引发的，在这个场景中，一种惩罚形式将其正义直接写在了罪犯

---

[33] 《规训与惩罚》最初于1975年以法文出版。这不存在潜在影响的问题。此外，尽管美国新历史主义对痛苦的身体和医学分析的身体的兴趣源于福柯的《规训与惩罚》以及《性史》，因而他们对这些问题的关注明显晚于德曼，但我完全不想把德曼关于康德和克莱斯特的文章说成是他们真正的来源。相反，我想论证的是，德曼所描绘的意识形态阐释的形式对这些表面上更加政治化的理论而言的内在必然性。关于接下来的一些表述，我要感谢 Yopie Prins，她在一种相当不同的语境中，在其即将付梓的《维多利亚时代的萨福：对一个名字的拒绝》（该书实际上出版于1999年，详见 Yopie Prins, *Victorian Sappho*. Princeton, N.J.: Princeton University Press, 1999。——译者注）中，通过阅读 Swinburne 关于诗歌格律与鞭打的作品，同样以在我看来与德曼对康德的唯物论和形式主义的表述不谋而合的方式，解读了痛苦的身体上的铭写活动。

的身体上，这种形式的正义既可以被理解为怪诞的酷刑，也可以被理解为惩罚罪犯的身体与教化罪犯理解惩罚的意义之间的一种合目的的审美统一。在福柯那里，这种看似合目的的审美统一被转化为一种类似于唯物论的方法，用来分析更加现代的刑罚制度矫正囚犯灵魂的主张。实际上，福柯对权力的分析变成了德曼—康德式反审美唯物论原则的一个版本，即通过去活性（deanimation）来重释。一种完全无目的的形式主义由此成为意识形态分析的模式，而不是对它的逃避。

　　《规训与惩罚》的开篇令人难以忘怀，更令人捉摸不透。福柯引用了一份关于公开折磨和处决一名弑君者的同时代记录，其中详细描述了对死刑犯施加酷刑并将其四马分尸的过程。福柯随后又引用了一份 19 世纪监狱的囚犯作息表，但未加置评。尽管读者可能会从关于酷刑的记述中对其野蛮性生发厌恶之情，但第一章对从这两份档案中勾勒出来的两种惩罚形式——酷刑与管制——所做的对比，却让情况变得复杂起来。福柯指出，公开的酷刑已经消失，而隐蔽的处决和监禁正在兴起："如果说最严厉的刑法不再以身体为对象，那么它施加到什么上了呢？理论家们在 1760 年前后开创了一个迄今为止尚未结束的时代。他们的回答简单明了。答案似乎就包含在问题之中：既然对象不再是肉体，那就必然是灵魂。"［Foucault, Sheridan 16; 刘北成等 17］福柯明确指出，对灵魂的控制，是通过定义一个需要控制的精神内部实现的："诚然，判决所确定的'罪犯'或'犯法'都是法典所规定的司法对象，但是判决也针对人的情欲、本能、变态、疾病、失控、环境或遗传的后果。侵犯行为受到惩罚，但侵略性格也同时因此受到惩罚。强奸行为受到惩罚，性心理变态也同时受

105

到惩罚。凶杀与冲动和欲望一起受到惩罚。"［Foucault, Sheridan 16；刘北成等 18］在从《词与物》到《性史》等著作中，福柯既要界定，又要限定和摆脱这种对内部生活的建构，这种建构通过解释和定位，构成了现代规训的基础。从这个视角来看，第一章中两种惩罚形式之间的对立可能意味着，正如 Gerald Graff 所指出的那样，酷刑时代与其说是刑罚的野蛮，不如说实际上是"旧日好时光"——Gerald Graff 的一位看了关于酷刑的描述后感到恶心的朋友如是说［Graff 172］。

在确定旧日好时光有多美好之前，我们需要具体说明过去的时光好在何处。为了回答这个问题，我想指出开篇对酷刑的描述中的一个细节。在多重肉体折磨的过程中，有三个不同时刻，记录中都提到死刑犯"不断地抬起头来，然后看看自己的身体"，其中一次，他是"勇敢地"这样做的［Foucault, Sheridan 16；刘北成等 4］。下一章告诉了我们犯人在看什么：酷刑"应该给受刑者打上耻辱的烙印，或者是通过在其身体上留下疤痕，或者是通过酷刑的场面。即使其功能是'清除罪恶'，酷刑也不会就此罢休。它在犯人的身体周围，更准确地说，是在犯人的身体上留下不可抹去的印记"［Foucault, Sheridan 34；刘北成等 37］。印记既是给公众看的，也是给死刑犯看的。开篇的死刑犯显然是在尝试从自己被污损的（defaced）躯体上读出自己罪行的意义，污损变成了印记。人们怀疑福柯是在读了卡夫卡的短篇小说《在流放地》之后才对酷刑做出这样的解释的，因为卡夫卡的寓言明确地表达了这一点。在这个故事中，一个疯狂的军官向一个旅行者解释了一种用来惩罚所有罪犯的装置。在不知道自己所犯何罪的情况下，囚犯就会被绑在一台机器上，在十二个小时左右的时间里，通过针刺，在他的身体上刻下他所违反的规则。在囚犯读懂自己身体的那一刻，刑法带来的痛苦就有了正当性："而第六个钟头时，他变得多安静了啊！最愚笨的脑袋也开窍了。这是从眼睛开始的，由此扩散开来。当您目睹这一切时，简直也想躺到耙底下去了。这时便不会再发生什么了，犯人开始辨认文字。他噘着嘴，仿佛在聆听。您已经看到了，用眼睛辨认文字都不容易；而我们的犯人是靠他的伤口来辨认的。"[Kafka, Willa 204; 王炳钧 45] 军官为酷刑辩护的理由是，酷刑不仅给囚犯，也给观看酷刑的观众带来了不同寻常的深刻启示；机器经过专门设计，能够让观众看到囚犯在阅读刻在自己身上的罪行时的反应。因此，酷刑通过一种身体符号学来教授犯罪的意义，这种符号学是不会被曲解的，因为人们能在身体变形的过程中感受到它铭写在自己身体上。尽管在卡夫卡那里，这种酷刑装置的正当性出于一个疯狂的军官之口，但福柯在第二章尝试亲自为这种酷刑提供一种正当性，这种正当性是我们在对其想当然的谴责中所看不到的："在古典时期的拷问中，除了表面上有一种对事实真相的坚决而急切的寻求外，还隐含着一种有节制的神裁法机制：用肉体考验来确定事实真相。如果受刑者有罪，那么使之痛苦就不是不公正。如果他是无辜的，这种肉体考验则是解脱的标志。在拷问中，痛苦、较量和真理是联系在一起的。它们共同对受刑者的肉体起作用。"[Foucault, Sheridan 41; 刘北成等 45] 106

事实上，对于福柯来说，旧时代的酷刑无所谓好坏。毋宁说，它们构成了一个反例，用以展现现代刑法制度固有的残酷性，使其以人道主义进步为由的自我辩护化为泡影。认识到这一点的第一步就是要看到，现代的惩罚制度并不能完全实现灵魂对身体的替代:"在 19 世纪中期,对肉体的摆布也尚未完全消失……诸如强制劳动、甚至监禁——单纯剥夺自由——这类惩罚从来都有某种涉及肉体的附加惩罚因素……因此,在现代刑事司法体系中存留着'酷刑'的痕迹。这种痕迹从未完全抹掉,而是逐渐被非肉体刑法体系包裹起来。"[Foucault, Sheridan 16; 刘北成等 16—17]一旦我们注意到,在所有现代形式的管制中,无论是在监禁中,还是在其他监管机构中,对身体的惩罚都是必要的剩余部分,那么我们就会发现,这种管制俨然一种新的通过酷刑进行铭写的形式:"肉体也直接卷入某种政治领域;权力关系直接控制它,干预它,给它打上标记,训练它,折磨它,强迫它完成某些任务、表现某些仪式和发出某些信号。"[Foucault, Sheridan 25; 刘北成等 27]实际上,福柯笔下的酷刑并不是我们可以怀念或谴责的旧历史的一部分(尽管福柯选择没有进行谴责可能会使他看起来像是在怀旧,如果谴责和怀旧是一对非此即彼的选择的话)。毋宁说,酷刑是一个卡夫卡式的形象,让我们能以不同的方式去看待现代管制的目的。

福柯在《规训与惩罚》第一章的末尾指出,他的目标不是"从现在的角度来写一部关于过去的历史",而是写一部"关于现在的历史"[Foucault, Sheridan 31; 刘北成等 33]。第一句话否定了意识形态导向的写作目标,即用现在的观点来重构过去。第二句话定义了一个或许更为激进的目标,即把现在转换为一个确定的且完成的状态,人们可以就这种状态来撰写历史。将现在视为历史,就意味着要感知现在的种种形式,仿佛它们对我们不再具有意义,仿佛可以从远处分析它们的意义和形式,仿佛现在像过去一样已经死去,仿佛一个野蛮人所看到的房子。

福柯通过提供一个让现代刑罚学的自我辩护失去活性的形象来担负起这项计划。福柯不再坚持其规范模式的人文主义目的，而是通过首先创造一个受折磨的身体形象，然后赋予它一个可以与更现代的正当性等量齐观的正当性，并将它们一并视为正当性而非理性，从而构建起对被管制的身体的看法。这种模式不仅沿袭了德曼和康德反审美的崇高中所描述的去活性活动，而且还强调了从德曼的被肢解的肢体以及以截肢和假肢为标志的身体，到新历史主义对身体历史化的兴趣之间的脉络。德曼诉诸康德和克莱斯特笔下的肢解形象，创造出了一种区分有机形式之谬误的唯物论概念，即无目的的形式仍可能具有内在的统一性，其生命可以替代目的。福柯描绘了在前现代被创造出来的身体与意义之间的统一性（这是一种卡夫卡式的身体书写）中酷刑和标记身体的作用，以分离出我们用于为身体的解释和限制进行辩护的意义，这些辩护同样也是身体书写的形式。在展示康德的唯物论是如何依赖于对自然的建构性去活性时，德曼将现代批评对身体和身体部位时而古怪、时而怪诞、时而模糊（同时具有临床和色情的特征）的关切，解释为意识形态被去活性的过程。

　　新历史主义和文化研究可能继承自福柯的主要目标之一，一直以来都是质疑艺术具有无意识的颠覆性的观念。就新历史主义的一种正当性而言：

　　　　他们的努力过去是，现在仍然是，要证明在某些历史情境下，意识形态矛盾的表现与压迫性社会关系的维持是完全一致的。新历史主义者往往一心想证明，形式与意识形态之

间的关系既不是简单的肯定关系，即形式掩盖了意识形态的
裂隙，也不是颠覆性的否定关系，即形式暴露了意识形态从
而使其失去了力量。[Gallagher 44]

诚然，本文对德曼和康德唯物论的解读，暗示了某种类似于这里
被攻击的颠覆性论点。但德曼并不认为艺术或更高层次的有机形
式的颠覆性足以用来衡量意识形态，并因意识形态不够自然而展
示出其缺陷。毋宁说，他主张的是一种建构的、非人化的、死形
式的价值，以此为模式来识别各种意识形态的活性。如果说这是
对关于美学颠覆性的安全批判的自明之理的重新定义，那么值得
注意的是，它也是对这种安全性进行批判的模式。因此，德曼在
回应形式的意识形态批评家时，在《康德的唯物论》的结尾肯定
了他的重新定义："文学理论家们担心自己会因过于形式主义而
抛弃或背离这个世界，实际上这完全是多此一虑：根据康德第三
《批判》的精神，他们还远远不够形式主义。"[AI 128] 如果这些
理论家批评这一主张只是一种时髦的形式主义的复兴，那么答案
将是，他们对这种形式主义的攻击所依赖的，不是作为分析对象
的形式主义，而是作为分析模式的形式主义。或许，这种依赖最
显著的迹象是新历史主义和文化研究如何迅速地与解构主义一同
变成了批评的尸体。但现在我们在德曼和福柯身上看到了被某种
美学折磨和削弱的身体所展现出来的奇异力量。

参考文献

Chase, Cynthia. *Decomposing Figures: Rhetorical Reading in the Romantic Tradition.*

Baltimore: Johns Hopkins UP, 1986

——. "Trappings of an Education." *Responses: On Paul de Man's Wartime Journalism.* Lincoln: U of Nebraska P, 1989. 44—79.

Chytry, Joseph. *The Aesthetic State: A Quest in Modern German Thought.* Berkeley: U of California P, 1989.

Croce, Benedetto. *Aesthetic.* Trans. Douglas Ainslie. New York: Farrar, Straus Giroux, 1970.

——. *What is Living and What is Dead of the Philosophy of Hegel.* Trans. Douglas Ainslie. Kitchener, Ont.: Batoche, 2001.

de Man, Paul. *Aesthetic Ideology.* Ed. Andrzej Warminski. Minneapolis: U of Minnesota P, 1996. [*AI*]

——. *Allegories of Reading: Figural Language in Rousseau, Nietzsche, Rilke and Proust.* New Haven: Yale UP, 1979.

——. *Blindness and Insight: Essays in the Rhetoric of Contemporary Criticism.* Minneapolis: U of Minnesota P, 1983. [*BI*]

——. *The Resistance to Theory.* Minneapolis: U of Minnesota P, 1986. [*RT*]

——. *The Rhetoric of Romanticism.* New York: Columbia UP, 1984. [*RR*]

——. *Wartime Journalism, 1939—1943.* Lincoln: U of Nebraska P, 1988.

Ferguson, Frances. *Solitude and the Sublime: Romanticism and the Aesthetics of Individuation.* New York: Routledge, 1992.

Foucault, Michel. *Discipline and Punish: The Birth of the Prison.* Trans. Alan Sheridan. New York: Vintage, 1979.

Freedgood, Elaine. "The End of the Line." *Lingua Franca* (Sept./Oct. 1996): 25—28.

Gallagher, Catherine. "Marxism and the New Historicism." *The New Historicism.* Ed. H. Aram Veeser. New York: Routledge, 1989. 37—48.

Gasché, Rodolphe. "In-Difference to Philosophy: De Man on Kant, Hegel, and Nietzsche." *Reading de Man Reading.* Ed. Lindsay Waters and Wlad Godzich. Minneapolis: U of Minnesota P, 1989. 259—294.

Godzich, Wlad. *The Culture of Literacy.* Cambridge, MA: Harvard UP, 1994.

Graff, Gerald. "Co-optation." *The New Historicism.* Ed. H. Aram Veeser. New York: Routledge, 1989. 168—181.

Guyer, Paul. *Kant and the Claims of Taste.* Cambridge, MA: Harvard UP, 1979.

108

Hardy, Thomas. *Jude the Obscure*. Ed. Norman Page. New York: Norton, 1978.

Heidegger, Martin. *Poetry, Language, Thought*. Trans. Albert Hofstadter. New York Harper
and Row, 1971.

Hegel, G. W. F. *Aesthetics: Lectures on Fine Art*. 2 vols. Trans. T. M. Knox. London: Oxford
UP, 1975.

Hertz, Neil. "Lurid Figures." *Reading de Man Reading*. Ed. Lindsay Waters and Wlad
Godzich. Minneapolis: U of Minnesota P, 1989. 82—104.

——. "More Lurid Figures." *Diacritics* 20.3 (1990): 2—27.

Kafka, Franz. *The Penal Colony*. Trans. Willa and Edwin Muir. New York: Schocken, 1948.

Kant, Immanuel. *The Critique of Judgment*. Trans. J. H. Bernard. New York: Hafner, 1951.

——. *The Critique of Judgment*. Trans. Werner S. Pluhar. Indianapolis: Hackett, 1987.

——. *The Critique of Pure Reason*. Trans. Norman Kemp Smith. New York: St. Martin's,
1965.

Loesberg, Jonathan. *Aestheticism and Deconstruction: Pater, Derrida and de Man*. Princeton,
N.J.: Princeton UP, 1991.

Norris, Christopher. *Paul de Man*. New York: Routledge, 1988.

Plato. *Collected Dialogues*. Ed. Edith Hamilton and Huntington Cairns. Princeton, NJ:
Princeton UP, 1961.

Redfield, Marc. "De Man, Schiller, and the Politics of Reception." *Diacritics* 20.3 (1990):
50—70.

——. "Humanizing de Man." *Diacritics* 19.2 (1989): 35—53.

Ryan, Alan. "An Artful Theorist." *New York Times Book Review* 10 Nov. 1996: 18.

Schiller, Friedrich. *On the Aesthetic Education of Man*. Ed. and Trans. Elizabeth M.
Wilkinson and L. A. Willoughby. London: Oxford, 1967.

Weiskel, Thomas. *The Romantic Sublime: Studies in the Structure and Psychology of
Transcendence*. Baltimore: Johns Hopkins UP, 1986.

柏拉图：《斐德若》，刘小枫译，参见柏拉图：《柏拉图全集　中短篇作品》(上)，
刘小枫等译，华夏出版社 2023 年版，第 613—675 页。

米歇尔·福柯：《规训与惩罚》，刘北成、杨远婴译，生活·读书·新知三联书店
2012 年版。

卡夫卡：《在流放地》，王炳钧译，参见卡夫卡：《卡夫卡中短篇小说全集》，叶廷

芳等译，人民文学出版社 2014 年版，第 38—57 页。

康德：《判断力批判》，李秋零译，中国人民大学出版社 2011 年版。

译后记

在"耶鲁学派"中，相较于哈罗德·布鲁姆和希利斯·米勒，保罗·德曼的作品被翻译为汉语者寥寥无几，目前仅有《阅读的寓言：卢梭、尼采、里尔克和普鲁斯特的比喻语言》（沈勇译，天津人民出版社 2008 年版）和一本论文选集《解构之图》（李自修等译，中国社会科学出版社 1998 年版）等，这显然与德曼的重要程度不成比例。德曼文风之晦涩艰深或许是造成这一局面的主要原因之一，但这也使得德曼作品的译介更有必要，因此希望这个译本能为此做出一点绵薄的贡献，或者至少能为读者阅读原文提供一个趁手的拐杖。

除了上述《阅读的寓言》（*Allegories of Reading: Figural Language in Rousseau, Nietzsche, Rilke, and Proust*, 1979）之外，德曼的主要著作 / 文集还有《盲目与洞见：当代批评的修辞》（*Blindness and Insight: Essays in the Rhetoric of Contemporary Criticism*, 1971）、《浪漫主义的修辞》（*The Rhetoric of Romanticism*, 1984）、《抵抗理论》（*Resistance to Theory*, 1986）、《战时新闻写作：1934—1943》（*Wartime Journalism: 1939—1943*, 1988）、《批评文集：1953—1978》（*Critical Writings: 1953—1978*, 1989）、《浪漫主义与当代批评：高斯研讨会及其他文章》（*Romanticism and Contemporary Criticism: The Gauss Seminar and Other Papers*, 1993），以及本书《美学意识形态》（1996）。除了

《盲目与洞见》和《阅读的寓言》之外，其余文集均是在德曼逝世后才出版的。《美学意识形态》虽然在德曼逝世13年后才得以付梓，但德曼身前便拟定好了书名和目录，并已经完成了其中大部分内容。在这部雄心勃勃的著述中，德曼运用"批判—语言分析"的方法和"修辞阅读"的策略，通过对欧陆哲学重要文本的细读，揭示出美学被意识形态化的历史，并对意识形态的运作方式给出了新的解释。如我们所见，德曼出色地完成了计划中关于帕斯卡、康德、黑格尔、席勒的部分，但颇为遗憾的是，论马克思和克尔凯郭尔的一章尚付阙如，德曼便溘然长逝。关于本书的内容，在此不做过多讨论，现主要就翻译的体例问题交代如下。

由于《美学意识形态》是一部未完全完成的遗作，其中部分内容是未刊演讲稿，在德曼逝世后，经由编者根据手稿、录音带、笔记等辑录成书，因此一些术语的使用不尽统一，引文也往往需要核实。译者尽可能对一些术语的翻译进行了统一，需要进一步说明的，在注释中进行了补充。译者核对了书中涉及的大部分引文；部分引文页码根据译者核对时所用的版本，重新进行了标注；部分未标注出处的引文，补充了相应页码；部分重要的引文，补充了中译本中的页码。

关于引文的翻译，德曼有时引用的是既有英译本，有时用的是自己的翻译，有时又是二者兼而有之。在德曼根据自己独特的译文进行文本分析的地方，译者根据德曼的译文进行翻译，并在必要时附上原文以及既有的中译以资读者参校；在牵涉基于翻译进行文本分析的地方，译者选择援引现有中译本（部分译文根据具体情况进行了一定程度的调整），或者径直根据原文进行翻译。因为若将英译再度转译为中文，俨然犹如柏拉图所谓的作为对理念之模本的模仿的艺术一样，难免与原本相去太远。

　　在正文的翻译中，译者尽可能地保留翻译的痕迹。这样做的原因主要有二。一则除了英文外，本书中还涉及德文、法文等数种语言，一些重要的术语，在英文语境中，由于西语之间内在的亲缘关系，自然可以径直保留原文，而不必统统译作英文，但在中文语境中，若不加说明地一股脑强行译作中文，只能徒增误解，并且会掩盖真正重要的问题。比如 aesthetic 这个词及其相关变体，在从希腊文转写为拉丁文之后，在诸种西文中的形态一直大同小异，可以十分自然地互相转写，并不会产生翻译问题，但是若译作中文，就会产生是"审美"还是"美学"抑或是"感性学"云云的分殊和争议，具体怎么译，往往都需要根据具体的语境给予正当的解释。二则在对经典文本的解读中，德曼对术语和语言问题保持高度敏感，充分运用"批判—语言分析"的方法来剖析文本。这既体现在，对转义、隐喻、讽寓、象征、符号、反讽等重要的修辞问题、语言问题的讨论贯穿全书；又体现在，这本书的几乎每一篇文章，都涉及大量的语词考释、术语辨析、概念源流，并且德曼时常基于语词在词形、词性、词源、语义等方面的相似性或亲缘关系，以及双关语、一词多义、多词一义等丰富的语言现象进行语言游戏，并藉此展开其微显阐幽的修辞阅读和抽丝剥茧的文本阐释，比如 mein/meinen、Setzen/Gesetz、posit/position、substance/understand/underlie/unterlegen，再比如 figure 这个词有时表示"比喻"，有时则表示"形象"，有时同时既指"比喻"也指"形象"，还会有 figuration、figurative、figurality、defiguration、configuration、prefigure 等一系列变体。这些内容充分体现出所谓的铭写的物质性，近乎不可译，因此对于这部分内容，保留原文不仅正当而且必要。

职是之故，涉及重要的术语、概念、引文时，译者尽量以种种形式保留原文，以便读者参校。或在译文后随文标注出原文，或直接保留原文并后附翻译，或添加译注予以说明，或在注释中附上原文等。部分重要术语，譬如 catachresis、prosopopeia、hypotyposis、parabasis、anacoluthon 等，其内涵较为丰富，在汉语学界目前均没有被普遍接受的通译，其译法往往因语境的差异而不尽相同。针对这样的术语，老一辈学者往往会采用音译法（比如"奥伏赫变"、"隐德莱希"等），译者则选择在正文中保留原文，而将翻译以及释义放在译注中的方式。原书注释、译注等均采取页下注的形式。根据译者阅读学术译著的经验，如上种种体例上的选择，不但不会影响阅读的流畅性，反而能让读者在很大程度上免受频繁查阅原文之苦，从而提升阅读体验。

考虑到本书内容之艰深晦涩，一个深入浅出的导论显得尤为必要，而编者沃明斯基教授的导论多少有些佶屈聱牙，甚至并不比德曼的原文易读，于是译者曾致信特里·伊格尔顿，邀请他为中译本撰写导论。最主要的原因是伊格尔顿的 *The Ideology of the Aesthetic* 与德曼本书的渊源。德曼书中的文章大致完成于 1977 年至 1983 年，而伊格尔顿的 *The Ideology of the Aesthetic* 出版于 1990 年。伊格尔顿在书中提及了德曼本书中的文章，并表示"我欣喜地发现，在德曼的著作和我的探索之间，有着某种意想不到的一致性"。德曼本人最初为本书拟定的标题是 *Aesthetics, Rhetoric, Ideology*，但编者沃明斯基最后代之以 *Aesthetic Ideology*，其动机之一或许就是与伊格尔顿的 *The Ideology of the Aesthetic* 的对话。实际上沃明斯基在导论中就代德曼与伊格尔顿进行了交锋。因此，伊格尔顿进一步的回应不免令人期待。遗憾的是，伊格尔顿回信表示，这本书的翻译无疑是一项真正有价值的冒险，但是阅读德曼已是许多年前的事情，撰写任何形式有价值的关于的德曼的文章都需要重新深入德曼的作品，而他目前没有充足的精力，因此婉拒了这项提议。最后幸得乔纳森·罗斯伯格教授惠允，得以将其《唯物论与美学——保罗·德曼的〈美学意识形态〉》一文翻译过来，作为对沃明斯基导论的补充，附于书后。

本书收录的 9 篇文章中，有 3 篇已有中译，分别为《隐喻认识论》（李自修、王金娥译，收录于德曼：《解构之图》，李自修等译，中国社会科学出版社 1998 年版，第 69—92 页）、《黑格尔〈美学〉中的符号与象征》（王江、陈元宝译，收录于德曼：《解构之图》，李自修等译，中国社会科学出版社 1998 年版，第 243—262 页）、《论反讽概念》（《反讽的概念》，罗良清译，载《马克思主义美学研究》[第 6 辑]，2003 年，第 309—327 页），译者在翻译过程中均有所参考。另外译者所援引的诸多中译本，尤其是康德、黑格尔著作的中译本，同样给译者的翻译工作提供了极大的便利。在此向这些前辈译者一并致谢。

高琼（浙江大学）、高文斌（耶鲁大学）、马彦卿（巴黎第一大学）、孙云霏（北京师范大学）、杨杰（剑桥大学）诸君，在繁忙的学业、工作之余，抽出宝贵的时间帮我审读了译稿，提出了不少中肯的修改意见，在此对于他们慷慨的帮助，表示由衷的感谢。

本书得以顺利完成并出版，离不开王笑潇编辑从始至终的鼎力支持。从选题的确立，到翻译进度的沟通，再到具体出版事宜的规划，王笑潇编辑给予了译者充分的信任和支持，并展现出了非凡的职业精神，尤其是在审校译稿的过程中，他细致入微的审读让译文得以避免许多疏漏和讹误，提出的诸多宝贵的修改意见让译者受益匪浅。王笑潇编辑对书籍的敬畏之心令人钦佩，在此向他为本书付出的辛勤劳作深表衷心的感谢。

如果《美学意识形态》可以自己挑选译者的话，那么想必它会向一个称职的译者提出如下几个基本要求，作为其必要不充分条件：精通上述诸门西语，谙熟德曼的学说，通熟德曼的研究对象的思想和著述，上乘的汉语水准。无论哪一条，译者都很难谈得上胜任，因此译文的种种不足或许在所难免，译者对此常觉诚惶诚恐，只能尽最大努力希望不至辱没原作太多。读者中之方家，若有任何关于拙译的批评、建议，还望不吝赐教，欢迎邮件讨论：shuwei.zhang@zju.edu.cn。

译者

2023 年 11 月于纽黑文

图书在版编目(CIP)数据

美学意识形态 / (比) 保罗·德曼 (Paul de Man)
著;张澍伟译. -- 上海 : 上海人民出版社,2024.
ISBN 978-7-208-18999-7

Ⅰ. B83

中国国家版本馆 CIP 数据核字第 2024GZ2016 号

责任编辑　王笑潇
封面设计　胡斌工作室

美学意识形态

[比利时]保罗·德曼　著
张澍伟　译

出　　版　**上海人民出版社**
　　　　　（201101　上海市闵行区号景路 159 弄 C 座）
发　　行　上海人民出版社发行中心
印　　刷　苏州工业园区美柯乐制版印务有限责任公司
开　　本　890×1240　1/32
印　　张　12
插　　页　4
字　　数　300,000
版　　次　2024 年 9 月第 1 版
印　　次　2025 年 9 月第 2 次印刷
ISBN 978 - 7 - 208 - 18999 - 7/B·1764
定　　价　78.00 元